CANCHU LAJI
ZIYUANHUA CHULI JISHU JI
GONGCHENG YINGYONG

餐厨垃圾
资源化处理技术及工程应用

王永京　李京霖　任连海　著

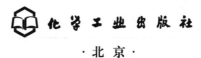

化学工业出版社

·北京·

内容简介

本书以餐厨垃圾资源化处理为主线，主要介绍了餐厨垃圾资源化技术与国内餐厨垃圾处理工程应用现状，重点阐述了餐厨垃圾收集运输方法、预处理技术及设备、多种资源化方法以及处理过程中污染物的控制；同时对餐厨垃圾资源化技术的优势和存在的弊端进行了分析，从中提炼出目前餐厨垃圾资源化利用技术前沿，并介绍了工程应用实例。

本书具有较强的技术性和应用性，可供从事餐厨垃圾处理处置及污染控制等的工程技术人员、科研人员和管理人员参考，也供高等学校环境工程、市政工程、生态工程及相关专业师生参阅。

图书在版编目（CIP）数据

餐厨垃圾资源化处理技术及工程应用 / 王永京，李京霖，任连海著 . —北京：化学工业出版社，2021.7（2022.6重印）
ISBN 978-7-122-38909-1

Ⅰ . ①餐… Ⅱ . ①王… ②李… ③任… Ⅲ . ①生活废物-废物综合利用-研究 Ⅳ . ①X799.305

中国版本图书馆 CIP 数据核字（2021）第 064874 号

责任编辑：刘　婧　刘兴春　　　　　　　　文字编辑：刘兰妹
责任校对：宋　玮　　　　　　　　　　　　装帧设计：韩　飞

出版发行：化学工业出版社（北京市东城区青年湖南街 13 号　邮政编码 100011）
印　　装：北京捷迅佳彩印刷有限公司
787mm×1092mm　1/16　印张 15¾　字数 331 千字　2022 年 6 月北京第 1 版第 3 次印刷

购书咨询：010-64518888　　　　　　　　售后服务：010-64518899
网　　址：http://www.cip.com.cn
凡购买本书，如有缺损质量问题，本社销售中心负责调换。

定　　价：98.00 元

➔ 前言

随着我国经济水平持续增长与人民生活水平提高，餐饮行业日益繁荣，餐厨垃圾产生量也随之快速增长。餐桌浪费现象严重，每年产生巨量的餐厨垃圾。据相关部门统计，我国目前餐厨垃圾年产生量达 6000 万吨以上，如何处理如此巨量的餐厨垃圾，并形成可靠、有效、经济的餐厨垃圾处理模式成为困扰城市管理者的一道难题。

餐厨垃圾又称泔脚或泔水，其具有高含水率、高含油量、高有机质含量的特点，极易腐败变质，散发恶臭气体，引起强烈的社会公众反应。若餐厨垃圾收运或处理不当还会引起水体富营养化等环境问题，成为潜在的环境和健康风险。餐厨垃圾具有废物与资源的双重属性，是"放错地方的资源"，既需要进行无害化处理又需要进行资源化再生利用。经过适当处理，餐厨垃圾能够成为制作动物饲料、生物质能源、有机肥料的重要原料。

近年来我国政府愈加重视餐厨垃圾资源化处理进展。"十二五"期间国家发改委、住建部开展了一系列餐厨垃圾资源化利用城市试点工作，餐厨垃圾日处理能力达到3 万吨。"十三五"规划明确到 2020 年，我国餐厨垃圾处理能力达到 7.5 万吨/天。2019 年，住建部等九部委联合发布了《关于在全国地级及以上城市全面开展生活垃圾分类工作通知》，标志着垃圾分类正式在全国范围内推行，为餐厨垃圾资源化利用提供了法律依据和理论指导。学者与技术人员对于餐厨垃圾处理技术的研究也在不断推进，有关固体废物的理论书籍日渐全面，但专门针对餐厨垃圾资源化技术的书籍仍然欠缺，更缺乏介绍相关工程应用的书籍。

本书较全面地介绍了餐厨垃圾产生现状及特点、收运基本理论及体系、预处理技术、废油分离资源化技术、厌氧发酵技术、饲料化技术、肥料化技术、其他资源化技术以及处理过程中污染物控制技术，详细阐述了餐厨垃圾从产生到完成资源化处理过程中涉及的技术原理、工艺路线、重要设备以及相关工程实例。全书内容充实、系统且全面，满足餐厨垃圾处理人员、科研人员的需求，可为相关行业从业人员提供参考，为政府机关、社区工作者的决策起辅助作用，为高等学校环境工程、市政工程及生态工程及相关专业师生提供参考。

本书由王永京、李京霖、任连海著，其中第 1～第 7 章由王永京著；第 8 章、第 9 章由李京霖著。另外，李京霖参与全书的资料收集及图形绘制，全书最后由王永京修改定稿，任连海审核。本书在编写过程中引用了相关手册、书籍和文献，在此对原作者表示感谢。此外，本书的出版得到了国家重点研发计划"固废资源化"

I

重点专项（2019YFC1906303、2019YFC1906000-4、2019YFD1100304）、国家自然科学基金项目（42007350）、北京市自然科学基金项目（8202010）的资助，以及北京工商大学的大力支持，在此表示感谢。

限于著者水平及撰写时间，书中难免存在不足与疏漏之处，恳请读者予以批评指正。

著者

2021 年 2 月

⋑ 目 录

第1章 概述 **1**

1.1 餐厨垃圾的定义 --- 1
　1.1.1 概念 -- 1
　1.1.2 餐厨垃圾的组成 --- 1
1.2 餐厨垃圾现状 --- 2
　1.2.1 影响因素 --- 2
　1.2.2 特点及危害 --- 4
　1.2.3 无害化处理处置现状 -------------------------------------- 8
　1.2.4 资源化现状 -- 12
1.3 餐厨垃圾管理政策与体系 -------------------------------------- 16
　1.3.1 我国现行餐厨垃圾管理政策 ------------------------------- 16
　1.3.2 现行餐厨垃圾管理体系 ----------------------------------- 19
参考文献 -- 20

第2章 餐厨垃圾的收集运输及应急处置 **22**

2.1 餐厨垃圾的收集与运输 -- 22
　2.1.1 收集管理及方法 --- 23
　2.1.2 运输方式及路线优化 ------------------------------------- 24
　2.1.3 收运体系管理政策 --------------------------------------- 26
2.2 餐厨垃圾智能收运体系 -- 29
　2.2.1 智能收运体系构建 --------------------------------------- 29
　2.2.2 餐厨垃圾容器数字标签系统 ------------------------------- 30
　2.2.3 GIS管理系统在餐厨垃圾收运过程中的应用 ----------------- 31
2.3 应急处置 --- 34
2.4 工程实例 --- 35
　2.4.1 西宁餐厨废弃物收运体系实例 ----------------------------- 35
　2.4.2 青岛市餐厨废弃物收运体系实例 --------------------------- 38
　2.4.3 苏州市餐厨废弃物收运体系实例 --------------------------- 39
参考文献 -- 42

3.1　预处理技术概述 -- 43

3.2　分选技术及设备 -- 44

　3.2.1　破袋脱水 --- 44

　3.2.2　人工分选 --- 45

　3.2.3　筛选 -- 48

　3.2.4　磁力分选 --- 53

　3.2.5　风力分选 --- 57

　3.2.6　浮选 -- 61

　3.2.7　其他分选技术 --- 62

3.3　破碎技术及设备 -- 68

　3.3.1　破碎技术 --- 68

　3.3.2　破碎设备 --- 68

3.4　制浆技术及设备 -- 70

3.5　混合技术及设备 -- 71

3.6　工程实例：宁波餐厨废弃物无害化处置和资源化利用 ----------------- 73

　3.6.1　引言 -- 73

　3.6.2　城市餐厨废弃物管理模式 --- 73

　3.6.3　餐厨垃圾处理厂工艺设计方案 ------------------------------------- 73

　3.6.4　处理效果 --- 75

　参考文献 -- 76

4.1　餐厨废油产生特点及管理现状 -------------------------------------- 77

　4.1.1　餐厨废油的产生特点 --- 77

　4.1.2　餐厨废油的无害化和资源化 --------------------------------------- 78

　4.1.3　餐厨废油管理现状 --- 79

4.2　餐厨垃圾油脂分离技术 --- 80

　4.2.1　油脂粗粒化技术 --- 81

　4.2.2　重力-粗粒化两段脱油工艺设计 ----------------------------------- 83

　4.2.3　餐厨垃圾油脂分离强化途径 --------------------------------------- 85

　4.2.4　其他分离技术 --- 87

4.3　餐厨废油资源化技术 --- 88

　4.3.1　餐厨废油生产生物柴油技术 --------------------------------------- 88

　4.3.2　餐厨废油生产硬脂酸和油酸技术 ----------------------------------- 93

4.4　工程实例：常州市餐厨垃圾管理模式 ------------------------------- 99

　4.4.1　引言 -- 99

4.4.2 餐厨垃圾现状 -- 100
4.4.3 餐厨垃圾处理厂工艺设计方案 ------------------------------------ 101
4.4.4 处理效果 -- 104
4.4.5 项目长效运行机制 -- 105
参考文献 -- 106

第5章　餐厨垃圾厌氧发酵技术 　108

5.1 技术概述 -- 108
5.1.1 技术原理 -- 108
5.1.2 技术原理 -- 109
5.2 典型餐厨垃圾厌氧发酵工艺及主要设备 ------------------------ 112
5.2.1 餐厨垃圾典型厌氧发酵工艺 ------------------------------------ 112
5.2.2 餐厨垃圾厌氧发酵工艺设备 ------------------------------------ 115
5.3 影响因素 -- 124
5.3.1 温度 -- 124
5.3.2 水力停留时间 -- 125
5.3.3 pH 值 -- 126
5.3.4 抑制性或毒性物质 -- 126
5.3.5 营养元素 -- 127
5.3.6 盐分 -- 127
5.3.7 接种菌种 -- 127
5.3.8 搅拌 -- 127
5.3.9 Fe 类添加剂 -- 128
5.4 发酵产物提纯与利用 -- 128
5.4.1 干法脱硫 -- 128
5.4.2 湿法脱硫 -- 131
5.4.3 生物脱硫 -- 134
5.4.4 沼气的利用 -- 136
5.5 发酵废弃物资源化技术 -- 137
5.5.1 沼液资源化利用技术 -- 137
5.5.2 沼渣资源化利用技术 -- 139
5.6 工程实例 -- 140
5.6.1 自动分选-除渣-厌氧消化处理餐厨垃圾 ------------------ 140
5.6.2 北京董村生活垃圾综合处理厂 ------------------------------ 145
5.6.3 广州市李坑餐厨垃圾综合处理 ------------------------------ 146
5.6.4 重庆餐厨垃圾处理 -- 148
参考文献 -- 149

6.1 饲料化技术概述 —————————————————————— 150
 6.1.1 技术发展 ———————————————————— 150
 6.1.2 典型饲料化技术 ————————————————— 151
6.2 餐厨垃圾饲料化工艺与主要设备 ——————————— 156
 6.2.1 预处理设备 —————————————————— 156
 6.2.2 发酵设备 ———————————————————— 161
 6.2.3 制粒设备 ———————————————————— 162
 6.2.4 专用设备选型 ————————————————— 162
6.3 餐厨垃圾饲料化的影响因素 ———————————————— 164
 6.3.1 氮源 —————————————————————— 165
 6.3.2 含水量 ————————————————————— 165
 6.3.3 发酵时间 ———————————————————— 165
 6.3.4 发酵温度 ———————————————————— 166
 6.3.5 菌种与接种量 ————————————————— 166
6.4 饲料化产品质量控制 ——————————————————— 166
 6.4.1 安全性 ————————————————————— 167
 6.4.2 存在问题 ———————————————————— 167
6.5 工程实例 —————————————————————————— 168
 6.5.1 西宁餐厨垃圾处理厂 —————————————— 168
 6.5.2 银川餐厨垃圾处理厂 —————————————— 173
参考文献 ———————————————————————————————— 177

7.1 好氧堆肥技术 —————————————————————— 178
 7.1.1 技术概述 ———————————————————— 178
 7.1.2 好氧堆肥过程 ————————————————— 181
 7.1.3 好氧堆肥工艺及设备 —————————————— 182
 7.1.4 好氧堆肥影响因素 ——————————————— 193
 7.1.5 好氧堆肥产品评价体系 ———————————— 197
7.2 其他肥料化技术 ————————————————————— 201
 7.2.1 餐厨废液制备生物菌肥技术概述 ————————— 201
 7.2.2 餐厨废液制备生物菌肥工艺及影响因素 ————— 204
7.3 工程实例 —————————————————————————— 205
 7.3.1 北京高安屯餐厨垃圾处理厂 —————————— 205
 7.3.2 南宫堆肥厂 —————————————————— 208
参考文献 ———————————————————————————————— 211

第8章　餐厨垃圾资源化新技术　213

8.1　餐厨垃圾昆虫消纳技术 --- 213

8.1.1　黑水虻消纳餐厨垃圾概况 ----------------------------- 213

8.1.2　餐厨垃圾饲喂黑水虻作蛋白饲料 ----------------------------- 214

8.1.3　诱导黑水虻制备抗菌肽 ----------------------------- 215

8.2　餐厨垃圾制备生物塑料 --- 216

8.2.1　PHA 概述 --- 216

8.2.2　餐厨垃圾制备 PHA ----------------------------- 218

8.3　餐厨垃圾制备化工原料 --- 219

8.3.1　同步糖化发酵产燃料酒精 ----------------------------- 220

8.3.2　资源化产糖 --- 221

8.3.3　餐厨垃圾制备聚氨酯用多元醇 ----------------------------- 224

8.4　餐厨垃圾厌氧制氢 --- 226

8.4.1　餐厨垃圾制氢原理 ----------------------------- 226

8.4.2　厌氧制氢途径 --- 227

8.4.3　厌氧制氢影响因素 ----------------------------- 228

8.5　工程实例 --- 230

8.5.1　处理餐厨废弃物的兰州模式 ----------------------------- 230

8.5.2　嘉兴市海盐县餐厨废弃物资源化利用昆虫蛋白转化 ---------- 230

8.5.3　曹县创办国内首家黑水虻养殖基地 ----------------------------- 231

参考文献 --- 234

第9章　餐厨垃圾资源化利用中污染控制　235

9.1　垃圾渗滤液处理技术 --- 235

9.1.1　物理化学法 --- 235

9.1.2　生物处理法 --- 236

9.1.3　高级氧化法 --- 237

9.1.4　土地处理 --- 238

9.2　餐厨垃圾处理厂除臭技术 ----------------------------------- 238

9.2.1　生物滤池法 --- 238

9.2.2　活性炭吸附法 ----------------------------- 239

9.2.3　化学除臭 --- 240

9.2.4　活性氧技术 --- 241

参考文献 --- 242

第 1 章

概　述

1.1　餐厨垃圾的定义

1.1.1　概念

古人云"民以食为天"，中国自古以来对饮食都颇有研究。我国不仅对食物的味道口感有所要求，还很注重食物的品相，追求色香味俱全。但由于我国的餐饮习惯以聚餐为主，并存在一些不良的饮食风气，导致餐厨垃圾的产生量较大。随着我国经济增长、城市化不断推进及生活方式的现代化，城市生活垃圾的产生量也不断增长。城市生活垃圾中食品废弃物占比超过 50%，而食品废弃物中餐厨垃圾含量占比超过 90%。据业内人士测算，我国北京市、长沙市等大中型城市每日的餐厨垃圾中餐桌上没吃完的饭菜占比超过 90%。

餐厨垃圾是餐饮行业、家庭、单位及学校等集体食堂，在食品加工及使用过程中产生的食物废弃物及食物残渣的总称，是城市生活垃圾的重要组成部分。餐厨垃圾主要包括食品加工过程中产生的下脚料及食用后残余的剩饭剩菜等有机废弃物，存在有机物含量高、含水率高、营养元素丰富的特点，具有良好的资源回收再利用价值。同时，餐厨垃圾极易腐败变质，若不能及时收运处理则会成为潜在环境污染风险。

1.1.2　餐厨垃圾的组成

餐厨垃圾作为典型的城市生活垃圾，可根据产生源头将我国的餐厨垃圾分为两大类：一类为餐饮业废弃物，主要包括餐馆、酒店、食堂及食品加工厂所产生的餐厨垃圾；另一类为居民厨余垃圾，主要为家庭日常生活产生的泔水及烹饪产生的下脚料等废弃物。上述二者各占 50%，且第一类中肉类、油脂等高蛋白高脂肪食物含量超过 30％。由于餐厨垃圾的组成特征导致其极易腐败变质，容易滋生病原微生物、霉菌等有害物质，处理不当则将给环境带来恶劣影响，进而危及人体健康。

由于我国固有的饮食特性，产生的餐厨垃圾具有含盐量高、含油量大、成分复杂、有机物含量高等特点。餐厨垃圾成分与当地的人口分布、饮食习惯、经济发展水平等因素有关，导致各城市地区餐厨垃圾成分有所区别。相关资料显示，餐厨垃圾组分及含量主要为厨余（蔬菜、果皮、蛋壳等）3.407％、食物残渣（米、蔬菜、面粉类、油脂、骨肉、鱼刺等）90.723％、竹木（破损餐具、牙签等）0.015％、塑料 0.186％及纸类 0.305％。餐厨垃圾的含水率为 83.2％～88.5％。因餐厨垃圾的有机物含量极高，其具有极高的资源化潜力。

餐厨垃圾的成分以可降解的有机物为主，主要成分为淀粉、蔬菜及植物茎叶中所含的纤维素、聚戊糖、肉食中所含的蛋白质和脂肪、水果所含的单糖和果酸等，无机盐以 $NaCl$ 的含量最高，同时还含有少量的钙、镁、钾、铁等微量元素。其化学组成以 C、H、O、N、S、Cl 元素为主，化学成分如表 1-1 所列。

表 1-1　餐厨垃圾的化学成分　　　　　　　　　　单位：％

垃圾类型	化学成分（质量分数）							合计
	C	H	O	N	S	Cl	其他	
餐厨垃圾	43.52	6.22	34.50	2.79	0.30	0.21	12.46	100

餐厨垃圾的成分、性质及产量受地域、社会经济发展水平、居民生活习惯、饮食习惯等因素的影响而有所差别。相较于经济发展水平落后地区，发展水平较高地区的餐厨垃圾的有机物含量更高，产生量更大；例如北京、上海、广州等一线城市，由于人口众多，餐饮业及旅游业发达，导致其餐厨垃圾产生量呈持续上升趋势。而成都、西安等新一线城市的餐厨垃圾产生量虽没有北京、上海、广州的大，但由于城市扩张很快，社会经济飞速发展，餐厨垃圾在生活垃圾中的占比和增长速率也越来越大。同时旅游资源丰富的城市在旅游旺季相对于其他地区而言，餐厨垃圾的产生量更大。我国南方城市的餐厨垃圾中，米制类食品残余物量要高于北方；北方城市的餐厨垃圾中，面粉类食品残余物产量高于南方城市。

餐厨垃圾的含水率较高，可达 75％～95％，有机物含量占干物质的 95％以上，高含水率、高有机质的特点导致餐厨垃圾极易腐败变质。这一特点使得餐厨垃圾具有鲜明的资源性和危害性的双重特性，既具有很大的资源再利用价值，又易对环境及人体造成不利影响。若采用适宜有效的处理技术，不仅能够有效消除其不利影响，还能同时实现餐厨垃圾的无害化、减量化、资源化。

1.2　餐厨垃圾现状

1.2.1　影响因素

餐厨垃圾的产生是一个复杂的过程，受到众多因素的影响，大致可分为 3 种。

① 内在因素：主要指人口数量及比例、居民生活水平等直接导致垃圾产生量变化的因素。

② 社会因素：主要指社会道德规范、法律法规等因素。

③ 个体因素：主要指居民个体的生活习惯、受教育程度、行为方式等。

由于社会、个体因素较难定量分析，因此通常主要关注内在因素，而居民生活水平是一个综合因素，可通过经济发展水平、人均消费支出等多个经济指标来体现。总体研究表明，影响餐厨垃圾产生量的主要因素如下。

（1）人口影响

餐厨垃圾产生量最主要的影响因素是人口数量及人口比例。通常而言，聚居人口量越大，城市规模越大，则餐厨垃圾产生量也越大，二者呈显著正相关。城市数量和人口的飞速增长导致城市餐厨垃圾产生量大幅增长，我国60％的城市餐厨垃圾集中于100多座大中城市，其中北京、上海、广州3座城市的餐厨垃圾产生量之和已超过全国总量的10％。同时城市人口性别比例也影响着餐厨垃圾产生量及组分特征，例如男性人口比例较高的城市，通常餐厨垃圾产生量会更大，这主要是因为男女饮食习惯有所区别，男性外出应酬就餐频率往往显著高于女性。

总而言之，餐厨垃圾产生量与城市人口的增长呈显著正相关趋势。随着我国城市的快速发展，这一趋势仍将持续若干年。城市人口的增加是影响餐厨垃圾产生量的最主要因素。

（2）经济发展水平

餐厨垃圾产生量受到城市居民的生活水平高低影响，社会经济发展水平又在一定程度上决定了生活水平，因此餐厨垃圾产生量会随着经济水平的提高而增加，并使餐厨垃圾中的有机物含量相应增加。

居民的消费水平可以由居民收入直接体现。经济水平越高，则人均收入越高，消费水平也越高，使得餐厨垃圾人均产量增加，餐厨垃圾中的有机质含量也随之增加。相较于居民生活水平较低的地区，经济发达地区的餐厨垃圾产生量要更高。

（3）城市居民食品人均消费支出

随着我国城市居民人均消费支出的提升，餐厨垃圾产生量也随之增大。餐厨垃圾主要产生于餐饮消费环节，城市居民的消费水平与消费趋向将直接影响餐厨垃圾产生量，其中居民的食品消费更是主要原因。食品消费支出主要包括主食、副食、其他食品、外出就餐及食品加工等。居民外出就餐频率的增大，导致食品人均消费支出的提高，因此餐厨垃圾产生量也与食品人均消费支出有一定关系。

对贵阳、嘉兴、青岛、西宁4座城市餐厨垃圾产生量及社会因素调研发现，餐厨垃圾总产量为贵阳＞西宁＞青岛＞嘉兴；而从人均产生量而言，则为西宁＞贵阳＞嘉兴＞青岛。4座城市中，贵阳市辖区人口最多，每天的餐厨垃圾总产量也最多；西宁市辖区总人口少于青岛市，但餐厨垃圾总产量远高于青岛市。嘉兴市和青岛市的经济发展水平均较高，但其餐厨垃圾总产量低于经济发展水平相对落后的西宁市和贵阳市。这表明餐厨垃圾产生量不仅与人口数量及性别比例、经济发展水平有关，还受到城市居民人均消费支出、食品人均消费支出等因素的影响。

（4）季节变换

季节对餐厨垃圾产生量的影响涉及生活习俗、地理环境等相关方面。时令瓜果蔬菜上市、季节的变换均会影响餐厨垃圾的组分及产生量。同时季节的变化还会影响到旅游城市的餐厨垃圾产生量，例如夏季沿海城市由于人口的短期迁徙而导致餐厨垃圾的产生量出现短期的大变化，从而给当地政府处理餐厨垃圾带来了一定的压力。

（5）地域文化与民族习性

不同地区在文化、民族习性等方面的差别，同样会对餐厨垃圾的产生量和组成造成影响，主要体现在以下几个方面。

1）宗教文化 素食、肉食等食用的差异性均会影响当地的餐厨垃圾产生量和组成特征。

2）饮食文化 如南方人多以米饭为主、口味多清淡；北方人则多以面食为主，多重口、多肉类，这导致了部分北方城市餐厨垃圾中蛋白质、油脂及盐含量均偏高；而在沿海地区多海鲜，导致其餐厨垃圾中贝壳类惰性杂质成分偏多。由于岭南地区居民喜好煲汤，导致其餐厨垃圾中含水率相对于其他地区偏高。

3）民族习性 不同民族存在不同的节庆和庆祝方式，直接导致了不同民族聚居区在不同的时间节点，餐厨垃圾产生量不同，组成成分也有所差别。

总而言之，餐厨垃圾产生量受众多因素影响，通过对我国北京市、上海市、青岛市等大中型城市餐厨垃圾产生量及社会因素进行调研，并将各因素影响进行量化后发现各因素对餐厨垃圾产生量的影响力大小排序为：城市人口数量及性别比例＞食品人均消费支出＞经济发展水平及居民人均收入＞季节影响＞文化、民族习性的影响。不同的影响因素对餐厨垃圾产生量的影响通常会因为城市所处位置及城市规模的不同而发生变化。城市餐厨垃圾管理部门可由此明确影响本地区餐厨垃圾产生量的主要因素，从而因地制宜地出台餐厨垃圾管理和处置的相关规章制度。

1.2.2 特点及危害

1.2.2.1 餐厨垃圾特点

与其他国家相比，我国的餐厨垃圾具有产生量巨大、含水率高、有机物含量高、组成成分复杂等特点，具体体现如下几个方面。

（1）产生量巨大

2019 年，我国生活垃圾清运量达到 2.42 亿吨，其中餐厨垃圾占比极高。有调研数据表明，我国中大型城市的餐厨垃圾占比已超过城市生活垃圾的 50%。由于各地人口数量和餐饮习惯的不同，导致餐厨垃圾产生量各有差异。数据调查表明各地餐厨垃圾人均产量约为 0.05～0.70kg/d，城市餐厨垃圾年产量规模约为 5 万～

75万吨/年，其中北京和上海两地的产量最高，分别达64.3万吨/年与73.5万吨/年，且仍将在若干年内持续呈上升趋势。此外，由于我国现今仍存在不良餐饮风气，餐桌浪费现象十分严重，导致每年因餐饮浪费产生巨量的餐厨垃圾。

（2）含水率高

餐厨垃圾中水分占总重量的75%～90%，尤其是我国的岭南地区，餐厨垃圾中的含水率极高。高含水率不仅会给餐厨垃圾的收集和转运带来难题，而且在焚烧处理中需消耗额外能量烘干水分，若与其他生活垃圾掺烧则会提高普通垃圾的含水率，降低热值并显著增加生活垃圾焚烧处理难度及处理成本。餐厨垃圾在填埋处置过程中也会造成垃圾渗滤液量大幅增加。

（3）有机物含量高

我国餐厨垃圾的有机物含量极高，在干物质质量中的占比超过了95%，还富含氮、磷、钾、钙及各种微量元素，具有营养元素齐全、回收再利用价值高的特点。我国每年产生的餐厨垃圾若按照干物质含量计算，则相当于600万吨的优质饲料。

由于餐厨垃圾有机质含量过高，导致其在堆放、收运过程中极易发生腐败变质，产生臭气，滋生寄生虫、病原微生物和霉菌毒素等有害指标，对空气、水域等环境要素造成污染，成为威胁居住于垃圾收集地点附近的居民身体健康的潜在风险。

（4）组成成分复杂

餐厨垃圾组成成分复杂，是瓜果蔬菜、油、水、米制品、面食、鱼、肉、骨头等多种物质的混合物。其组成以淀粉、蛋白质、水分及动物油脂等成分为主，且含盐量、含油量较高。油脂在餐厨垃圾中的占比通常为10%～25%，由于各地区及各民族的饮食习惯的不同而有所差别。同时我国各地饮食文化和生活习惯不同，一日三餐产生的餐厨垃圾组成特性也存在着较大的差异。例如早餐的餐厨垃圾中含盐量和含水率均较高，而午餐和晚餐的餐厨垃圾中含油量较高。

1.2.2.2 餐厨垃圾的危害

中国城市餐厨垃圾较其他生活垃圾来说，具有高含水率、高含盐量、高油脂含量、高有机物含量、极易腐败等特点。餐厨垃圾在堆放、运输过程中易散发恶臭，产生霉菌毒素等有害物质，并导致蚊蝇等有害生物迅速大量繁殖。如果餐厨垃圾直接进入环境，则会对环境及人体健康造成极大威胁。

餐厨垃圾的危害主要表现在以下几个方面。

（1）污染水体

餐厨垃圾渗滤液的化学需氧量（COD）最高可超过10^5mg/L，有机氮含量也极高。若处理不当，其可通过地表径流及地下径流等途径进入水体，从而引起水体富营养化，严重污染地表水及地下水。此外，餐厨垃圾过量堆放会产生大量渗滤液，进入周围环境中将会污染土壤、地表水及地下水资源。渗滤液若进入市政管网，其中极高的 COD 和有机氮含量将成为城市污水处理厂运行中不小的负担。

（2）污染大气

餐厨垃圾干物质中有机物含量高达 90％以上，极易腐败变质，产生恶臭气体和温室气体。其中的恶臭气体以挥发性有机化合物（VOCs）为主，包括硫醇、挥发性低级脂肪酸（VFA）等。产生的臭气分子量较大，吸附性较强，极难去除。此类恶臭气体的释放会严重污染大气环境，影响居民的日常生活，并使城市的市容市貌受到破坏。目前，餐厨垃圾的处理方法是与其他生活垃圾一同焚烧或填埋，不仅大大降低了资源利用率，还会产生二噁英，引起环境污染。

（3）影响环境卫生

长期以来我国城市餐厨垃圾的收集和储存容器绝大多数是无密闭条件的塑料桶，餐厨垃圾的转运工具多以敞篷货车、三轮车、拖拉机为主，经常出现泄漏遗撒现象，影响市政卫生和日常交通。

腐烂变质的餐厨垃圾会产生刺激性气味，具有物料颜色异常、组织腐烂、酸臭味道等不良感官性质，令人难以接受。若不及时将餐厨垃圾清理转运，将会对环境卫生造成恶劣影响。而且腐烂变质的餐厨废弃物中的营养物质严重分解，不但碳水化合物、蛋白质和脂肪会发生降解，无机盐、维生素和微量元素也将严重流失，使餐厨垃圾不再具有回收再利用价值。不仅如此，若大量的餐厨垃圾进入市政污水管网中，垃圾中的动物油脂容易黏附于管壁，使得市政污水管网过水截面缩小，进而发生市政管道堵塞，导致在雨季易出现局部道路积水，给城市交通带来不便，且存在道路安全隐患。

（4）浪费资源

餐厨垃圾与其他城市生活垃圾相比，其油脂和有机质含量高，具有很高的资源回收再利用价值，如果处理得当则将是一笔宝贵的财富。但餐厨垃圾的产量巨大，且来源较为分散，难以集中收集和运输。餐厨垃圾的焚烧和填埋在增加政府和民众经济负担的同时也造成了严重的资源浪费。

（5）传播疾病

露天存放的餐厨垃圾引来并滋生大量的蚊蝇、鼠虫，不可避免地成为传播疾病的媒介；长期放置的餐厨垃圾会快速腐败变质，产生大量细菌和病毒。这些病虫、细菌极易通过空气、土壤、水等环境要素进行传播。

1.2.2.3　餐厨垃圾管、处理不当的影响

如果餐厨垃圾焚烧、填埋及日常收集监管等过程中存在处理不当，将会严重危及环境安全和人体健康。餐厨垃圾处理不当产生的不利影响，具体体现在以下几个方面。

（1）传统的焚烧和填埋方式对环境的影响

在我国，由于大多数城市尚未完全落实垃圾分类制度，餐厨垃圾主要是与生活

垃圾混合收集后转运至城郊垃圾处理站统一进行焚烧或填埋。但由于餐厨垃圾含水率较高，不仅使得清运垃圾难度增加，也使得工人劳动强度增大。如若将其与生活垃圾混合进行焚烧，不仅会降低垃圾热值，而且可能由于燃烧不充分而产生二噁英、二氧化硫等污染物引起空气污染。餐厨垃圾混合后直接焚烧的方式在国内应用经验仍较少。此外，餐厨垃圾直接填埋或焚烧均会导致大量资源的浪费，在美国、日本等发达国家及地区已经出台多项严禁填埋和焚烧餐厨垃圾的法律法规，我国在该领域的有关规章制度仍待加强，需要加大限制餐厨垃圾直接焚烧和填埋，避免造成环境污染和资源浪费。

由于混入餐厨垃圾，不仅需要增大垃圾填埋场库容，而且产生大量填埋渗滤液。渗滤液中的高浓度有机污染物会对土壤和地下水造成污染，填埋后产生的填埋气中含有甲烷，会成为潜在的火灾隐患；若直接排放到大气环境中将加重温室效应，同时还会增加填埋场的运行负荷和难度。

（2）未经监管可危及人体健康

我国各大城市周边都散落分布着不少禽畜养殖场，规模或大或小，大量的餐厨垃圾被养户收集后直接饲喂家畜。同时，由于我国目前多数餐厨垃圾的消毒和处理设施未到达标准化，餐饮行业大量使用洗涤剂、消毒剂以及食物腐败变质产生毒素等原因，使得餐厨垃圾中含有大量的铅、汞、黄曲霉素等有毒有害物质。将收集的含有有毒、有害物质的餐厨垃圾用于饲养家畜，这些家畜最终将全部流入城市的消费系统，有害物质将随食物链方向富集于人体，严重危及人体健康。同时，未经处理的餐厨垃圾中不仅含有金属物、牙签等尖硬物体，还可能含有猪瘟病菌、沙门氏菌、口蹄疫等致病菌，若用其直接饲养禽畜，不仅可能会导致尖硬物体伤及禽畜消化道，其中的病原微生物及虫卵等还可能导致病菌在人畜之间引起交叉感染。

此外，餐厨垃圾直接饲喂禽畜还存在着食物链危险：一方面，病原微生物所产生的生物毒素在禽畜体内积累聚集，进而通过食物链转移到人体；另一方面，餐厨垃圾含有大量所饲喂禽畜的同源性蛋白，禽畜摄入后可能会出现"疯牛病"等疾病，存在重大的安全隐患。

（3）回收制成地沟油可危及人体健康

餐厨垃圾由于油脂含量较高，被不法商贩回收后通过加热、过滤、除臭、脱水等一系列手段提取其中的油脂，加工制备成地沟油冒充"精制食用油"，以牟取暴利，这就是臭名远扬的"地沟油"。因"地沟油"来源和加工过程的不合理性，使其在流入市场前就已经存在极大的安全隐患。除了餐厨垃圾中微生物污染外，其化学污染也是其毒性的重要体现。地沟油中所含的甘油三酯、苯并芘、黄曲霉素等化学物质对人体造成的急性、慢性伤害，比简单的微生物和病毒对人体的伤害更加严重。

餐厨垃圾不仅在堆放过程中极易腐败变质、产生霉菌毒素，在转运途中也容易产生大量霉菌毒素。餐厨垃圾中还有大量油脂，而经过反复提炼的废弃油脂经高度氧化会产生苯系物、反式脂肪酸及黄曲霉素等毒素（见图1-1），长期食用将会严重危害人体的胃、肝脏、肾脏等器官，进而引发癌肿。动物若长期食用腐败变质的油脂，将会出现体重下降、发育障碍等问题。泔水油中存在的剧毒的黄曲霉素毒素，毒性是砒霜的 68 倍，是目前发现的最强的化学致癌物质之一。因此餐厨废油已成为影响我国食品安全和生态环境的重要潜在危险源。

| (a) | (b) | (c) |

图 1-1　黄曲霉

1.2.3　无害化处理处置现状

随着我国社会经济和人民生活水平的提高，餐饮领域及相关行业快速发展，餐厨垃圾产生量也随之迅速增长。根据《2017～2022 年中国餐厨垃圾处理行业发展前景预测与投资战略规划分析报告》显示，2015～2017 年，全国餐厨垃圾产生量分别为 9475 万吨、9731 万吨、9972 万吨。从数据可知，餐厨垃圾产生量每年递增速度明显，若得不到及时有效的处理，既会影响居民生活环境，危及民众人体健康安全，又会对自然生态环境造成影响。

在我国，对餐厨垃圾进行无害化处理主要是为了解决餐厨垃圾带来的"地沟油"等社会问题。随着餐厨垃圾被重视的程度逐渐提高，餐厨垃圾的处理方式也变得多种多样，每种处理方式都有其优势，也在不断的应用中显出其不足之处。目前国内外餐厨垃圾处理工艺主要分为传统处理技术和资源化处理技术，其中传统处理技术主要包括填埋法、焚烧法、破碎直排等；资源化处理技术主要有厌氧发酵、堆肥、饲料化处理等。我国餐厨垃圾无害化处理以卫生填埋、垃圾焚烧为主，如今国内已有无害化处理厂 1183 座，其中卫生填埋场 652 座、焚烧厂 389 座、其他无害化处理厂 142 座，每日共可无害化处理生活垃圾约 87 万吨，使得生活垃圾无害化处理率高达 99.2%。

1.2.3.1　填埋处理

卫生填埋是指选择合理的堆放场地，经过防水渗漏、覆土等措施而进行垃圾处理的一种方式，主要是在填埋场通过深土填埋的方式处理生活垃圾。卫生填埋在自然堆放的基础上采取了较为严格的污染控制措施，使填埋处理的污染及危害降到了最低限度。但生活垃圾填埋过程中会产生填埋气，主要成分为甲烷、二氧化碳以及一些恶臭气体。其中甲烷和二氧化碳对温室效应贡献较大，这些气体不仅污染环境，而且其中的易燃成分还会引发填埋场安全问题。我国填埋场的技术水平还是比较落后的，存在很多问题，集中在：a. 产生的垃圾渗滤液经处理还是无法达到正常的排放标准，而且在暴雨的时候渗滤液产量激增，超出处理能力部分直接排放，严重污染环境；b. 垃圾场产生的气体回收利用率太低。

餐厨垃圾中一般都含有比较多有机物质，直接填埋的方式不能对其进行有效的回收利用。若将高含水率的餐厨废弃物直接填埋，其会产生大量渗滤液，对城市污水处理厂的处理运行是个不小的负担。并且渗滤液在土壤中产生渗透，会对土地资源造成侵蚀，破坏生态环境；还有部分垃圾如火锅油被填埋后还会改变土壤的酸碱度。因此将餐厨垃圾直接填埋处理并不合理。

同时若如将餐厨垃圾与普通生活垃圾混合进行填埋处理，餐厨垃圾等有机废弃物堆放则将产生大量的渗滤液、填埋气，使填埋场无害化处理费用居高不下，同时还会对周围环境造成严重污染。填埋处理技术虽操作简单，人工成本较低，但随着近几年对餐厨垃圾利用的认识加深，这种方式逐渐减少，有些国家和地区甚至严禁餐厨垃圾填埋处理。

我国的垃圾填埋处理技术虽仍存在不少待解决的问题，但由于卫生填埋投资小，操作简单易行，适用范围广，并且其作为生活垃圾的传统和最终处理方法，目前仍然是我国大多数城市解决生活垃圾的最主要方法。显然卫生填埋技术更适合处理能够自然降解且对土壤无害的生活垃圾。

1.2.3.2　焚烧处理

焚烧是一种高温热处理技术，是指将过剩的空气与待处理生活垃圾在焚烧炉内进行氧化燃烧反应。废弃物中的有毒有害物质在高温下发生氧化、热解而被破坏，使被焚烧的物质无害化并最大限度地减容，同时尽可能地减少新的污染物产生，避免引起二次污染。焚烧是城市生活垃圾处理的有效途径之一，将垃圾用焚烧法处理后剩余残渣量只有原垃圾量的 5%～20%，在此过程中还可消灭各种病原体，将有毒有害物质转化为无害物，比较适合处理可燃物含量较高的生活垃圾。由于焚烧并不属于有机垃圾资源化利用的最优途径，因此对于高含水率、高有机质含量的餐厨垃圾来说焚烧并非最为合理的处理技术。

焚烧能够在 $800～1200℃$ 高温下将垃圾中的有机物氧化分解，达到减重 80% 左右、减容 90% 以上的目的。此处理技术所需设备设施占地少、处理周期短、无害化程度高和资源化效果好，是我国大中城市生活垃圾处理的发展趋势。对于中大型垃圾焚烧厂而言，焚烧是比较简单的垃圾处理工艺，适于处理有机物含量高、热值高的废弃物，其优点是处理量大、减容性好、焚烧过程产生的热量用来发电还可以实现垃圾的能源化再利用，是一种能同时实现废弃物无害化、减量化、资源化的处理技术。

而餐厨垃圾焚烧则是与其他有机可燃废弃物混合后在高温条件下，餐厨垃圾中的可燃成分与空气中的氧气进行剧烈的化学反应，放出热量，转化为高温燃烧气体及量小且性质稳定的固体残渣。此处理方法无害化程度高，可使餐厨垃圾迅速减容，能够节约大量土地资源。但由于餐厨垃圾的液体成分过高、热值较低，与其他生活垃圾混合后会降低混合物的热值，如果将其焚烧，则不仅将增加焚烧燃料及能源的消耗，增加处理成本，而且处理不当还会使焚烧炉内燃烧不充分而产生二噁英和有毒有害的烧结渣等固体残渣，使得餐厨垃圾从一种污染转为另一种影响更为严重、更加广泛的污染。但含水率高的餐厨废弃物并不宜采用焚烧工艺，因为高含水率会增加焚烧燃料的消耗，处理成本增加，而且焚烧处理不当还会对环境造成二次污染。

但由于我国垃圾焚烧技术比较落后，其中存在的问题集中在以下方面：a. 各地垃圾成分复杂程度不同，餐厨垃圾的大量混入导致垃圾热值降低，在燃烧过程中出现燃烧不充分的问题；b. 由于焚烧原料中含有大量的硫、氟、氯等，在燃烧过程中会产生 SO_x、HF、HCl 等酸性气体，腐蚀焚烧炉。

1.2.3.3 传统好氧堆肥

传统好氧堆肥是指在有氧条件下，通过好氧微生物的生命活动将复杂的有机物转化为成分简单、化学性质稳定的腐殖质的过程。在堆肥过程中，餐厨垃圾中的可溶性有机物可通过微生物的细胞壁直接被微生物吸收，在体内进行代谢分解；而不溶的胶体有机物质则被微生物吸附于体表，通过微生物分泌的胞外酶作用分解成可溶性物质再被微生物吸收转化。

餐厨垃圾堆肥处理工艺主要包括餐厨垃圾的预处理、一次发酵、二次发酵、后处理等工序。餐厨垃圾中的有机物质含量较高，且多为极易腐熟物质，营养物质丰富，碳氮比适中，是利于培养微生物的良好营养物质，非常适合作为堆肥原料。且餐厨垃圾中含有大量的微生物菌种，利于堆肥过程的正常进行。

传统好氧堆肥由于技术成熟，投资和运营的生产成本较为低廉，在国外被广泛使用。而我国由于饮食文化的差别，餐厨垃圾的组成成分与国外有较大的差距，我国的餐厨垃圾中油脂和盐分的含量均较高，在进行堆肥处理前需要进行除油等预处理环节，从而保证堆肥产品质量、降低环境污染风险。此外，由于传统好氧堆肥所需场地较大、处理周期长，难以处理我国巨大产量的餐厨垃圾，因此利用传统好氧堆肥技术处理我国餐厨垃圾的效果不理想，需根据我国餐厨垃圾组成特点加以改进后使用。

1.2.3.4 破碎直排处理

破碎直排处理是西方国家用于处理少量餐厨垃圾的主要方法，是在餐厨垃圾产生源头对其进行直接破碎处理，再进行水力冲洗，直接排入市政污水管网，最终进入城市污水处理厂进行集中处理。此法主要是利用家庭式餐厨垃圾磨碎机进行破碎，是通过高速运转的刀片将装在内胆里的各种餐厨垃圾切碎后再将其冲入下水道中。如今美国大部分家庭使用此类机器处理餐厨垃圾，此类机器在日本的普及率也达35%以上。

此处理技术在我国运用则将暴露出以下几方面缺点。

1）不符合国情，易造成下水道的堵塞 国外居民居住较为分散，安装有家庭式餐厨垃圾处理器的住所多为独立的别墅式住宅，下水管道管径较大。而我国人口总量大，居住十分集中，多为小区楼房式住宅，本身下水管道的负担已经较重，若再将菜叶、剩菜剩饭等餐厨垃圾粉碎冲入下水道，则会造成下水道的堵塞，严重影响居民生活。同时，由于我国饮食习惯原因，餐厨垃圾中油脂含量较大，冲入下水道后容易附着凝固在下水管道内壁引起管道堵塞。

2）增大耗水量 餐厨垃圾磨碎后，必须使用大量水冲洗，势必会增加居民生活用水的消耗量。用中速、清洁的自来水冲走垃圾碎块每次需40~60s，一定程度上将会增大城市自来水厂的供水负担。

3）增大污水处理负担 由于餐厨垃圾中含有大量有机营养物质，餐厨垃圾磨碎后进入市政污水管网并进入城市污水处理厂中进行净化处理，此过程会使得管道中污水有机物含量过高、城市污水厂的处理负担增大。

其中水体富营养化是典型的水污染问题之一，即水中含有过量能够使藻类及其他浮游生物等迅速生长繁殖的营养物质，藻类等水生生物大量生长，消耗水中的溶解氧，使得水质恶化，鱼类和其他水生生物大量死亡。水体出现富营养化后，死亡的藻类、鱼类等遗体在腐烂分解过程中既消耗大量溶解氧，同时又将氮、磷等营养物质释放于水体中，供新一代藻类生长繁殖。出现富营养化的水体即使切断外界营养物质的供给，也很难通过水体自净作用恢复到正常状态。因此由餐厨垃圾碎块与冲洗水形成的浆液进入市政管网后将严重危及水体清洁安全。

4）不符合垃圾分类处理原则 目前，我国部分城市已经出台垃圾分类相关规章制度，强制执行垃圾分类，在其他城市垃圾分类也逐渐形成一种环保时尚。金属、玻璃、塑料等有用垃圾可回收再利用，有机垃圾也可统一收集回收利用。垃圾分类处理能够提高垃圾的回收利用率，是件利国利民的好事，我国居民应积极响应国家号召进行垃圾分类。如果将餐厨垃圾粉碎后用水冲洗混入污水中，不仅不符合垃圾分类处理的原则，降低垃圾的回收利用率，甚至在上海、北京等城市还会受到相应的处罚。

1.2.3.5 生化处理机技术

生化处理机是一种面向家庭和单位的小型餐厨垃圾处理设备。生化处理机技术是通过筛选出自然界中生命活力和增殖能力较强的高温复合微生物菌群，在生化处理机中对餐厨垃圾进行高温快速发酵，使各种有机物得到完全降解和转化。该技术不仅解决了餐厨垃圾的无害化处理问题，减少了人畜交叉感染和环境污染的风险，而且还能够通过资源循环系统工程产出高蛋白活性微生物菌群。收获的菌群按照不同的配方和特殊的工艺，经过深加工制成高品质的微生物肥料和生物蛋白饲料，应用在绿色生态农业、禽畜养殖业等领域，实现资源的循环再利用。

生化处理机技术具有以下优缺点。

① 优点：单台设备占地面积小、处理时间短、无需进行烦琐的预处理、资源利用率高、产品质量及附加值高、销路广阔。

② 缺点：单台设备处理能力低、设备能耗大、减量化效果较差、一次性投资成本高。

餐厨垃圾无害化处理技术各具有其优缺点，如表 1-2 所列。优点成就了该处理方式的存在，而不断暴露出来的缺点则推动了处理方式的改革和其他资源化处理方式的诞生。

表 1-2　几种餐厨垃圾无害化处理技术优缺点比较

处理技术	技术优点	技术缺点
填埋	成本较低、操作简单	在填埋过程中易腐败变质，产生高浓度的有机废水和恶臭气味
焚烧	减量化程度大，无害化处理彻底；设备占地面积小	降低垃圾混合物热值，增加燃料消耗；产生二次污染物
传统好氧堆肥	操作较简单，技术成熟；投资与运行费用较低	产品可能含有较高的油脂和盐分，存在市场风险
破碎直排	价格低、技术简单	无法处理大量集中的餐厨垃圾；易造成下水管道堵塞
生化处理机	资源利用率高；产品质量及附加值均较高，销路好	单台设备处理能力低，设备能耗大；减量化效果较差

1.2.4　资源化现状

1.2.4.1　餐厨垃圾资源化处理的必要性

据统计，餐厨垃圾的产量约占一般家庭垃圾量的 20%～30%；餐饮行业是餐厨垃圾的主要来源。目前，我国多数城市仍没有关于餐厨垃圾处理的统一管理政策，也没有对应的技术法律法规。仅北京、上海、深圳等部分大城市逐步落实餐厨垃圾的管理政策，并根据自身的具体情况制定了餐厨垃圾管理的地方性法律法规。

早在 1996 年，研究人员就对我国城市生活垃圾的成分进行了分析，发现其中有机垃圾（主要为餐厨垃圾）占 60%～70%。如此之高的可利用成分占比使得餐厨垃圾不再是"废弃物"的代名词。我国 14 亿人口，餐厨垃圾按每人每天 100～150g 计算，全国城市每年产生餐厨垃圾不低于 6000 万吨，内含的能量相当于每年 1000 万亩耕地的粮食作物平均能量产出，内含的蛋白质相当于每年 2000 万亩大豆的蛋白质产出，且我国餐厨垃圾的产量仍在逐年升高。餐厨垃圾内含有丰富的营养物质，主要成分为蛋白质、油脂和淀粉，不仅可代替玉米、鱼粉、豆粕等加工成高能量的优质蛋白饲料，也适用于制取生物柴油。如若扩大餐厨垃圾资源化规模，不仅能很好地填补我国饲料中蛋白资源的不足，促进畜牧业的发展，还能促进绿色生态农业的发展，供给部分能源。此外，资源化处理很大程度地减少了餐厨垃圾对环境的污染风险。

餐厨垃圾中氮磷钾等元素含量高，含氮量在干物质中的占比超过 3%，能够制备理想的有机肥，若仅与一般生活垃圾一同进行焚烧、填埋处置将会造成大量营养元素的浪费。据价格杠杆原理可知，含氮量高达 0.15%～11.5% 的有机物（如秸秆）作燃料的价值远低于作肥料的价值。而且随着公众对绿色食品需求量的不断提高，将餐厨垃圾制备成有机肥料的市场出路和附加价值均优于焚烧处理。

综上所述，如果我国能够将餐厨垃圾的回收利用率提至 30%，则每年可至少产出 180 万吨饲料蛋白产品、108 万吨油脂和 1584 万吨发酵生物饲料，这对缓解我国饲料行业动植物性蛋白原料不足具有重大意义。我国的蛋白饲料十分紧缺，耕地面积严重不足，若将餐厨垃圾加以利用，不仅有利于缓解环境污染问题、促进城市发展，还能解决养殖业中的饲料蛋白源缺乏的问题。同时，利用餐厨垃圾代替部分饲料蛋白质原料，能够降低饲料成本，增加养殖行业的经济效益。

餐厨垃圾的资源化处理不仅能够直接带来经济效益，还将带动庞大的市场，蕴含着巨大商机。我国更要把握好机遇，做好餐厨垃圾处理的资源化。

1.2.4.2　国内外资源化现状

（1）国外餐厨垃圾资源化处理技术现状

根据不同国家的国情和法律规定，国外的餐厨垃圾处理技术在应用推广方面主要以资源化为主。虽然饲料化技术资源利用率很高，但由于动物蛋白同源性问题，存在一定的安全隐患，多个国家法律严禁饲料化技术的推广应用。目前国外主要的处理技术如表 1-3 所列。

表 1-3　国外餐厨垃圾主要的处理技术

序号	国家或地区	主要技术	备注
1	美国	堆肥	法律严禁饲料化
2	欧盟	厌氧消化	法律严禁饲料化、填埋
3	日本	厌氧消化、饲料化	
4	韩国	厌氧消化、饲料化	饲料化要求日益严格

（2）国内餐厨垃圾资源化处理技术现状

我国餐厨垃圾的处理技术仍以焚烧、填埋等无害化处理手段为主。近年来，我国为了规范餐厨垃圾管理的规章制度，大力规范餐厨垃圾收运、监管体系，避免出现餐厨垃圾直接饲喂家畜或提炼"地沟油"等违法现象，此外政府部门积极引导餐厨垃圾走向资源化处理道路。

由于我国餐厨垃圾资源化相关的管理政策、法律法规仍处于发展阶段，导致目前国内大规模资源化处理餐厨垃圾的工程实例不多。餐厨垃圾的集中处理的落实仍主要集中在中大型城市，主要采取的工艺是厌氧消化工艺、堆肥化、饲料化和微生物处理技术等。

1.2.4.3 主要的餐厨垃圾资源化技术

目前餐厨垃圾资源化的主流思路是利用微生物对餐厨垃圾中的有机质进行降解、转化。国内外应用于餐厨垃圾集中处理的成熟技术主要包括厌氧消化、制作有机肥（包括微生物好氧堆肥和微生物厌氧堆肥制成培育土）、制成饲料（主要指经高温消毒后作为饲料）、制取生物柴油等。

（1）餐厨垃圾厌氧消化

餐厨垃圾厌氧消化是指在缺氧条件下，通过厌氧微生物的代谢活动把复杂的有机物迅速降解为沼气的方法。厌氧消化制备生物甲烷技术是目前国内外有机垃圾资源化利用的主要方向之一。

有机物的厌氧消化是一个非常复杂的有多种微生物共同作用的生物化学过程，对厌氧消化技术原理的阐述目前主要是两阶段理论、三阶段理论、四阶段理论，且三阶段理论是目前较为公认的理论模式，应用较广。

图 1-2 描述了厌氧消化的过程以及物料去向比例。

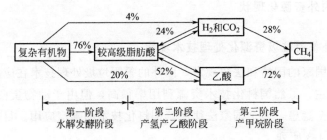

图 1-2　厌氧消化示意（以 COD 计）

（2）餐厨垃圾肥料化

肥料化是微生物分解固体废弃物中的有机物的过程，主要是通过发酵，使之成为稳定的腐殖质，并利用发酵过程产生的高温杀死有害微生物以达到无害化卫生指标。堆肥法分为好氧堆肥法和厌氧堆肥法。目前堆肥的对象主要是城市生活垃圾和污水处理厂污泥、人畜粪便、农业废弃物、食品加工业废弃物等。由于餐厨垃圾中含有大量的有机物质，通过堆肥技术将有机物质转化为有机肥用于农业生产，不仅可以改善土壤的性能、提高作物产量，还可以避免传统化肥给土壤带来的不良影响，因此餐厨垃圾堆肥技术有着广阔的发展前景。目前堆肥制作及利用技术在国内外发展已经很成熟，对其影响因素如微生物、温度、含水率、pH 值等的研究也取得了一定成果。

堆肥本质上是微生物在适宜的生存条件下，利用生命活动将难分解的有机质转化成稳定腐殖质的动态过程。有机质含量高且含水率适中的餐厨废弃物是一种优质的堆肥原料,适宜利用好氧堆肥技术处理。将垃圾堆积在地面或某种发酵装置中,根据情况加入适量膨松剂,利用微生物将垃圾中易降解有机物逐步降解,最终形成稳定的腐殖质。堆肥根据堆体对氧气的需求量,可分为厌氧堆肥和好氧堆肥两种;目前主流的堆肥技术为好氧堆肥。餐厨垃圾堆肥处理方法简单,能实现40%以上的减量,同时还能将餐厨垃圾中丰富的氮、磷和钾营养元素回用于农业,实现餐厨垃圾的资源化。

(3)餐厨垃圾制饲料

我国饲料蛋白质短缺,相当部分依靠进口鱼粉弥补,餐厨垃圾饲料化很大程度上能够补充饲料蛋白质的短缺。如前文所述,我国餐厨垃圾具有产量大、有机物含量高等特点,其中多包含淀粉类食物残余、蔬菜、动植物油和肉骨等营养丰富的物质,是良好的动物饲料,将其饲料化有相当的优势。但未经处理的餐厨垃圾中不仅含有大肠杆菌、沙门氏杆菌等病原微生物,还存在动物同源性蛋白的安全隐患,不可直接做饲料。利用现代技术将餐厨垃圾经过分选、脱水、脱脂、烘干及破碎等多道工序,即可将其制成高营养、符合卫生标准的动物饲料,既可喂养家禽又可供宠物食用。现如今的饲料化处理方式有直接烘干制作干饲料和发酵生产蛋白饲料两种。

饲料化产品需符合卫生、环保、农业等标准,制造饲料的设备、设施、工艺已基本成熟。同时对餐厨垃圾饲料化的产品进行品质检测,以保证禽畜及人体的健康安全。此技术不仅能够提高餐厨垃圾的资源利用率,而且对改善生态环境具有重大意义。

餐厨垃圾中含有丰富的蛋白质物料,以餐厨垃圾为原料,利用微生物的生命活动来生产和调制的微生物蛋白饲料,可制备出高氨基酸、蛋白质和维生素含量的蛋白饲料。能够减少部分大豆、鱼粉等蛋白原料的消耗,并且餐厨蛋白饲料具有蛋白消化吸收率高、适口性好等优点,因此微生物发酵餐厨垃圾是开辟蛋白质饲料资源的一条重要途径。

(4)其他餐厨垃圾资源化技术

1)昆虫养殖　餐厨垃圾可用于养殖蚯蚓、黑水虻等昆虫,其中目前国内工程实例多为利用餐厨垃圾养殖黑水虻。

黑水虻能够直接食用新鲜餐厨垃圾,也具有食谱宽、食量大、容易成活、幼虫营养价值全面、生态安全性高、抗逆性强、对油盐不敏感等优点,被认为是餐厨垃圾昆虫处置领域最具产业化前景的生物种类。黑水虻处理餐厨垃圾可大幅度减少餐厨垃圾的体积,控制恶臭气体的排放量,同时还能够减少蚊蝇滋生,并有效地消除病原微生物。利用餐厨垃圾养殖黑水虻后,经筛分可得到黑水虻老熟幼虫及虫沙。老熟幼虫富含较高的蛋白质,可用来加工制备高附加值的昆虫蛋白源饲料,生产出来的虫沙可开发成高附加值的有机肥料。利用餐厨垃圾养殖黑水虻是实现餐厨垃圾减量化、无害化和资源化的一种有效的方式,该技术在我国广东平原县、陕西渭南县、江苏盐城市等地均有生产案例。

2）制取生物柴油　餐厨垃圾中的油脂是提炼生物柴油的优质原料，提炼后餐厨垃圾中剩余的固体物质则可作为生产饲料和有机肥的原料，甚至还可以用于生物发电。每 100t 餐厨垃圾可产出生物柴油 2t，生物柴油的提炼和使用原理与乙醇汽油相同，可以按一定比例添加到普通柴油中使用。这种从废弃油脂中提炼出生物柴油的方式，已经在北京、江苏、海南等省市推广使用。

利用先进的现代科学技术使地沟油转身变为生物柴油，不仅改变了地沟油治理和控制的尴尬现实，同时又带动了新的市场经济。

3）厌氧发酵制氢　厌氧发酵制氢是指产氢发酵细菌对有机物进行脱氢，平衡氧化还原过程中的剩余电子，保证生理代谢过程顺利进行的发酵过程。餐厨垃圾厌氧发酵产氢工艺无论从环境保护角度，还是从清洁能源开发的角度来看，都属于一种较为彻底的解决餐厨垃圾环境污染问题的新技术。

1.2.4.4　餐厨垃圾资源化主要难题

是否有充足的餐厨垃圾是其资源化产业能否顺利开展的关键。虽然我国每年餐厨垃圾产生量巨大，但其源头分布较为分散，导致餐厨垃圾的回收和转运成为了制约资源化发展的关键。中小城市的餐厨垃圾多由私人收运，专业的收运单位难以发挥作用；同时餐厨垃圾产生源较为分散，运输距离长、工作量大，且餐厨垃圾中含有的大量水分、油脂在运输过程中极易溢出，易对环境造成污染。因此如何实现分散原材料的快速收集，如何储存才能避免对环境造成二次污染，成为餐厨垃圾资源化处理过程中的一个亟需解决的关键问题。

1.3　餐厨垃圾管理政策与体系

1.3.1　我国现行餐厨垃圾管理政策

（1）餐厨垃圾管理目标

对餐厨垃圾进行统一管理是为了使餐厨垃圾实现减量化、无害化和资源化，促进和谐社会建设和循环经济发展。餐厨垃圾的源头减量对于减少废弃物产生量和节约资源有重大意义。2020 年国家发改委、住房和城乡建设部、生态环境部共同研究制定了《城镇生活垃圾分类和处理设施补短板强弱项实施方案》（以下简称《方案》），《方案》中要求各城镇要加快生活垃圾分类投放、分类收集、分类运输、分类处理设施建设，补齐处理能力缺口，推进形成与经济社会发展相适应的生活垃圾分类和处理体系。《方案》中提出各城镇要稳步提升厨余垃圾处理水平，因地制宜地推进厨余垃圾处理设施建设。

（2）餐厨垃圾管理政策必要性

我国关于餐厨垃圾的政策法规仍不够健全。部分省市出台了地方性餐厨垃圾管理条例，但仍缺乏国家层面统一的餐厨垃圾管理规定，餐厨垃圾立法体系仍不健全。除此以外，我国餐厨垃圾的法律规制仍存在诸多问题，包括垃圾分类制度亟须改进、餐厨垃圾收运和处置制度存在缺陷、餐厨垃圾信息不透明、餐厨垃圾收费制度不合理、餐厨垃圾政府监管不到位、餐厨垃圾管理法律责任规定不科学等问题。

2006～2020 年全国各大中城市出台了多项餐厨垃圾管理办法，对餐厨垃圾收集及处理过程进行规范化控制。北京、上海、成都、长沙等各大城市均已明文规定餐厨垃圾的收集、运输和处理必须符合卫生、环保的要求；餐厨垃圾产生单位应设置专用的餐厨垃圾收集容器，将餐厨垃圾与非餐厨垃圾分开收集；产生废弃食用油脂的，还应安装油水分离装置或设置隔油池等设施，进一步加强餐厨垃圾的综合治理。

（3）我国现行餐厨垃圾管理政策

如今政府和民众对环保和公共卫生越来越重视，我国政府在政策导向和资金投入方面给予了大力支持。其一是健全餐厨垃圾的处理与利用的相关法律法规，在政策上给予扶持；其二是鼓励私人企业和地方政府在相关领域进行投资。2013 年在国务院出台的《关于加快发展节能环保产业的意见》中提出，要加快餐厨垃圾处理设施及资源化回收利用设施，并将"家庭厨余垃圾处理器"作为国家着重拉动的环保产品之一；2016 年国务院发布《关于进一步加强城市规范建设管理工作的若干意见》，提出从源头减少餐厨垃圾的产量，提倡净菜上市；2017 年住房和城乡建设部发布《关于加快推进部分重点城市生活垃圾分类工作的通知》中提出，要规范生活垃圾的分类投放，餐饮单位和单位食堂要设置专门容器来收集餐厨垃圾，以干、湿垃圾分开为重点，引导居民将滤除水分的厨余垃圾进行分类投放；2020 年国家发改委、住房和城乡建设部、生态环境部共同研究制定了《城镇生活垃圾分类和处理设施补短板强弱项实施方案》，提出各城镇要稳步提升厨余垃圾处理水平，因地制宜地推进厨余垃圾处理设施建设。由此可见，我国在国家层面对餐厨垃圾的收集处理越来越重视，相关管理政策正在逐步完善和严格。

随着对餐厨垃圾无害化、资源化认识的加深，我国多个省市均在国家政策的指导下陆续出台了针对当地餐厨垃圾管理的相应管理办法。2005 年正式实施的《上海市餐厨垃圾管理办法》是我国最早的地方性餐厨垃圾管理政策；2009 年西宁市颁布了《西宁市餐厨垃圾管理条例》，是我国首部由人大通过的地方性餐厨垃圾管理法规。2010 年苏州市印发了《苏州市餐厨垃圾收集、运输、处置监管考核办法》，提出在开展餐厨垃圾收集时按照"先易后难，抓大不放小"的原则，从各大院校、企事业单位食堂、三星级以上宾馆、餐饮一条街和餐饮龙头企业连锁店逐步向主城区所有餐饮企业延伸；如今苏州市已基本形成"属地化两级政府协同管理、收运处一体化市场运作"的"苏州模式"餐厨垃圾管理方式。大连市根据《国务院办公厅关于加强地沟油整治和餐厨废弃物管理的意见》、《国务院办公厅关于进一步加强"地沟油"治理工作的意见》（后简称"意见"）和《大连市人民政府关于公共机构和公共场所实行生活垃圾强制分类的通告》的要求，于 2018 年提出了关于加强城区餐厨垃圾管理的实施意见。实施意见中提出到2020年年底，中心城区餐厨垃圾集中收运率需达到40%。各市县城区需完成组织机构建设、落实责任主体、制定整治方案、摸清单位底数、招标收运企业、编制收运处置规划等工作，并组织开展餐厨垃圾专项整治；要求到2025年年底，全市城区餐厨垃圾集中收运率达到70%，基本实现餐厨垃圾无害化处理和资源化利用。意见中指出要加强餐厨垃圾产生源头管理，在实施许可中严格督导餐饮服务、加工、流通等单位配备餐厨垃圾储存容器；严厉打击非法收运餐厨垃圾和"地沟油"行为，加大查处非法收运餐厨垃圾和"地沟油"运输工具的力度。

对多个省市发布的餐厨垃圾管理办法进行分析整理，目前我国现行的餐厨垃圾管理政策对餐厨垃圾收集转运过程中涉及的收运设施、收集规范、运输规范、从业人员、监督管理等方面均做出了一定的要求，主要内容如下：

① 餐厨垃圾产生单位应当将餐厨垃圾单独收集存放，不得与其他生活垃圾混合；

② 从事餐厨垃圾收集转运、处理处置活动的企业，应当取得当地行政主管部门的许可；未经审核获得许可，禁止从事餐厨垃圾的收集转运、处理处置服务；

③ 餐厨垃圾在转运过程中需采取完全密闭化运输，在运输过程中不得洒落、滴漏；运输工具外观应保持整洁和完好；

④ 餐厨垃圾产生单位与运输单位应详细记录餐厨垃圾的产生、存放、转运、去向等情况，并向主管部门报备。

（4）管理模式

由于我国餐厨垃圾产生源广且分散，以及餐厨垃圾易腐烂变质的特性，建设大型处理厂将大范围产生的餐厨垃圾集中处理并不可取。大范围集中处理，运输时间较长，餐厨垃圾易变质，其资源化价值将会降低，只能够作为堆肥和厌氧发酵的原料，这必然会导致处理成本高、产品效益低，而分散处理质量又难以监控。因此，我国餐厨垃圾宜采用相对集中的处理方式。北京市海淀区上地餐厨垃圾处理站成功运行的经验充分说明了这一点，该处理站集中处理上地街道辖区内27家中小餐馆每天产生的餐厨垃圾，使海淀上地街道进入泔水"零剩余"时代，成为国内第一个没有泔水外排的街道。

目前我国餐厨垃圾收运与处理主要存在4种相对较成熟的运行模式。

① 政府主导型，即政府为餐厨垃圾收运与处置系统建设和运营管理的责任主体，全面负责餐厨垃圾收运与处理的监督管理、规划制定、投资建设与运营维护等工作。相关部门或企业通过政府授权实施具体工作。

② 政府收运、企业处置模式。

③ 政府委托第三方收运，处置由另一家具有特许经营权的企业负责。

④ 市场主导型，即餐厨垃圾的收运与处置完全市场化、政府仅负责监管。

如今我国餐厨垃圾的收集转运主要以由政府引导、法制管理、集中收集转运、专业处理处置、社会参与、市场化运作的管理模式为主。

（5）餐厨垃圾收运联单制度

目前在我国的中大型城市，各餐饮服务单位多已与餐厨垃圾收运单位签订餐厨垃圾委托收运合同，统一对餐饮行业产生的餐厨垃圾实行收集转运、集中处理处置。政府明令禁止未经相关部门许可的餐厨垃圾收集转运、处理处置单位或个人对餐厨垃圾进行收集处理。餐厨垃圾的收集转运、处理处置经营者应具有相应的资格并获得相关许可。

为了对餐厨垃圾的收集转运、集中处理进行统一有效的监督，防止餐厨垃圾在收运、处理处置过程中出现纰漏，保障无害化、减量化、资源化的有效实施，餐厨垃圾收集运输单位和相关的处理运营单位要在政府相关部门的监管下实行收运联单制度。联单是餐厨垃圾处理服务单位结算收集处理服务费用的主要依据。

收运联单制度是餐厨垃圾收集运输单位和相关的处理运营单位在收集处理餐厨垃圾时，餐厨垃圾产生单位、收运单位、运营处理单位必须如实填写收运联单，详细记录餐厨垃圾的产生、存放、转运、去向等情况，避免未经相关部门许可的餐厨垃圾收集转运、处理处置单位或个人对餐厨垃圾进行收集处理。通常联单共有五联，餐厨垃圾产生单位、收集转运单位、处理服务单位、市和区政府主管部门各一联。联单第一联由餐厨垃圾产生单位自留存档，第二联及其他各联转交给收集转运单位随餐厨垃圾进行转移；第二联由收集转运单位自留，剩余的三联随转移的餐厨垃圾交接给处理服务单位。

具体餐厨垃圾收运联单管理体系如图1-3所示。

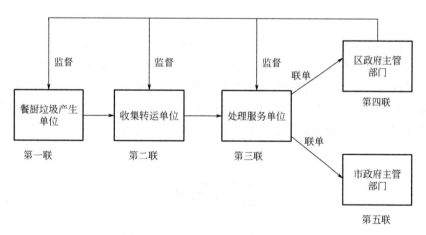

图1-3 餐厨垃圾收运联单管理体系

1.3.2 现行餐厨垃圾管理体系

目前我国现行餐厨垃圾管理体系主要由国家生活垃圾及固体废弃物相关法律法规和部分城市所颁布的地方性餐厨垃圾管理办法构成。管理体系中对餐厨垃圾收运与集中处置一体化进行了说明，完整的餐厨垃圾收运与集中处置一体化体系构建包括餐厨垃圾的产生、分类收集，专业运输及集中资源化处置环节，涉及参与单位主要有政府、餐厨垃圾产生单位和具有特许经营权的企业。

餐厨垃圾收运与集中处置一体化体系总体框架如图1-4所示。

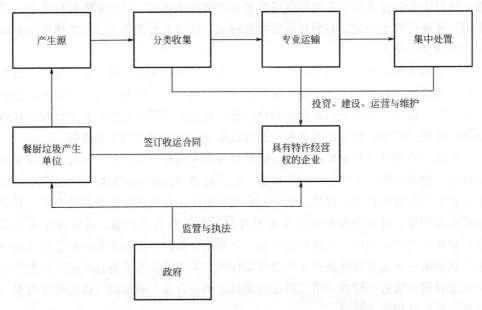

图1-4　餐厨垃圾收运与集中处置一体化体系总体框架

根据总体框架图可知，餐厨垃圾无害化、减量化和资源化处理的一个重要前提是垃圾分类。但我国目前仅在北京、上海等部分城市落实了可回收垃圾、厨余垃圾、有害垃圾和其他垃圾的分类收集，绝大多数的家庭餐厨垃圾仍是与其他生活垃圾混合收集或直接排入下水道中，缺乏合理的垃圾分类收集措施。不少城市进行垃圾分类试点后仅有部分市民坚持垃圾分类，甚至部分城市环卫系统将分类投放的生活垃圾混合转运。尽管我国中大型城市均相继出台了餐厨垃圾的管理方法或法律法规，部分国家层面的餐厨垃圾管理政策也已出台，但其有效落实仍尚待时日。

◆**参考文献**◆

[1] 刘晓，刘晶昊，高海京.我国餐厨垃圾管理体系解析及管理对策探讨 [J].环境工程，2014，22（03）：46-48.

[2] 安新城，李军，吕欣.黑水虻处理养殖废物的研究现状 [J].环境科学与技术，2010，33（03）：113-116.

[3] Finke M D. Complete nutrient content of four species of feeder insects [J]. Zoo Biol, 2013, 32 （1）: 27-36.

[4] 任连海，郭启民，赵怀勇，等.餐厨废弃物资源化处理技术与应用 [M].北京：中国标准出版社，2014.

[5] 王卫，白婷.餐厨垃圾对中国城市化进程中食品安全和生态环境的危害性探讨 [J].食品与发酵科技，2014，50（06）：12-15，57.

[6] 陈冠益.餐厨垃圾废物资源综合利用 [M].北京：化学工业出版社，2018.

[7]林宋，承中良，张冉，等.餐厨垃圾处理关键技术与设备［M］.北京：机械工业出版社，2013.

[8]李来庆，张继琳，许靖平.餐厨垃圾资源化技术及设备［M］.北京：化学工业出版社，2013.

[9]戴磊，李野，刘朝辉，等.中新天津生态城餐厨垃圾处理方法及模式［J］.中国市政工程，2012（S1）：114-116，167.

[10]王攀，任连海，甘筱.城市餐厨垃圾产生现状调查及影响因素分析［J］.环境科学与技术，2013，36（03）：181-185.

[11]郭倩倩，郭晴晴，郑玉国，等.餐厨垃圾研究现状及分析［J］.食品安全导刊，2017（18）：53-55.

[12]陈静，李芳.餐厨垃圾无害化处理生产工艺设计总结［J］.化工设计通讯，2017，43（02）：56-58.

[13]赵苗，任连海，王攀.我国城市生活垃圾处理技术应用现状分析［J］.绿色科技，2013（12）：146-149.

[14]任连海，聂永丰.餐厨垃圾管理的现状、问题及对策［J］.中国环保产业，2010（12）：45-49.

[15]周俊，王梦瑶，王改红，等.餐厨垃圾资源化利用技术研究现状及展望［J］.生物资源，2020，42（01）：87-96.

[16]王敏，方文敏，洪霄伟.餐厨垃圾处理行业环境分析及技术研究进展［A］.中国环境科学学会.2020中国环境科学学会科学技术年会论文集（第二卷）［C］.中国环境科学学会：中国环境科学学会，2020：4.

[17]李蕾.餐厨垃圾收运与集中处置一体化体系构建研究——以深圳市为实证分析［A］.中国城市规划学会、沈阳市人民政府.规划60年：成就与挑战——2016中国城市规划年会论文集（02城市工程规划）［C］.中国城市规划学会、沈阳市人民政府：中国城市规划学会，2016：11.

第 2 章

餐厨垃圾的收集运输及应急处置

2.1 餐厨垃圾的收集与运输

随着现代城市的快速发展，城市人口的急剧膨胀，城市生活垃圾的数量急剧增加，其中餐厨垃圾占据了相当大的比重。据相关部门统计，我国目前餐厨垃圾年产生量达 6000 万吨以上，餐厨垃圾作为典型的城市生活垃圾主要产生于居民日常生活、食品加工、餐饮服务、学校企业单位食堂等。其主要成分是食物残渣，具有高含水率、高油脂、高有机质含量、营养元素丰富、极易腐败发酸发臭等特性。这些特性决定了餐厨垃圾具有一定的危害性，容易诱发环境问题。例如，餐厨垃圾腐败变质后滋生蚊虫产生恶臭气体，影响市容市貌；在堆放过程当中会产生垃圾渗滤液，渗滤液中的有毒有害物质随浊流排放到河流中，污染周围水体；餐厨垃圾（泔水、潲水）如果直接用于饲喂家禽，其中的砂砾、塑料、铁丝等异物会损伤家禽的消化道，铝、汞、镉等重金属和苯类化合物堆积在家禽体内，随着食物链富集在人体内；餐厨垃圾中的废弃油脂被不法分子利用，通过加热、过滤、蒸馏等一系列手段提取出来成为"地沟油"，卖给餐馆、食品厂牟取暴利，"地沟油"中的黄曲霉素、苯等致癌物质严重危害人体健康；餐厨垃圾还是微生物的温床，会造成病原微生物传播和传染病流行。

良好、高效的收集运输及应急处置是保障环境卫生和公共安全的重要环节。一般而言，餐厨垃圾的收集运输分为三个阶段：第一阶段是餐厨垃圾由餐馆、饭店、单位食堂等产生单位到垃圾桶的过程；第二阶段是工人将垃圾桶收集运送至垃圾中转站；第三阶段是在转运站将垃圾转载至大容量运输工具并运输到远距离的垃圾处理处置厂。

过去我国餐厨垃圾管理存在着许多缺陷，餐厨垃圾收运不规范，一些不法商贩将餐厨垃圾回收后提炼"地沟油"，严重威胁食品安全。由于以往缺乏统一的管理和收集，餐厨收集运输使用的车辆及容器肮脏不堪，在初步分拣过程中往往存在乱扔乱弃的现象，严重影响城市环境卫生与面貌。此外，有关部门监管缺位，导致了各级各类文件规定成为摆设，餐厨垃圾收集处理缺乏政策指导和有效的监督管控。餐厨垃圾处理行业存在项目收益波动大、法律法规不健全、市场集中度较低、处置规模比较小等问题。

2.1.1　收集管理及方法

（1）收集工具

餐厨垃圾的收集一般采用专业容器，可与运输车辆进行配合，实现装车自动化和机械化，使得垃圾的存储、收集和运输更加方便，实现清洁卫生无污染，是具有良好发展前景的收集方式。

餐厨垃圾容器为绿色的两轮移动垃圾桶。垃圾桶由高密度聚乙烯制成，按容积大小不同分为 120L、240L 等不同体积的方形标准垃圾桶。两轮移动垃圾桶有如下特点：

① 桶盖充实严密，桶体日久不会变形；

② 桶体与桶盖是 100％高密度聚乙烯（HDPE）一次注模而成；

③ 抗热、防冻及耐酸、耐碱、耐腐蚀；

④ 所用原料熔化温度不低于 120℃；

⑤ 自燃温度不低于 350℃，软化温度不低于 110℃；

⑥ 耐低温可达－30～－20℃；

⑦ 桶身、箱口及底部特别加固，可以受各种外力，如碰撞、机械提升及坠落；

⑧ 广泛适用于各种环境，更可用于垃圾分类收集，如物业、环卫、工厂、餐饮等行业。

（2）收集方式

餐厨垃圾产生后，由宾馆、食堂等产生单位将其放入标准垃圾桶内，在规定时间内由餐厨垃圾收运公司负责派车收运。收运车在自动提升装置作用下，将垃圾桶内的垃圾自动倾倒入车，并将其清运至垃圾中转站或餐厨垃圾综合处理厂。

根据收集方式不同，可以将餐厨垃圾的收集分为混合收集和分类收集。

① 混合收集是指统一收集未经任何处理的原生废弃物的方式。这种收集方式历史悠久，其主要优点是收集费用低，缺点是各种废弃物相互混杂，降低了废弃物中有机物的再利用价值，同时也增加了各类废弃物的处理难度。从当前的趋势看，该方式正逐渐被淘汰。

② 分类收集是指根据废弃物的种类和组成分别进行收集的方式。其主要优点是可以提高废弃物中有机物纯度，有利于废弃物资源化利用，从而降低了分类处理的成本。

此外，餐厨垃圾收集方式与生活垃圾类似，也可以分为移动容器式收集运输和固定容器式收集运输两种方式。

1）移动容器操作方法　是指将某集装点装满的垃圾连容器一起运往中转站或处理厂，卸空后再将空容器送回原处（一般操作法）或下一个集装点（修改工作法），其收集过程示意见图 2-1。该操作用时可分为四部分用时，即集装时间、运输时、卸车时间和非收集时间（其他用时）。

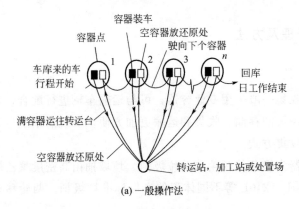

(a) 一般操作法

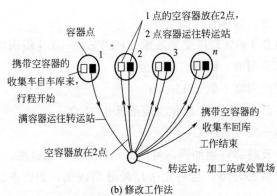

(b) 修改工作法

图 2-1　移动容器收集操作

2）固定容器收集操作法　是指用垃圾车到各容器集装点装载垃圾，容器倒空后固定在原地不动，然后开到第二个回收点重复操作，直到收运车装满或工作日结束。固定容器收集法的一次行程中装车时间是关键因素。因为装车有机械操作和人工操作之分，故操作用时的计算方法也略有不同。固定容器收集过程参见图 2-2。

2.1.2　运输方式及路线优化

（1）运输方式

目前，我国使用的餐厨垃圾运输车辆是集收集、运输于一体的垃圾环卫专用车，可选装餐厨垃圾固液分离装置。其工作流程为：餐厨垃圾桶由输送带输送至车辆顶部，再将桶内的餐厨垃圾倒入车厢，垃圾经压实后在车厢内实现固液分离。固体垃圾不断压缩体积变小，存储在车厢上腔，被分离的液体进入车厢下腔的污水

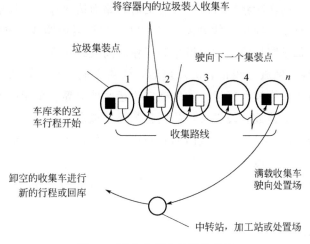

图 2-2　固定容器收集操作简图

箱，待装满后送至餐厨垃圾处理厂集中处理。

餐厨垃圾运输车根据压实物料和卸料方式的不同分为可分为翻斗式餐厨垃圾车和推板式餐厨垃圾车。

1）翻斗式餐厨垃圾车　翻斗式餐厨垃圾车配备有液压举升装置，可将车厢倾斜一定角度，餐厨垃圾仅依靠自身重力而卸下。翻斗式餐厨垃圾车的进料口一般位于车厢前部，在收集垃圾时需不时利用液压举升装置将车厢升起，使位于车厢前部的餐厨垃圾滑至车厢后部，方便继续收集垃圾。在卸料时，同样由液压举升装置将车厢升起，使餐厨垃圾依靠自重从车厢内卸出。翻斗式餐厨垃圾车结构简单，具有较高的稳定性和实用性，适用于小规模餐厨垃圾运输。

2）推板式餐厨垃圾车　其是以自身装置和动力，配合集装垃圾定型容器自行将垃圾装入车厢，进行转运和倾卸。推板式餐厨垃圾车厢内装有推板压实装置，在开始装载时，推板位于车厢前端起始位置，随着投入口垃圾增多，推板在液压缸的作用下后移，将垃圾推向车厢后部并压实垃圾。卸料时，开启车厢后门，厢内垃圾由推板推出车外。在推板压实装置的作用下，推板式餐厨垃圾车有效压缩了垃圾体积，提高了装载容量。

（2）路线优化

餐厨垃圾含水率高，极易腐败，宜直接从收集点运输至处理厂。当餐厨垃圾产生量大且运距较远时，可设餐厨垃圾转运站，经转运站运送至餐厨垃圾处理厂。在设计餐厨垃圾收运路线时，应避开交通拥挤路段，收运时间应避开交通高峰时段，并结合餐厨垃圾产生单位布局和区域地势地形合理考虑，使用空车由远及近收集运输餐厨垃圾，提高餐厨垃圾运输车辆的工作效率。

一般收集运输线路的设计需要经过反复试算，在满足餐厨垃圾清运量和车辆容量的条件下，降低收运的成本费用。一条完整的餐厨垃圾收集路线大致由"实际路线"和"区域路线"组成。

1）实际路线　实际路线指垃圾收集车在指定的收集区域内所行驶的实际收集路线。在探索合理的实际路线时需要考虑交通和路面情况等，将收集线路限制在一个区域内，使得每条路线尽可能紧凑，没有断续和重复的路线。同时平衡工作量，使每个作业日，每条路线收集的垃圾量和运输时间大致相等。

2）区域路线　区域路线指装满垃圾后，收集车辆运往中转站（或处理厂）所行驶的路线。对于一个较大区域，首先确定收运区域边界、车库位置、垃圾集装点位置以及各集装点容器数和垃圾量，使用分配模型拟定区域路线，使得垃圾中转站派出车辆的装载量刚好能满足区域内的餐厨垃圾收集任务。每一辆垃圾收集车从转运站出发后，沿着一条覆盖了若干垃圾集装点的路线进行运输，最终回到垃圾转运站，且全部收集路线上，垃圾收集车的运输时间和垃圾装载量也应处于合理范围内。

（3）能效评价

运输单位质量餐厨垃圾实际能源强度值按式（2-1）计算：

$$E_1 = 100E/WS \tag{2-1}$$

式中　E_1——运输单位质量餐厨垃圾实际能源强度值，L/（t·100km）；

E——餐厨垃圾运输车辆运输餐厨垃圾的能源消耗量，L；

W——餐厨垃圾运输车辆的额定载质量，t；

S——餐厨垃圾运输车辆能源消耗量所对应的行驶里程，km。

能效评价指数按式（2-2）计算：

$$E = (E_0 - E_1)/E_0 \times 100\% \tag{2-2}$$

式中　E——能效评价指数；

E_0——运输单位质量餐厨垃圾能源强度基础值，L/（t·100km）；

E_1——运输单位质量餐厨垃圾实际能源强度值，L/（t·100km），由式（2-1）计算得出。

餐厨垃圾收集运输单位应统计能源利用数据，至少应包含行驶里程、能源消耗量、垃圾清运量、能效评价情况等。

2.1.3　收运体系管理政策

早在 2000 年，餐厨垃圾的收集运输和处理处置就已经开始引起人们的关注。2000 年 5 月，上海市农委、商委等 6 个部门联合下发了《关于对郊区中小型生猪饲养场、点进行专项治理的通知》［沪农委（2000）第 69 号］，禁止把未经处理的餐厨废弃物用于养殖家畜，禁止未经环卫部门批准的企业进行泔水油回收和再利用处理。此外，上海市物价局曾出台餐厨垃圾的收费政策，规定餐厨垃圾产生者可自行处置，也可委托处置，并对委托收运、处置费暂实行最高限价，收运和处置企业可自行下浮。2005 年 1 月《上海市餐厨废弃物处理管理办法》出台。

2003 年 1 月 1 日青岛市实施的《青岛市无规定动物疫病区管理办法》规定：

"饲养动物不得使用宾馆酒店废弃的食物（泔水）、生活垃圾、过期变质的食品和饲料及国家禁止使用的动物源性饲料"，并实行强收制，以 6 元/t 的收费标准向餐饮业收取餐饮业剩余物污染费，集中统一处理。

"非典型肺炎"疫情后，餐厨垃圾的管理得到国家和地方管理部门的高度重视。2005 年，北京市所颁布的《北京市动物防疫条例（草案）》中规定，严禁动物养殖场使用饭店、宾馆、餐厅、食堂产生的未经无害化处理的餐厨垃圾饲喂动物。2006 年北京市又颁布实施了《北京市餐厨废弃物收集运输处理办法》，其中规定餐厨垃圾不得随意倾倒、堆放，不得排入雨水管道、污水排水管道、河道、公共厕所和生活垃圾收集设施中，不得与其他垃圾混倒。餐厨垃圾的产生者负有对其产生的餐厨垃圾进行收集、运输和处理的责任；而且明确规定产生者不得将餐厨垃圾交给无相应处理能力的单位和个人，凡准备从事餐厨垃圾的集中收集、运输和处理的企业，应当依法取得"从事城市生活垃圾经营性清扫、收集、运输、处理服务"的行政许可和运输车辆准运证件等相关许可。

2005 年 11 月，《景德镇市餐厨废弃物管理办法》出台，对餐厨垃圾的收集、运输、处置及其相关的管理活动进行了规定。

2006 年 8 月，宁波市出台了《宁波市餐厨废弃物管理办法》，12 月 1 日正式施行。办法明确了宁波市餐厨垃圾行政主管部门为宁波市城管局，发展与改革、工商、旅游、财政、卫生、环保、质检、公安等部门协同管理。办法规定，禁止使用未经无害化处理的餐厨垃圾饲喂动物，而且禁止将餐厨垃圾直接排入下水道。

2007 年，《西宁市餐厨废弃物管理办法》《石家庄市餐厨废弃物处理管理办法》《深圳市餐厨废弃物管理办法》等相继出台。并且，2009 年 11 月西宁市将《餐厨废弃物管理办法》上升为《餐厨废弃物管理条例》。

2008 年 12 月 26~27 日，为了深入学习实践科学发展观，贯彻落实《循环经济促进法》，引导餐厨垃圾资源化沿着高效、安全、健康的轨道发展，促进食品安全和城市生态环境改善，国家发展和改革委员会、住房和城乡建设部和商务部在浙江省宁波市共同召开"全国城市餐厨废弃物资源化利用现场交流暨研讨会"。会议指出我国存在餐厨垃圾管理政策机制不健全，垃圾流向不明，资源化利用技术不高，安全隐患突出，环境污染严重，对食品安全、生态安全和人类健康构成极大的潜在威胁等问题。针对上述问题，国家发展和改革委员会、住房和城乡建设部、商务部、农业部（现农业农村部），从本部门工作实际出发，对餐厨废弃物资源化利用的思路、政策措施、面临的主要任务进行了解，并结合各部门工作实际，对全国餐厨废弃物资源化利用工作提出了具体要求，在全国吹响了餐厨废弃物资源化利用和无害化处理的号角。

2007~2009 年间，由住房和城乡建设部和国家发展与改革委员会提出，由国家标准管理委员会批准立项的多项关于餐厨垃圾处理和管理的国家标准和规范正在制定之中。其中由清华大学刘建国教授主持的国家标准《餐厨废弃物资源利用技术要求》（20074595-T-333）已完成报批稿，并提交国标委。由北京工商大学任连海教授主持的国家标准《餐厨废油资源回收和深加工技术标准》（20083001-T-303）

启动并完成草案。由住房和城乡建设部城建院承担的中华人民共和国行业标准《餐厨废弃物处理技术规范》(CJJ-2010) 已完成送审稿。

2010 年 5 月 4 日，国家发展和改革委员会、住房和城乡建设部、环境保护部、农业部四部委联合下发了《国家发展和改革委员会办公厅等部门关于组织开展城市餐厨废弃物资源化利用和无害化处理试点工作的通知》（发改办环资〔2010〕1020号），要求在全国范围内选择部分具备开展餐厨垃圾资源化利用和无害化处理条件的城市或直辖市辖区进行试点。探索适合我国国情的餐厨垃圾处理工艺路线，形成餐厨废弃物资源化利用和无害化处理产业链，提高资源化和无害化水平。2010 年 7 月 13 日，国务院办公厅下发了《国务院办公厅关于加强地沟油整治和餐厨废弃物管理的意见》[国办发（2010）36 号]，在该文件中明确了要建立市（县）长负责制。开展"地沟油"专项整治，加强餐厨垃圾管理，建立健全全程监管和执法联动机制，实现对"地沟油"和餐厨废弃物的全程监管，确保不留隐患和死角。并要求各部委尽快确定试点城市名单，及时总结试点经验，并在全国推广。2010 年 12 月 30 日，国家发展和改革委员会、住房和城乡建设部、财政部、环境保护部、农业部五部委办公厅联合下发了通知，初步选择了北京市（朝阳区）、上海市（闵行区）、广西壮族自治区南宁市等 33 个城市（区）开展前期试点工作，要求备选城市（区）编制餐厨垃圾处理实施方案，届时将对所报方案进行评审，通过评审的列入对外公布试点城市（区）名单。

2011 年 3 月，温家宝总理主持召开国务院常务会议，研究部署进一步加强城市生活垃圾（含餐厨垃圾）处理工作，4 月，国务院批转《城乡建设部等部门关于进一步加强城市生活垃圾处理工作意见的通知》，明确要求：到 2015 年，50％的设区城市初步实现餐厨垃圾分类收运处理。

在国家的"十二五"规划和"十三五"规划中，将节能减排和生态环境建设列为国家重点建设项目。其中，对城市生活垃圾的收运和处置做出了相应的要求和规定，提出要规范餐厨垃圾处置，加强餐厨垃圾收运处理，建立餐厨废弃物管理台账制度，并严肃查处有关违法违规行为，积极推动生态文明建设，创建"无废城市"。

目前，我国北京、上海、宁波、西宁等多个城市推出了自己的餐厨垃圾收运管理政策，对餐厨垃圾收运过程中收运设施、收集规范、运输规范从业人员、管理监督均做出了一定的要求。

这些管理制度涉及餐厨垃圾收集、运输及处理的整个过程，主要内容如下：

① 从事餐厨垃圾收集运输、处置的企业，应当取得当地行政主管部门的许可，而未经审批许可的企业禁止从事餐厨垃圾收集、运输和处理服务；

② 餐厨垃圾产生单位应当将餐厨垃圾单独收集、存放，不得与其他生活垃圾混杂；

③ 餐厨垃圾在运输过程中，实行完全密闭化运输，在运输过程中不得滴漏、撒落，运输工具外观应保持整洁和完好状态；

④ 餐厨垃圾产生单位与运输单位应该详细记录餐厨垃圾产生、储存、转运、去向等情况，并向主管部门备案。

为了对餐厨垃圾收运、集中处理进行有效监督，防止餐厨垃圾在收运处置过程中产生不必要的纰漏，保障无害化、减量化、资源化的有效实施，餐厨垃圾收运单位和相关的处置运营单位要在环保部门的监管下实行收运联单制度。联单是餐厨垃圾处理服务单位结算运输、处理服务费的主要依据。收运联单制度，即餐厨垃圾收运单位和相关的处置运营单位在收集处理餐厨垃圾时，餐厨垃圾产生单位、收集运输单位、运营处置单位必须如实填写收运联单，详细记录餐厨垃圾产生量、收运量、处理处置量及其去向。

2.2　餐厨垃圾智能收运体系

餐厨垃圾的产生单位众多，在地理位置上较分散，按照传统的收运方式大部分餐厨垃圾产生后无法及时得到处理，容易对环境造成污染。

为了及时掌握餐厨垃圾产生源的确切数据，合理规划运输车辆行驶路线，加强对餐厨垃圾的管理，除了明确规定处置原则以及有关部门职责外，还要对餐厨垃圾在收集、运输和后续处理中进行监管。因此，需要建立信息化数据监督管理体系，运用云技术和物联网技术开发一套完整的信息交流网络系统，实现对餐厨垃圾从前端收集、运输到后端处理的全流程监管。

2.2.1　智能收运体系构建

在餐厨垃圾的收运过程中，主要通过对收运装置进行跟踪与定位以及对餐厨垃圾的部分特性（如温度、重量等）进行记录，实现对餐厨垃圾的监测与控制。

餐厨垃圾的收运装置包括垃圾桶和运输车辆两部分。在垃圾桶和运输车辆上都可安装智能控制系统，并配备一套智能操作系统，以实现自动化操作和数字化管理。智能控制系统包括称重传感器、ID 卡系统、GPRS 信息模块、电池电量检测系统、操作面板等部分，在操作系统的底层硬件支持下可随时记录收运装置的位置、工作状态以及餐厨垃圾的重量和温度等信息。这些信息一经采集便会马上上传至远程控制中心，展示在显示屏上，方便工作人员实时监控。

餐厨垃圾收集运输单位应配套智能环卫管理系统，并具备收运计量、收运车辆实时位置、路线规划、车辆调度、油耗监控等功能。餐厨垃圾收集运输单位应建立餐厨垃圾排放单位垃圾产生量及委托收运情况的基础档案，并逐步实现源头排放登记的信息化管理。餐厨垃圾收集运输单位可在专用收集桶上加装电子标签，实现收运过程中自动识别餐厨垃圾收集桶身份、定位路线等功能。

图 2-3 展示了垃圾收运智慧管理平台的操作流程。

在餐厨垃圾的收集运输过程中需注意：

① 餐厨垃圾收集运输过程中不应混入有害垃圾和其他垃圾；

② 餐厨垃圾收集运输过程中应减少车辆"亏载"现象；

电子标签(RFID或2.4G)　　　电子标签(RFID或2.4G)　　　电子标签(RFID或2.4G)

采集终端　　　　　　　　　采集终端

垃圾回收车辆　　　　　　　　垃圾回收车辆

| 垃圾桶位置信息标注 | 垃圾桶倾倒时间 | 垃圾桶倾倒次数统计 | 未倾倒垃圾桶报警统计 |

图 2-3　垃圾收运智慧管理平台

③ 餐厨垃圾收集运输宜采用定时、定点方式收集；

④ 餐厨垃圾产生量集中地区可建立定点收集站（点），建设规模应根据服务区域内每日餐厨垃圾产生量确定，餐厨垃圾产生量可根据《餐厨垃圾处理技术规范》（CJJ 184—2012）进行预测；

⑤ 餐厨垃圾应做到日产日清，收运频次应综合餐厨垃圾产生单位位置、餐厨垃圾产生量等情况进行合理安排。各餐饮单位、单位食堂每天应至少收运 1 次餐厨垃圾，在餐厨垃圾产生量较大时需增加收运次数。农村和郊区等餐厨垃圾产生量小且相对分散的区域宜采取相对集中的处理方式，鼓励采用就地处理方式。在温度较高季节应增加餐厨垃圾收运频次。

在智能收运体系的帮助下，可有效防止餐厨垃圾收运装置在收运过程中出现丢失、失窃、损坏等情况。一旦收运装置出现异常情况，可由工作人员将其寻回维修，使其工作状态恢复正常并继续投入使用。

2.2.2　餐厨垃圾容器数字标签系统

餐厨垃圾的收运过程分为：源头收集、运输和末端处理三个部分。在此过程中，餐厨垃圾易发生腐败，产生的有害物质释放到环境中，后续会对生态环境和人类健康造成不良影响。为了对可能产生的环境问题进行追踪溯源并及时解决，可采用智能数字标签系统，将餐厨垃圾进行标记，在收运过程中实时监控，防止餐厨垃圾泄漏。

智能数字标签系统的使用，需要射频识别技术（radio frequency identification,

RFID）和无线数据通信等技术的支撑。通过一定的数字传输协议，将餐厨垃圾桶和运输车辆贴上电子标签，并与互联网相连，实现对餐厨垃圾的跟踪定位和监督管理。

在源头收集的过程中，使用读卡设备识别嵌有 RFID 芯片的垃圾桶，可以掌握餐厨垃圾的产生源头，从而为餐厨废弃物的产生、收集、运输及处置、利用等全过程监管提供可靠可信的数据和决策支持。中转运输上，利用数字标签技术，可以对进入有效范围内的环卫作业车进行识别，合理配置运输车辆和清运量，同时获取餐厨垃圾的收运地址、垃圾类型和垃圾总量等信息，便于后续数据的处理。通过 GPS 定位技术，了解各类环卫作业车辆的线路轨迹、位置、速度等实时数据，达到对作业运输过程监督的目的，从而有利于合理安排人员车辆，及时解决突发问题。在进入垃圾中转站或处理厂后，读出芯片中记录的餐厨垃圾各项数据，统一整理，便于计费。

使用智能标签系统，可有效读取各餐馆、食堂等的餐厨垃圾日产生量，合理分配环卫资源，并提供各运输车辆的收运数据和行驶信息。将这些数据和信息交由计算机收集处理，提高了收运效率，减少了人工计量存在的误差，为管理者实现精细化管理提供了依据。目前已有不少城市开始使用智能标签系统，配套 RFID 垃圾桶，在垃圾收运处理上取得了良好成效。

2.2.3　GIS 管理系统在餐厨垃圾收运过程中的应用

地理信息系统（geographic information system 或 geo-information system，GIS），又称为"地学信息系统"，是一种在计算机硬、软件系统支持下，对整个或部分地球表层（包括大气层）空间中的有关地理分布数据进行采集、存储、管理、运算、分析、显示和描述的特定的十分重要的空间信息系统。近几年来，GIS 与专业模型相结合，广泛应用于其他领域，利用 GIS 系统的空间数据处理分析功能完成其他系统的决策与分析。

GIS 在餐厨垃圾物流系统中可发挥以下功能。

（1）提供基础地理数据

GIS 存储分析所要求的电子地图，并可由其组件式开发工具获取诸如道路长度、走向、可通过性等地理数据，在这些数据的基础上运行并优化模型。GIS 以其自身强大的数据处理能力，能够快速、方便地提供这些数据。

（2）实时跟踪餐厨垃圾及运输车辆

依靠 GPS 定位系统和电子地图可以实时显示出车辆的实际位置，从而对车辆进行跟踪监控，通过 GIS 提供的实时跟踪服务，就能掌握辖区内各运输车辆的实际作业情况。

（3）进行数据的处理分析

利用 GIS 建立的电子地图，对各餐厨垃圾相关设施定位跟踪，实时反映其地理坐标，以及附近街道和交通情况。另外，依靠智能收运体系和数字标签系统，将餐厨垃圾的温度、重量、pH 值等各项数据可视化，通过对餐厨垃圾各项数据的处理分析，可以确定该处理区域内餐厨垃圾的产生量，收运设施分布情况和餐厨垃圾的组成成分等。

（4）运输路线模拟和辅助决策

在 GIS 电子地图中确定各餐厨垃圾收集点、中转站和餐厨垃圾处理厂位置信息，模拟运输车辆的收运路线，经过统计、分析、优化后制定最佳运输方案，为管理者提供直观可靠的决策依据。

餐厨废弃物收运流程涉及收集、运输、中转和处置 4 个过程。GIS 管理系统涵盖这 4 个过程中的各个环节，分别是集垃圾处理设施管理、收运作业任务管理、运输车辆监控及优化调度、垃圾处置量统计等功能于一体的信息化管理系统，利用系统数据处理和数据快速可视化能力，提供餐厨垃圾属性查询、运输车辆实时跟踪、运输车辆优化调度、运输路径分析调整等服务。

餐厨垃圾收运管理系统采用层次化设计方案，系统层次结构如图 2-4 所示。

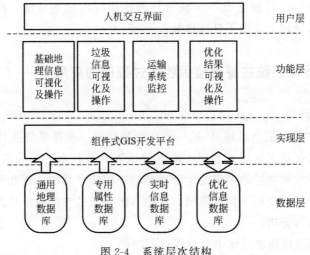

图 2-4　系统层次结构

按逻辑分为数据层、实现层、功能层和用户层 4 层。数据层为系统提供数据支持，是系统运行的基础，包含以下 4 个数据库。

① 通用地理数据库采用文件数据库的形式，存储基于 GIS 系统所使用的地理元素空间位置信息，并以此为地图可视化和运输系统的优化调度提供地理数据支持。

② 专用属性数据库负责存储诸如垃圾收集点、中转站、处置厂、运输系统数据等与垃圾直接相关数据信息。

③ 实时信息数据库接收来自运输系统的运输车辆 GPS 坐标，并向系统提供此类数据服务。

④ 优化信息数据库接受系统根据历史相关垃圾产生以及各垃圾处置相关单位

处理能力数据，得出运输系统优化信息，并反馈此类信息。

实现层使用 GIS 组件式开发工具实现数据服务功能。功能层具体表述基础地理信息可视化及操作、垃圾信息可视化及操作、运输系统监控和优化结果可视化及操作 4 大功能。用户层为人机交互界面，为用户提供友好交互接口。

数据管理包括预处理和一般处理两部分。

① 预处理是系统运行之前的数据准备阶段，其包括对地理信息基础数据（shapefiles 格式文件）的检查和修复、道路网络拓扑结构生成以及处理设施（停车场、收集点、中转站、处理厂等垃圾运输相关设施）间的最短路径搜索。预处理的结果数据会按一定的数据模型存储在数据库中，作为优化调度、可视化等后续处理的基础数据。针对某一地区的垃圾处理系统数据，预处理通常只需处理一次，只有在垃圾处理系统数据发生变化时，如道路重建、新建处理设施等才需要重新计算。

② 一般处理指专用属性数据可视化、优化模型校核、动态模拟演示等，这些需要实时处理，数据只是暂时使用，系统基于 GIS 组件来实现这些功能。

预处理生成的数据存储在数据库中，设计的数据库模型如图 2-5 所示。垃圾收集点、中转站、停车场、处置厂等因素均被垃圾运输车不间断访问的性质可抽象为处理设施，具有空间位置属性。但是，由于地理数据按属性层存储，垃圾处理设施

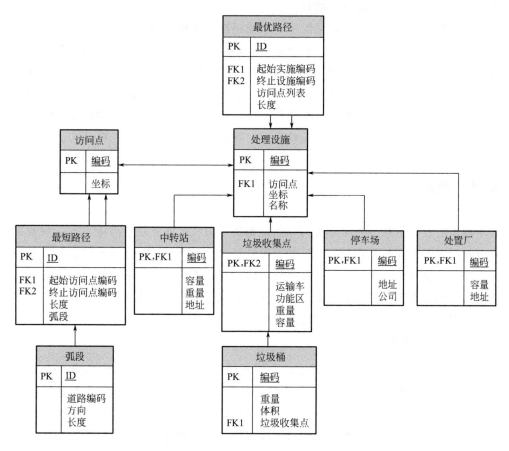

图 2-5　系统数据库模型

为点状结构图层，而道路为线状结构图层，层与层之间的地理几何数据存在偏差。所以在数据层面上，处理设施往往偏离道路，即无通往处理设施的道路。另外，在空间位置坐标上，许多处理设施（尤其是垃圾收集点）比较接近，并且在实际餐厨垃圾收运过程中，也是由运输车辆一次到达的。因此，系统经过预处理部分选取道路上合适点作为运输车辆访问点，建立访问点和处理设施间的一对多关系，即一个处理设施能且只能属于一个访问点，一个访问点可关联多个垃圾处置设施。在此基础上，系统仅需计算不同处理设施对应访问点间的最短路径，即可制定最佳收运方案，从而减轻了优化模型的处理复杂度，满足运输车辆实时优化调度的要求。

城市生活垃圾收运管理系统通过预处理部分生成不同处理设施对应访问点间的最短运输路径，并存入数据库（见图 2-5）。最短路径以起始访问点和终止访问点为特征属性，即起始和终止访问点间的最短路径只存在一条。并且弧段（最短路径的中间路段）采用道路编码和方向 2 个属性表达其在某条最短路径中的形状和连接顺序，道路编码对应道路图层 shapefiles 文件内部编码，方向指其所属最短路径的顺序。系统建立了垃圾收运优化调度的多目标优化模型，并采用扫描算法与分枝限界法结合的两阶段算法进行求解。首先由扫描算法将大区域垃圾收运路线优化问题分为满足约束条件的小组，再通过分枝限界法对各组进行优化，以获得组内最优路线，间接得到大区域垃圾收运的较优路线。

在整个餐厨垃圾收运管理系统中，运输系统是其核心实施单位，也是收运过程成本花费所在。据统计，餐厨垃圾收运系统，即垃圾收集和运输的费用占整个处理系统费用的 70%～80%。随着城市及农村的不断发展，餐厨垃圾收运系统的服务范围也随之扩大。在这种大区域环境下，充分利用数字标签系统和 GIS 管理系统等其他监督管理手段，并合理有效地规划餐厨垃圾收运系统运输车辆的作业路线，将大大提高作业效率、降低收运系统费用，对餐厨垃圾管理系统有积极意义。

2.3　应急处置

城市管理机构和公共服务机构应制定餐厨垃圾收运应急处置措施，以应对餐厨垃圾收运过程中垃圾撒漏、收运车辆突发故障、自然灾害、社会突发问题等突发事件。规范和指导市区餐厨垃圾突发事件的应急处置工作，最大限度地降低突发事件造成的影响，对于维护社会正常秩序，保障公众的生命财产安全有积极作用，并能够促进经济社会全面、协调、可持续发展。

（1）自然灾害

地震、台风、暴雨等自然灾害，会引起道路积水、塌陷等，破坏城市交通系统，影响餐厨垃圾收运工作的正常开展和运行。在地震、台风、暴雨预警发布之后，各管理部门、处理设施运营企业、运输单位需密切关注相关动态，协调各部门做好应急处置准备工作。预警信号解除后立即启动应对措施，尽快使餐厨垃圾运输与处理恢复正常状态。

（2）公共卫生事件

在发生公共卫生事件时，在疫情控制区域内，餐厨垃圾需要单独收运，餐厨垃圾、运输车辆、卸料厂和处理厂也要进行消毒。餐厨垃圾在经过卫生监督部门或者动物防疫部门的消毒处理后，采用密闭装箱的方式收集运输，按照规定路线行驶，直接运往焚烧厂焚烧，不做停留，并对专用料坑中的渗滤水采取严格的消毒措施。作业人员需做好穿戴防护服，佩戴口罩、防护眼镜等措施。

（3）社会群体事件

社会群体事件主要包括餐厨垃圾在储存和收运过程中受到人为攻击破坏，群体性阻拦餐厨垃圾进入处理设施，作业人员对外群访、罢工等，会对餐厨垃圾的及时转运及处理造成影响。管理部门应做好预防工作，当此类事件发生时应及时了解事件发生原因及经过，协调好各方关系，维护社会秩序。

（4）事故灾难

事故灾难主要包括各类事故引起的收运设施损坏或停运。突发事故应急处置后，各餐厨垃圾收运和处理企业要迅速采取措施，排除故障，恢复到正常的处理状态。

2.4　工程实例

2.4.1　西宁餐厨废弃物收运体系实例

2.4.1.1　引言

餐厨垃圾的前端分类对后续处理有重要影响，如果不能将其与生活垃圾分开，会造成后续处理中设备损坏或生产效率降低。

2.4.1.2　餐厨垃圾收集现状

在收运过程中，收运单位及执法部门多次对餐馆负责人进行宣传教育。餐馆负责人对前端的分类比较支持，但是由于餐馆服务人员在收拾餐厨垃圾时将一些塑料袋、桌布、纸巾、啤酒瓶、甚至切菜板倒入垃圾桶中，导致后续处理中对设备造成很大影响。菜叶等本该属于餐厨垃圾，有时也被当作生活垃圾处理，存在一定流失现象。在解决该问题过程中，工商与食品卫生监督管理部门多次登门，与餐馆负责人沟通，让其督促服务人员对餐厨垃圾进行源头分类，收到一定成效，然而部分餐馆的执行仍存在问题。

垃圾桶实际情况如图 2-6 所示。

在司机进行垃圾收运时会检查垃圾桶中是否有塑料袋、桌布等生活垃圾，如果有，便让餐饮单位服务人员捡拾出来。这一过程在最初也遇到过一些阻力，最初餐馆人员不会将这些难降解物质取出，司机在这种情况下就拒绝让他们倾倒垃圾，从

图 2-6　餐厨垃圾桶

而使餐馆人员能主动去分拣。在一定程度上减少了生活垃圾的混入，但是对于重量较大的杂质，难以从表面分辨出来。

2.4.1.3　餐厨垃圾收运模式

（1）收运人员

西宁市约有 3000 多家餐饮单位，最初餐厨垃圾收集时，司机开车到每一家餐馆进行收集，使得收集时间过长。后随着餐馆人员对垃圾收运时间及相关状况的了解，开始集中到餐馆附近的一个集结点，当餐馆人员听到收运车音乐时便将垃圾桶推出到收运车处，自己将桶固定在提升架上，自行操作提升杆将垃圾提升和倾倒入垃圾车厢。

收运过程最初阶段，收运公司配备两人进行收集，负责开车、搬运和提升操作，餐馆人员不负责垃圾桶的搬运，使得收运人员工作量大，收运成本过高。同时收运人员自己搬运、装架偶尔造成撒漏，城管会对收运公司进行处罚，后来逐渐改变工作思路，让餐馆人员将垃圾桶推出来自行操作，只需一名司机开车、监督即可，节省了人力，效果也较好。餐馆工作人员学习操作垃圾桶提升杆持续近一个月，之后对操作相对熟练，能独立操作该装置，如图 2-7 所示。

（2）收运系统硬件配套系统

青海洁神公司目前共有餐厨垃圾收运车 18 台，共服务约 3000 家餐饮单位，每台车跑两条线路，上下午各一趟，分别收集前一天晚上及当天中午产生的垃圾，基本保证有效收集。

餐厨垃圾在倾倒过程中有撒落的现象，收运公司对车辆进行改造，加装了防护板，使得撒漏减少，如图 2-8 所示。收运量为 3t 的小型收运车运行较为便利，停靠方便。餐厨垃圾桶均为 120L，由收运公司统一发放，每家餐饮单位至少 1 个桶。

图 2-7　餐馆人员操作提升装置

图 2-8　垃圾倾倒口安装挡板

（3）餐厨垃圾收费

目前餐厨垃圾的收费问题并未展开，因为餐饮单位从原来卖泔水到现在免费收运，还存在抵触情绪，但后期洁神公司将与政府部门合作，依据"谁污染、谁负责、谁治理"，推行餐厨垃圾收费制度，预计将以餐馆面积为依据进行收费，但具体细则尚未出台。

2.4.2 青岛市餐厨废弃物收运体系实例

2.4.2.1 引言

2011年，青岛市被列为全国首批33个餐厨废弃物资源化利用和无害化处理试点城市之一。青岛市餐厨废弃物收运体系由青岛市市政公用局主导管理，从"法规建设、收运系统、处置系统、监管系统"四个方面入手，稳步推进体系建设。2012年10月1日《青岛市餐厨废弃物管理办法》正式出台实施，2013年3月青岛市完成餐厨废弃物收运企业特许经营授权，餐厨废弃物收运体系基本建成；同年8月青岛市餐厨垃圾处理厂正式建成并调试运行，标志着餐厨废弃物处置体系基本建立。

2.4.2.2 餐厨垃圾收运及处置现状

目前，青岛市共有8家餐厨垃圾收运特许经营企业、6家餐厨废弃食用油脂收运特许经营企业，餐厨废弃物收运车辆达79辆（其中餐厨专用收集车36辆、废弃油脂收集车43辆）。有两家餐厨废弃物处置特许经营企业，一家是通过BOT方式招标，由山东十方环保能源有限公司投资9000万元，建成日处理能力200t的餐厨垃圾处理厂，主要通过厌氧工艺利用餐厨垃圾处理后沼气生产压缩天然气，分离的粗油脂出售给政府指定的处理企业制生物柴油。另一家是青岛福瑞斯生物能源科技开发有限公司，以餐厨废弃食用油脂为处理对象生产生物柴油，年生产能力5万吨。

图2-9为青岛市餐厨垃圾取样时垃圾桶实际情况。

图2-9　青岛市餐厨垃圾

2.4.2.3　餐厨垃圾收运模式

青岛市餐厨废弃物收运体系分为餐厨垃圾单独收运和废弃食用油脂单独收运两部分。

（1）餐厨垃圾收运体系

青岛市餐厨垃圾收运，主要是依托原有的生活垃圾收运作业平台，由各区环卫作业公司组建专业收运队伍。目前，全市共有 8 家餐厨垃圾收运单位获得特许权，收运人员近百人。在收运车辆购置方面，市、区两级财政投资 1300 余万元（其中含试点城市中央补助资金），统一招标采购了 36 辆（市级 18 辆，区级 18 辆）全密闭餐厨垃圾专用车，总运力达 215t，基本满足市区餐厨垃圾收运需求。

队伍组建后，青岛市按照"先大后小、先点后面"的原则，逐步建立完整、有序的餐厨垃圾收运网络，推进协议收运工作。同时为规范餐厨垃圾收运作业，2013年，制定了《青岛市餐厨废弃物收运作业服务规范》，结合餐饮单位营业高峰时间，将收运时间规定为：春夏季节每天 13：00～15：00、21：00～23：00；秋冬季节每天 13：00～15：00、20：00～22：00，以使餐厨垃圾日产日清。目前，青岛市共有 1884 家大中型餐饮单位与收运单位签订了餐厨垃圾收运协议，日收运餐厨垃圾 140 余吨，有 80 多吨纯度比较高的餐厨垃圾直接进入餐厨垃圾处理厂集中处理，其余部分进入堆肥厂处理。

（2）废弃食用油脂收运体系

青岛市餐厨废弃食用油脂收运队伍实行市场化，现共有 6 家社会企业获得了餐厨废弃食用油脂收运特许经营资格，总计有 43 辆餐厨废弃食用油脂收运专用车，总运力 80t/d。所有车辆均统一标识、统一配置、统一颜色，并安装 GPS 系统，实现在线监控。目前，全市共有 950 多家餐饮单位与特许经营收运单位签订了餐厨废弃食用油脂收运协议，收运餐厨废弃食用油脂约 6t/d，全部运送到青岛福瑞斯生物能源科技开发有限公司集中处理。

2.4.3　苏州市餐厨废弃物收运体系实例

2.4.3.1　引言

2006 年苏州市出台了《餐饮业防污染管理办法》，最早提出了餐厨垃圾管理的概念，由城管部门负责调研餐厨垃圾管理办法，2006 年年底开始研究餐厨垃圾规范管理，并前往北京、济南、石家庄进行调研。为了规范管理餐厨垃圾收运和处置工作，苏州市从 2007 年开始制定《苏州市餐厨垃圾管理办法》（以下简称《办法》），并在 2010 年 3 月 1 日正式实施。《办法》的实施为苏州市的餐厨垃圾管理提供了法律依据，其推进了苏州市餐厨垃圾资源化利用的进展。

2.4.3.2 技术支持与实施

（1）召开餐厨垃圾管理工作推进会

餐厨垃圾管理办法正式实施以后，政府不定期召开工作会议，统一布置管理工作各条块工作任务；苏州市环境卫生主管部门每月都召开由市、区两级环境卫生主管部门、交巡警及公安城管治安分局等有关部门参加的推进会，要求各区对所在区的餐饮企业进行上门宣传教育，布置对非法收运餐厨垃圾的集中打击。

（2）推行餐厨垃圾收运示范街及试点

苏州2008年之前没有正规的餐厨垃圾收运队伍，餐厨垃圾都混在生活垃圾里直接填埋或焚烧，部分被拿去作为饲料喂猪。苏州市曾对餐厨垃圾的去向进行过调查研究，发现60%的餐厨垃圾被用于养猪，40%进入生活垃圾终端。2007年清华大学与苏州市的"十一五"科技项目中提出建一个餐厨垃圾处理厂，该厂于2009年建成，设计规模为日处理量100t，最初只有3辆餐厨垃圾收运车，苏州市的餐厨垃圾管理办法尚未实施，收运难度较大。苏州市环保局推出了一个餐饮示范街——凤凰街，凤凰街上的餐馆都采用集中收运，当时3辆车主要负责收运示范街的餐厨垃圾以及一些大型饭店的餐厨垃圾。刚开始时每天的收运量为10~20t。

在2010年初，为了配合《办法》的正式实施，经政府部门授权，该终端处置设施厂在苏州市三城区范围进行餐厨垃圾收集、运输和处置一体化营运试点，政府一次性补贴100万元，在半年的试点期间餐厨垃圾收运车增加到10多辆，收运队伍逐步扩大。试点期间，对餐厨垃圾收运、处置中存在的问题进行探讨，包括确定收运处理一体化的模式是否可行，收运补贴标准，以及政府在提高餐厨垃圾收运量方面所承担的责任等。

（3）非法收运集中整治

苏州市环境卫生行政主管部门组织协调各区环境卫生行政主管部门、公安、交警、城管和环卫等部门联合协同行动，在城区范围进行阶段性的餐厨垃圾非法收运集中整治。餐厨垃圾量逐渐上升，收运公司每个月提供一份名单，其中涉及各区餐饮企业配合程度，将拒不签协议的及签了不配合的企业登记在案。由市级环卫部门反馈给区级环卫部门，由区级城管部门去协调企业，同时印发《餐厨垃圾管理办法》进行宣传。收运公司根据以往收运经验提供非法收车辆经常途径的地点，由城管、公安、运输管理处、卫生监督部门联合执法，交警以无牌无照为由进行扣车，每次查处过程中增加媒体报道，扩大社会影响。每次至少能查处5~6部非法收运车辆，查处频率为一周一次，甚至一周两次，在半年的试点期间餐厨垃圾收运量逐步提升，由最初的10~20t增加到90~100t。

（4）对餐厨垃圾收运处置进行财政补贴

2009年，由收运公司、苏州市环卫处以及清华大学三方面各提供一个补贴价格，后确定补贴价格为118.8元/t，协议三年，从2010年8月到2013年7月。补贴的发放为分区发放，姑苏区的餐厨垃圾由市财政进行补贴，外围几个区的垃圾由各个区财政补贴。外围区的价格参照姑苏区的价格，由公司与各区自己协定，由市监管中心确认每个区的垃圾产生量，各个区里根据市里确认的餐厨垃圾产生量进行补贴。目前并未对餐饮企业进行收费。

2.4.3.3　餐厨垃圾收运体系现状

（1）前端分类

收运单位与餐饮单位签订收运合同的时候，向餐饮单位讲解，将餐厨垃圾和生活垃圾分开收集，企业食堂在餐厨垃圾分类方面比餐馆做得更好。在收运过程中，如果前端分类做得不好的企业，收运单位可以拒收，并拍照反馈给环卫部门，由环卫部门进行教育。另外，收运公司对处置过程中的破碎分选技术进行了研发，并已申请专利，减少了对前端分类的依赖。

（2）车辆与工具

目前，作为苏州市餐厨垃圾的收运和处置单位拥有收运车 32 台车，其中 2 辆海沃（8t）、1 辆青专（5t）、29 辆海德（3t）。收运所用的垃圾桶，容积分别为 100L、120L、240L，每个桶的押金为 200 元，每个桶的使用寿命一般在一年以上。

图 2-10 为自装卸式垃圾车。

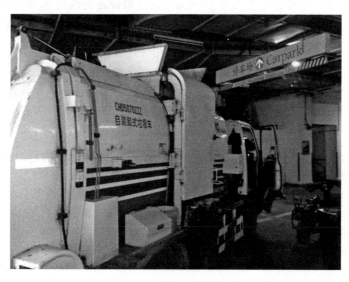

图 2-10　自装卸式垃圾车

（3）收运人员及路线

每一辆餐厨垃圾收运车配有两名工作人员，其中一位司机，另外一位负责收集工作。部分餐饮单位规模小，且比较集中，有集中收运点，其他较大型的餐饮单位就需要进到里面收取。餐厨垃圾收运路线按区划分，车辆不跨区。根据量的多少，线路的远近，由收运公司在每个区域设计路线。根据各条线路不同，餐厨垃圾收运车工作时间一般从早上 9 点到晚上 12 点都有，一天出 3 趟车。图 2-11 为调研期间与工作人员的交流情况。

图 2-11　调研餐厨垃圾桶提升装置

（4）收运量

最初建厂时，一期设计能力为 100t/d，通过对设备的改造和增加作业时间，逐渐达到 200t/d。2013 年 5 月二期建成，收运量达到了每天 350t，一年餐厨垃圾的收运量为 10 万～11 万吨。第三期工程完工后处理量将增加到 600t/d。

◆ 参考文献 ◆

［1］北京市市政市容管理委员会法制处.北京市餐厨垃圾收集运输处理管理办法［Z］.2009，011，002.

［2］住房城乡建设部，国家发展改革委.全国城市市政基础设施建设"十三五"规划［Z］.2017-5.

［3］黄文通.餐厨垃圾国家政策及地方法规研究和思考［J］.环境与发展，2019.

［4］李旭，善忠博，陈宏波，等.餐厨垃圾国家政策及地方法规研究和思考［J］.环境科学与技术，2011.

［5］周子立.基于物联网的餐厨废弃物回收处理监管系统研究［J］.软件工程师，2017.

［6］王洪超，都兴川.限制餐厨垃圾收运与处理效率的因素分析［J］.辽宁化工，2017.

［7］Xinhua Net. Food waste: hazardous and valuable resources［N］.（2009-01-07）［2011-05-14］.

［8］王莉.餐厨废物回收管理利用研究［D］.天津：天津大学.2009.

［9］M v mundschau, Christopher G burk. Diesel fuel reforming using catalytic membrane reactors［J］. Catalysis Today, 2008, 136（3-4）：190-205.

［10］任连海，郭启民，赵怀勇，等.餐厨废弃物资源化处理技术与应用［M］.北京：中国标准出版社，2014.

［11］宁平.固体废弃物处理与处置［M］.北京：高等教育出版社，2007.

第 3 章

餐厨垃圾预处理工艺与设备

3.1 预处理技术概述

我国餐厨垃圾组成成分复杂，含水率高、油脂含量高、黏性大，且含有大量无机杂质，而这些杂质对后续资源化处理造成障碍。因此，在餐厨垃圾处理处置前增加预处理环节十分必要。餐厨垃圾预处理是指以机械处理为主，在主体处理单元之前将餐厨垃圾组分简易分离与浓集的废物处理方法。针对不同去向的餐厨垃圾需要采用特定的预处理工艺，包括破袋脱水、分选、破碎、制浆、混合等，方便餐厨垃圾后续的减量化、无害化和资源化处置。

目前我国对餐厨垃圾主要采用生物处理技术，在好氧堆肥过程中餐厨垃圾中多余的水分和杂质会对堆肥效率产生较大影响，从而影响堆肥产品质量。为满足产品质量标准，应根据餐厨垃圾成分对其进行预处理以去除杂质。

（1）分选工艺

分选工艺可将餐厨垃圾中的生物质和非生物质进行有效分离，在目前主流的餐厨垃圾处理技术中有重要作用：

① 对于餐厨垃圾厌氧发酵工艺，若不进行分选，物料中含有的杂质会形成浮渣，妨碍气体逸出，会形成沉淀占据发酵罐体积，还会损坏发酵设备；

② 对于餐厨垃圾堆肥工艺，分选可以提高堆肥肥效、减少二次污染，还可以回收油脂、减少堆肥肥料对于土壤和植物的负面影响。

此外，对于餐厨垃圾饲料肥料化工艺，分选能够剔除杂质，提高可饲料肥料化有机质比例。

（2）破碎工艺

破碎工艺同样具有重要作用，一般设置在分选工艺之后，破碎后的物料能符合后续处理工艺的粒径，适宜的物质粒径能提高堆肥效果；处理后的物料比表面积增大，有利于厌氧菌与物料接触，提高产气率及餐厨垃圾厌氧发酵工艺的效率。根据工艺要求可进行制浆工艺，制浆工艺是将破碎处理后的物料与水搅拌混匀，靠重力作用去除小颗粒杂质。主要应用于餐厨垃圾厌氧发酵工艺中，能够调节物料含水率、碳氮比（C/N 比）等，达到厌氧发酵工艺最佳要求。

3.2 分选技术及设备

分选是餐厨垃圾预处理过程中一个非常重要的环节，对于不可利用或不可降解物质（如塑料袋、玻璃、金属等杂质）可进行分离处理，同时使具有使用价值的杂质被回收利用，对处理设备造成影响的杂质进行去除。

餐厨垃圾分选包括人工分选和机械分选。

① 人工分选是采用较早的一种分选方法，一般在餐厨垃圾处理传送带两侧设置工位，通过人力手段对餐厨垃圾进行分离，适用于混有生活垃圾或来源复杂的餐厨垃圾，设备主要是分选的工具。

② 机械分选则是根据餐厨垃圾中各物质的密度、粒度、电性、磁性、光电性、弹跳性和摩擦性的差异，利用机械设备实现对不同垃圾组分的分离。机械分选可分为筛分、重力分选、磁力分选、电力分选、风力分选和浮选等，适用于分离餐厨垃圾中无机组分的机械分选设备主要有固定筛、振动筛、磁选机、风选机、电选机、带式筛等。

人工分选和机械分选各有利弊，人工分选效率低、分离效果好，适用于小型餐厨垃圾处理厂。机械分选效率高、处理量大，适用于机械化程度高或大型餐厨垃圾处理厂。目前的餐厨垃圾处理厂通常会采用两者结合的方式对餐厨垃圾进行分选，以机械分选为主、人工分选作为辅助手段。分选对于后续餐厨垃圾厌氧发酵工艺、餐厨垃圾堆肥工艺、餐厨垃圾饲料肥料化工艺是不可或缺的。

3.2.1 破袋脱水

（1）破袋

餐厨垃圾通常由塑料袋包装运输。塑料袋随餐厨垃圾进入垃圾处理厂，因此在进入垃圾处理厂后首先需进行破袋处理，使塑料袋包装的餐厨垃圾散落出来，方便后续的分选，同时，对于较大餐厨垃圾进行破碎。破袋机的工艺流程如图 3-1 所示，餐厨垃圾经过给料机均匀给料进入破袋机，餐厨垃圾到达刀库后，通过刀体旋转撕破塑料袋、编织袋等，使其与餐

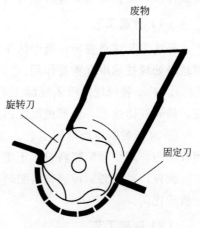

图 3-1 旋转剪切式破碎机

厨垃圾分离，通过破袋处理的餐厨垃圾可以进入下一个处理工艺。刀片间的宽度、角度，材料的强度以及滚筒之间的距离等为其主要参数。

图 3-2 为冯·罗尔（Von Roll）型往复剪切式破碎机示意图。

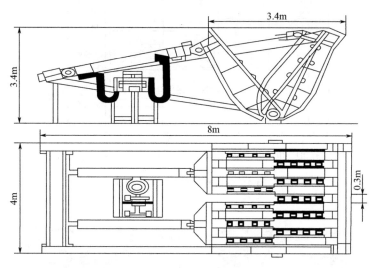

图 3-2　冯·罗尔（Von Roll）型往复剪切式破碎机

（2）脱水

餐厨垃圾含水率超过 70%，是餐厨垃圾腐败的根源，容易产生垃圾渗滤液。部分餐厨垃圾资源化技术对于原料含水率存在要求，因此需要对其进行脱水。餐厨垃圾的脱水有利于减容、包装、运输和资源化利用，此外可以降低餐厨垃圾中的含盐量，有利于资源化工艺运行。

餐厨垃圾中的水分主要分为间隙水、毛细管结合水、表面吸附水和内部水。

1）间隙水　是餐厨垃圾间隙中的水，约占总水分的 70%，主要采用浓缩法脱水。

2）毛细管结合水　餐厨垃圾间形成的毛细管，在其中充满水分，约占 20%，采用高速离心机脱水、负压或正压滤机脱水。

3）表面吸附水　吸附在表面的水，约占 7%，可以用加热法脱水。

4）内部水　在餐厨垃圾内部或微生物细胞内的水，约占 3%，可采用高温加热法或冷冻法去除。

餐厨垃圾脱水设备主要使用粗粒度脱水设备，可分为脱水筛和离心式脱水机（图 3-3）。其中，脱水筛又可分为固定筛（图 3-4）、摇动筛、振动筛（图 3-5）、滚轴筛和螺旋筛；离心式脱水机有立式(图 3-6)、卧式(图 3-7)和螺旋挤压式脱水机（图 3-8）。

3.2.2　人工分选

人工分选是在餐厨垃圾分选过程中利用人力分拣出塑料、纸张、玻璃等物品，

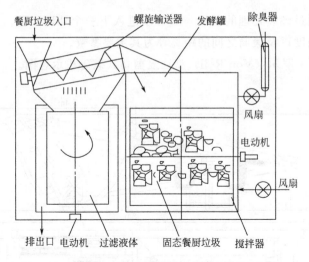

图 3-3　餐厨垃圾离心式脱水机

图 3-4　条形筛

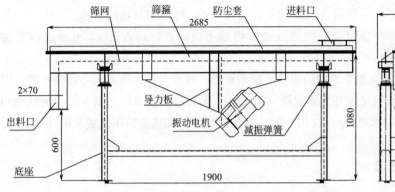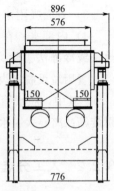

图 3-5　直线振动筛（单位：mm）

图 3-6　立式离心式脱水机

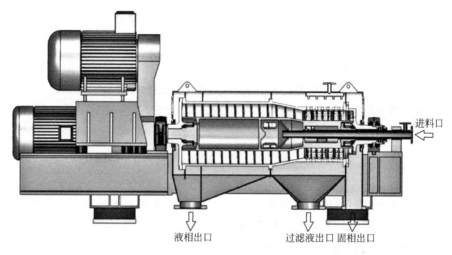

图 3-7　卧式离心脱水机

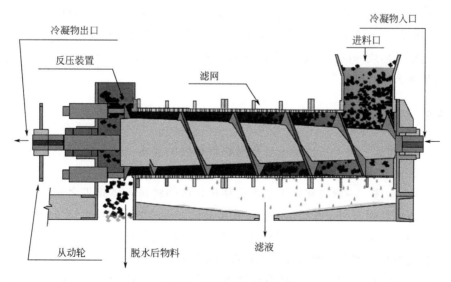

图 3-8　螺旋挤压式脱水机

并盛入专门容器回收利用，防止这些杂物进入后续处理设备，造成缠绕、堵塞等问题。人工分选的位置主要集中在餐厨垃圾转运站或处理中心的传送带两侧，可以对一些可回收的物品直接回收，还可以防止可能损坏设备的物品进入后续处理系统。一般传送带运送待分拣餐厨垃圾的速率最好小于 9m/min，一名熟练的分选工人大约可在 1h 内分选出 0.5t 的物品。根据现场情况，人工分选在传送带设 4～16 人的工位。人工分选要求分选的垃圾不能具有过大的质量、含水率，且不能对人体有过大危害。人工分选能够去除机械分选无法区分的废物，识别能力强，一个人可以分选需要多个机械设备工作处理的废物，分离效果很好。但是人工分选缺点也很明显，餐厨垃圾产生的恶臭气体无法处理，长期暴露在恶臭环境中对人体健康损害很大，且劳动强度大，卫生条件差。目前虽然人工分选无法完全被机械分选取代，但因图纹识别技术的兴起，人工分选也逐渐被淘汰。

3.2.3 筛选

筛选是根据垃圾尺寸大小进行分选的一种方法。物料小于筛孔的细粒物料透过筛面，而大于筛孔的粗粒物料留在筛面上，完成粗细物料分离的过程。此分离过程可看成由物料分层和细粒透筛两个阶段组成，物料分层是分离的条件，细粒透筛是分离的目的。

3.2.3.1 筛选原理

为了使粗细物料通过筛面分离，必须使物料和筛面之间具有适当的相对运动。筛面上的物料层处于松散状态，按颗粒大小分层，形成粗粒位于上层、细粒位于下层的规则排列，细粒到达筛面并透过筛孔。同时，物料和筛面的相对运动还可以使堵在筛孔上的颗粒脱离筛孔，有利于细粒透过筛孔。细粒透筛时，尽管粒度都小于筛孔，但它们透筛的难易程度却不同。粒度小于筛孔尺寸 3/4 的颗粒比较容易通过粗粒形成的间隙到达筛面而透筛，称为"易筛粒"；粒度大于筛孔尺寸 3/4 的颗粒，较难通过粗粒形成的间隙到达筛面而透筛，而且粒度越接近筛孔尺寸就越难透筛，这种颗粒称为"难筛粒"。

3.2.3.2 筛选分类

1）准备筛选　为了实现某一过程对物料粒度的要求，将废物按照粒度分为几个等级，分别进入下一步。

2）预先筛选　一般与破碎工艺配合使用，将物料送入破碎机之前把小于破碎机出料口宽度的颗粒预先筛选出去，旨在提高破碎机的效率，还可以节约能源。

3）检查筛选　又可称为控制筛选。对已经破碎的物料进行筛选，把未达到规定要求粒度的物料重新放回破碎机入口再次进行破碎。

4）选择筛选　根据物料中的有机物料性质差异，在各个粒级上进行筛选，废物经过筛选工序后，有用部分与无用部分分开。筛孔需要调到合适的大小。

5）脱水或脱泥筛选　脱出物料中水分的筛选，主要用于脱水或清洗。脱水是去除废物中多余的含水量，清洗是为了获得清洁的筛上物。

3.2.3.3　筛分效率

筛分效率是评定筛分设备分离效率的指标。从理论上讲，固体废物中凡是粒度小于筛孔尺寸的细粒都应该透过筛孔成为筛下产品，而大于筛孔尺寸的细粒应全部留在筛上排出成为筛上产品，理论上可以获得很高的筛分效率。但是实际上，由于筛分过程受到多种因素的影响，存在一些小于筛孔的细粒留在筛上，随粗粒一起排出成为筛上产品。筛上产品中应透过而未透过筛孔的颗粒越多，筛分效率就越差，筛分不能达到百分百的效率。因此，引入筛分效率这一概念来评定筛分设备的分离效率。

图 3-9 为筛分效率的测定示意图。

筛分效率是指实际得到的筛下产物质量与入筛废物中小于筛孔尺寸的细颗粒物料质量之比，用百分数表示，即：

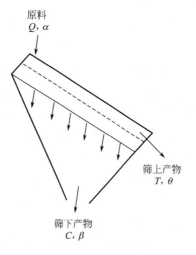

原料
Q, α

筛上产物
T, θ

筛下产物
C, β

图 3-9　筛分效率的测定

$$E = \frac{Q_1}{Q \cdot \frac{\alpha}{100}} \times 100\% = \frac{Q_1}{Q\alpha} \times 10^4\% \qquad (3\text{-}1)$$

式中　E——筛分效率，%；

　　　Q——入筛固体废物质量，kg；

　　　Q_1——筛下产品质量，kg；

　　　α——入筛固体中小于筛孔的细颗粒物的质量分数，%。

但是，在实际筛分过程中要测定 Q_1 和 Q 是比较困难的，因此必须变换成便于计算的式子。

设入筛固体废物质量 Q 等于筛上产品质量 Q_2 和筛下产品质量 Q_1 之和，即：

$$Q = Q_1 + Q_2 \qquad (3\text{-}2)$$

固体废物中小于筛孔尺寸的细粒质量 $Q\alpha$ 等于筛上产品与筛下产品中所含有小于筛孔尺寸的细粒质量之和，即：

$$Q\alpha = 100\% Q_1 + Q_2\theta \qquad (3\text{-}3)$$

式中　θ——筛上产品中所含有小于筛孔尺寸的细粒质量百分数，%。

将式（3-2）代入式（3-3）得：

$$Q_1 = \frac{(\alpha - Q)Q}{100 - Q} \qquad (3\text{-}4)$$

将 Q_1 值代入式（3-1）得：

$$E = \frac{\alpha - \theta}{\alpha(100 - \theta)} \times 10^4\% \qquad (3\text{-}5)$$

筛分效率的计算公式是在筛下产品 100% 都小于筛孔尺寸的前提下推导出来的。实际生产中由于筛网磨损而常有部分大于筛孔尺寸的粗粒进入筛下产品，此时筛下产品不是 100% Q_1，而是 $Q_1\beta$。筛分效率的计算公式为：

$$E = \frac{\beta(\alpha - \theta)}{\alpha(\beta - \theta)} \times 100\% \tag{3-6}$$

3.2.3.4 筛分效率的影响因素

（1）筛分物料性质

餐厨垃圾的粒度和形状对筛分效率影响最大。理论上讲，小于筛孔的颗粒都可以通过，实际上同样大小的颗粒，多面体和球形比针状或片状更容易通过。颗粒之间存在相互阻碍作用，粒径与筛孔大小类似的颗粒比小于筛孔大小的更难通过。餐厨垃圾含水率也有一定影响，含水率较小时，筛分效率较高，随着含水率提高筛分效率降低；含水率较高时，水分能够提高颗粒活动性，促进细颗粒物透过筛孔，筛分效率提高。除此之外，含泥量也会影响筛分效率。

（2）筛分设备性能

筛面不同会影响筛分效率。钢丝编织筛网有效面积大，筛分效率高；棒条筛面有效面积小，筛分效率低；钢板冲孔筛面筛分效率在两者之间。筛孔形状也有影响。对于颗粒间凝聚力大、力度较小的颗粒应用圆形冲孔筛面更好，而片状或针形颗粒，长方形筛孔的棒条筛面更好。筛面长宽比和筛面倾角也会影响筛分效率，长宽比一般设为 $2.5 \sim 3$；筛面倾角过小不利于筛上产品排出，筛面倾角过大，废物排出速度过快，筛分效率低。

同一废物采用不同筛子运动方式对于筛分效率也有影响。运动筛比固定筛筛分效率更高，对于同一筛子，筛分效率还受运动强度的影响。

不同类型筛子的筛分效率如表 3-1 所列。

表 3-1　不同类型筛子的筛分效率

筛子类型	固定筛	转筒筛	摇动筛	振动筛
筛分效率/%	$50 \sim 60$	60	$70 \sim 80$	>90

（3）筛分操作条件

在筛分过程中，给料要连续均匀，使废物能够在整个筛面均匀铺成一层，从而提高筛分效率。筛分设备的振动程度会影响物料透筛，从而影响筛分效率。对于滚筒筛，调节转速使振动程度处于最佳水平，对于振动筛应该通过调节振动频率、振幅等来控制振动程度，从而提高筛分效率。

3.2.3.5 筛分设备

（1）固定筛

固定筛由平行排列的棒条组成筛面，可以倾斜或水平安装。固定筛结构简单，维修方便，运行不耗费动力，因此在固体废弃物处理中被广泛应用。

固定筛可分为格筛（图 3-10）和棒条筛（图 3-11）。格筛主要应用于粗碎机之前，以此来保证入料块度适宜。棒条筛主要安装在中碎和粗碎之前，安装倾角要大于废物对筛面的摩擦角，筛孔尺寸是规定筛下粒度的 1.1～1.2 倍，筛条宽度应大于废物中最大块度的 2.5 倍。

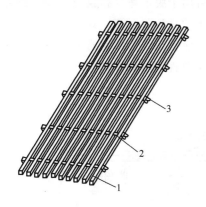

图 3-10　格筛

1—格条；2—垫圈；3—横杆

图 3-11　棒条筛

（2）滚筒筛

滚筒筛也称作转筒筛，采用缓慢旋转的圆筒形筛面，利用回转运动按粒度将固体废物分级。因为转动缓慢，所以不需要很大动力，能耗较低。滚筒筛如图 3-12 所示，其工作原理为：固体废物进入滚筒筛内随筛体转动，并向出料口方向缓慢移动；固体废物粒度小于筛孔被筛下，大于筛孔的在滚筒筛底部被排出。滚筒筛在餐厨垃圾分选中应用广泛，不仅能去除瓜果皮壳等微小杂质，还能对餐厨垃圾有破碎作用。由于其转速较慢，不需要很大动力，能耗低，而且不会堵塞筛孔。筛面可以用各种构造材料制成打孔薄板或编织筛网，最常用的是冲击筛板。

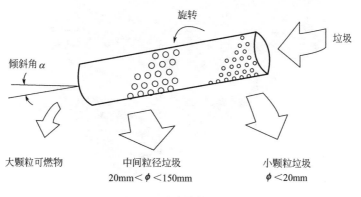

图 3-12　滚筒筛流程

（3）振动筛

振动筛在冶金、化工、建筑和谷物加工等方面应用广泛。特点是筛面与振动垂直或近似垂直，振动速度 600～3600r/min，振幅为 0.5～1.5mm。振动筛的倾角一般在 8°～40°之间，若倾角太小，单位时间内出料缓慢；若倾角过大，物料未充分透筛就被排出，两种情况都难以达到预定目的。振动筛由于筛面强烈振动，消除了堵塞筛孔的现象，有利于湿物料的筛分。振动筛可用于脱水筛分和脱泥筛分，还可以用于细、中、粗粒的筛分。振动筛主要有惯性振动筛和共振筛。其中，惯性振动筛是通过由不平衡体的旋转所产生的离心惯性力，使筛箱产生振动的一种筛子。其构造见图 3-13。惯性振动筛主要用于细颗粒废物、黏性废物的筛选。

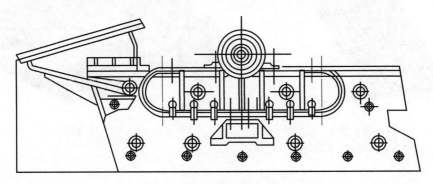

图 3-13　惯性振动筛构造

共振筛由连杆上装有弹簧的曲柄连杆机构驱动，使筛子在共振状态下进行筛分。其构造如图 3-14 所示。共振筛的优点是耗电少、处理能力大、结构紧凑、筛分效率高、发展前途良好，但缺点是机体笨重、工艺复杂。

图 3-14　共振筛构造

3.2.4　磁力分选

磁力分选有两种类型：一种是磁选，主要用于原料中磁性杂质的提纯、净化和磁性物料的精选；另一种是磁流体分选法，主要应用于堆肥厂或城市垃圾焚烧厂焚烧灰中铁、铜、铝等金属的提纯和回收。磁选在餐厨垃圾处理中应用较多。

3.2.4.1　磁选

（1）磁选原理

磁选是利用固体废物中各种物质的磁性差异，在不均匀磁场中进行分选的一种处理方法。磁选过程如图 3-15 所示，固体废物输入磁选机内，所有颗粒都受到磁场力、重力、摩擦力、静电力、惯性和流动阻力等的作用，其中磁性颗粒被磁化，受到磁场的吸引力。若磁性颗粒受力满足 $F_磁 > \sum F_机$（其中 $F_磁$ 为作用于磁性颗粒的吸引力，$\sum F_机$ 为与磁性引力方向相反的各机械力的合力）磁性颗粒会沿着磁场强度增加的方向移动，直到被吸附在滚筒上，接着随传送带被排出。非磁性颗粒受到的机械力占优势，对粗粒来说，起主要作用的是重力、摩擦力；对细粒来说，其主要作用的是静电力和流体阻力，在这些力的作用下细粒仍留在废物中被排出。综上可知，磁选是利用各组分的磁性不同，导致作用在各个颗粒上的磁力和机械力的合力不同，使各个颗粒运动轨迹有差异，实现各组分的分离。

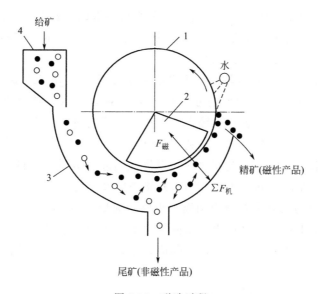

图 3-15　磁选过程

1—分选圆筒；2—磁系；3—分选箱；4—给矿箱

（2）物质磁性

物质比磁化系数是描述磁性大小的物理量，由此可将物质分为弱磁性物质、强磁性物质和非磁性物质三类：弱磁性物质的比磁化系数在 $(0.19 \sim 7.5) \times 10^{-6} \, \mathrm{m^3/kg}$ 之间，可以用于强磁选方法选别；强磁性物质的比磁化系数 $> 3.8 \times 10^{-6} \, \mathrm{m^3/kg}$，可以用于弱磁选方法选别；非磁性物质的比磁化系数 $< 0.19 \times 10^{-6} \, \mathrm{m^3/kg}$，比磁化系数越大，磁性越大。

（3）磁选机的磁场

磁体周围存在磁场，磁场能对放入其中的磁体产生磁力。磁选机是利用磁场使磁体产生磁力作用的设备。磁选机的磁场包括均匀磁场和非均匀磁场，如图 3-16 所示，均匀磁场中各点的磁场强度大小等同、方向一致；非均匀磁场中各点的磁场强度大小和方向是改变的。磁场强度随空间位移的变化率称作磁场梯度，磁场梯度可以来表示磁场的非均匀性。

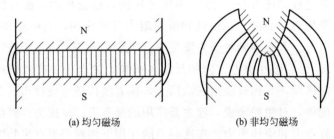

(a) 均匀磁场　　　　　(b) 非均匀磁场

图 3-16　不同的磁场

（4）磁选设备

磁选机使用的磁铁有两种：一种是永磁，利用永磁材料形成磁区，较为常用；另一种是电磁，利用通电方式磁化或极化铁磁材料。磁铁的布置在回收利用中是多种多样的，以下介绍几种常见的设备。

1）磁力滚筒　又名磁滑轮，分为电磁和永磁两种，应用最多的是永磁滚筒，如图 3-17 所示。永磁磁力滚筒的分选原理如图 3-18 所示，磁力滚筒通常作为运输皮带的传动滚筒，当物料在运输带上经过磁力滚筒时，便实现了分离。磁性物料移动到滚筒顶部时即被吸引，转到底部时自动脱落，而非磁性物料沿水平抛物线轨迹直接落下，磁性物料及非磁性物料将分别进入不同的接料斗中。根据永磁磁力滚筒磁系包角的不同，可以分为永磁磁滑轮及永磁磁滚筒。磁滑轮的磁包角为 $360°$，磁极组均匀分布在筒内圆周，组成满圆型磁系，磁系和筒体一起随皮带同速转动，工作平稳、安全可靠。永磁磁力滚筒主要用于城市生活垃圾或工业固体废物的破碎装备或焚烧炉之前，去除废物中含铁杂质，以防其损坏设备或者焚烧炉。

2）湿式 CTN 型永磁圆筒式磁选机　湿式 CTN 型永磁圆筒式磁选机的构造型式为逆流型，如图 3-19 所示。它的给料方向和圆筒旋转方向、磁性物质的移动方向相反。物料从给料箱直接进入圆筒的磁系下方，磁性物质随圆筒逆给料方向移动到磁性物质排料端，排入磁性物质收集槽中；而非磁性物质由磁系左侧排料口排出。这种设备适用于粒度小于 0.6mm 强磁性颗粒的回收。

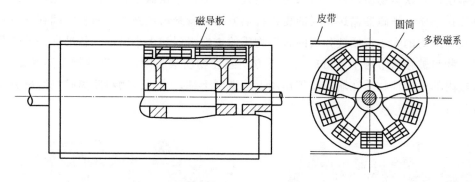

图 3-17　CT 型永磁磁力滚筒

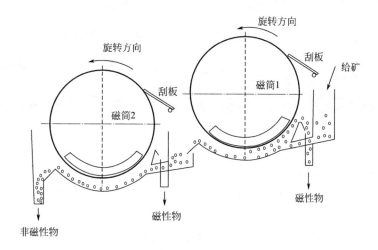

图 3-18　永磁磁力滚筒分选原理

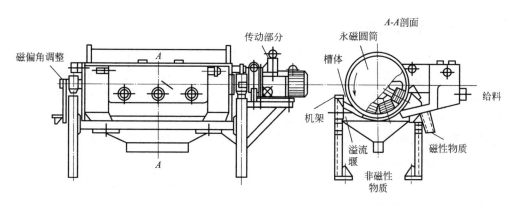

图 3-19　湿式 CTN 型永磁圆筒式磁选机

3）悬吊铁磁器　悬吊磁铁器主要用来除去城市生活垃圾中的含铁杂质，保护破碎设备以及其他设备免受损害。悬吊磁铁器有一般式除铁器和带式除铁器两种，如图 3-20 所示。当铁类物质数量多时采用带式，带式除铁器主要是通过胶带去除铁杂质；当铁类物质数量少时采用一般式，一般式除铁器是通过切断电磁铁的电流排除铁杂质。铁磁器输送物料的皮带机上方布置着悬吊铁磁器，两者之间存在一些距离，距离的大小根据被分选的磁性物质的磁性强弱和大小决定。悬吊铁磁器工作时，物料被输送带送至悬吊铁磁器下方，磁性物质被吸附，非磁性物质不受影响。被吸附的铁磁性物质在输送皮带作用下运送到上部，当磁性物料脱离磁场脱落则被收集处理。

图 3-20　电磁除铁器

（5）磁选设置的选择

选择磁选装置需要考虑的因素有：产品传输带和供料传输带的关系，供料传输带的尺寸、宽度，供料传输带是否在整个传输带上的宽度有足够的磁场强度进行有效的磁选，混合在磁性材料中非磁性材料的形状和数量，具体操作要求。

3.2.4.2　磁流体分选（MHS）

（1）磁流体分选原理

磁流体是指能够在磁场或磁-电场联合作用下磁化，呈现似加重现象，对颗粒产生磁浮力作用的稳定分散液，顺磁性溶液、强电解质溶液和铁磁性胶体悬浮液是常用的磁流体。磁流体作为磁流体分选的分选介质，利用物料各个组分的密度、磁性和电性差异，在磁场或磁-电场联合作用下的磁流体中进行分选的过程。磁流体分选是重力分选和磁力分选联合作用的过程，可以从城市生活垃圾中回收或从工业固体废物中分离铜、锌、铝等金属。

磁流体分选根据分离原理和介质不同，可分为磁流体动力分选（MHDS）和磁流体静力分选（MHSS）。

① 磁流体动力分选是在磁-电场联合作用下，将强电解质作为分选介质，通过物料中各组分密度、电导率和比磁化系数的差异，使得各个组分分离的过程。其优点是分选介质价廉易得、黏度低，分选设备简单，处理能力强；缺点是分离精确度低。

② 磁流体静力分选是在非均匀磁场中，分选介质为铁磁性胶体悬浮液和顺磁性固体，通过物料各个组分密度和比磁化系数的不同进行分离的过程。其优点是分离精度高，介质黏度低；缺点是介质价格高、回收困难、处理量小、分选设备复杂。

静力分选对于垃圾物料分选度高，动力分选多用于分离组分电导率差异明显的物料。

（2）磁流体分选介质

理想介质的条件是密度大、磁化率高、黏度低、无毒、无色透明、无刺激性气味、价廉易得、稳定性好等。常用的磁流体介质有铁磁性胶粒悬浮液和顺磁性盐溶液两类。

（3）磁流体分选设备

常用的磁流体分选设备是 J. Shimoiizaka 分选槽，其构造和原理如图 3-21 所示，可以应用于低温破碎物料的分离、从垃圾中回收金属碎块。

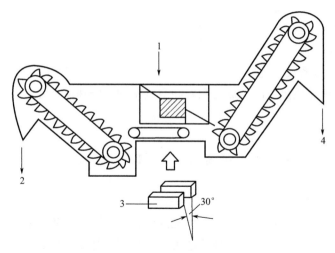

图 3-21　J. Shimoiizaka 分选槽构造及原理

1—给料；2—沉下物；3—磁铁；4—浮升物

3.2.5　风力分选

风力分选简称风选，又称气流分选，是以空气为分选介质，在气流作用下使固体废物颗粒按密度和粒度差异进行分离的一种方法。风力分选将质量较轻的物料向上带走或在水平方向带向较远的地方，质量重的物料具有足够的惯性，不易被改变方向，从而穿过气流沉降。风力分选的工艺简单，是一种传统的分选方式，在国外常用于城市生活垃圾的分选，将城市生活垃圾中以无机物为主的重组分和以可燃物为主的轻组分分离，以便进行后续的回收或处置。

3.2.5.1 风力分选原理

风力分选的基础是废物颗粒在空气中的沉降规律。在静止的介质中废物颗粒的沉降速度主要取决于颗粒的重力和介质的阻力。颗粒的重力指颗粒的质量 G，可表示为：

$$G = mg = \frac{\pi d^3}{b} \rho_s g \tag{3-7}$$

式中　m——颗粒的质量，kg；

　　　g——重力加速度，m/s^2；

　　　d——颗粒的直径，m；

　　　ρ_s——颗粒密度，kg/m^3。

介质阻力指的是颗粒在相对介质运动时作用在颗粒上，与颗粒相对运动方向相反的力。颗粒受到的介质阻力 R 为：

$$R = \varphi d^2 \mu^2 \rho \tag{3-8}$$

式中　ρ——空气的密度，kg/m^3；

　　　μ——气流速度，m/s；

　　　d——颗粒直径，m；

　　　φ——阻力系数。

当重力等于介质阻力时，废物颗粒在空气中的沉降速度 v_0：

$$v_0 = \sqrt{\frac{\pi d \rho_s g}{6 P \phi}} \tag{3-9}$$

对上升气流，废物颗粒下降速度等于颗粒的沉降速度（v_0）减去气体速度（μ），其式如下：

$$v_0' = v_0 - \mu \tag{3-10}$$

当气体流速等于颗粒沉降速度，颗粒悬浮在气体中位置不变；当气体流速小于颗粒沉降速度，颗粒下沉；当气体流速大于颗粒沉降速度，颗粒被气体吹出。

整个废物颗粒群的沉降速度 v_s：

$$v_s = v_0 (1-\lambda)^n \tag{3-11}$$

式中　n——与物料的粒径和状态有关，数值在 2.33～4.56 之间；

　　　λ——物料的容积浓度。

废物颗粒群开始悬浮的最小上升气体流速 v_{min} 为：

$$v_{min} = 0.125 v_0 \tag{3-12}$$

对于两个颗粒的沉降速度相等的情况，颗粒的密度和粒径成反比，密度小的颗粒粒径和密度大的颗粒粒径之比 e 为等降比，可以用公式表示为：

$$e = \frac{d_1}{d_2} = \frac{\phi_1 \rho_{s1}}{\phi_2 \rho_{s2}} \tag{3-13}$$

由上述公式可知，等降比与阻力系数有关，并且随密度差的增大而增大。

当餐厨垃圾的密度相同时，颗粒沉降速度随粒度的减小而减小。对于上升气流来说，粒度大的颗粒容易沉降，粒度小的颗粒容易被带出；对于水平气流来说，粒度大的颗粒落点近，粒度小的颗粒落点远。通过颗粒粒度大小可以使餐厨垃圾按密度大小分离，粒度分布越均匀，分选效率越高。

3.2.5.2 风力分选设备

风力分选设备按照气流吹入方向可分为水平、垂直和倾斜，主要是水平气流分选机（又称卧式风力分选机）或上升气流分选机（又称立式风力分选机）。气流分选机能有效识别轻、重物料，气流在分选筒中产生湍流和剪切力是重要的条件，能够使物料分散，取得较好的分离效果。

（1）立式风力分选机

立式风力分选机根据风机和旋流器安装的位置不同，可分为三种不同的结构形式，如图 3-22 所示。它们工作原理基本相同，经过破碎之后的餐厨垃圾从中间进入分选机，物料经过上升气流的作用，按照密度进行分离，轻组分从顶部排出，经过旋风分离器实现气固分离，重组分从底部排出。分选精度高是立式风力分选机的特点。

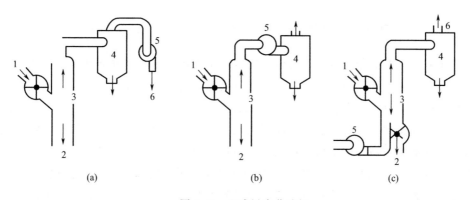

图 3-22 立式风力分选机

1—给料；2—排出物；3—提取物；4—旋流器；5—风机；6—空气

风机是风力分选中重要的设备，目前高压离心式通风机应用较多，和同型号的中、低压离心式通风机相比较，高压离心式通风机机壳和叶轮比较窄，进风口和出风口较小。在同样的转速情况下产生的风压较高，但缺点是风量较小。

旋风分离器是利用离心力把废物颗粒从含有辰砂的气体中分离的设备，内部没有运动部件。在餐厨垃圾分选过程中，作为卸料器来使用，且有除尘净化的作用。旋风分离器由内外一个圆锥筒和两个圆筒组成，圆锥筒和圆筒由薄钢板制成。带有物料的气流从进料口进入分离器，沿内壁边作旋转运动边下沉。由于离心力的作用物料被甩到外层，与圆锥筒壁和圆筒壁不断摩擦，速度减慢，最后在重力作用下下滑，从圆锥筒下端的排料口排出。气流继续旋转，到达圆锥的底端开始返回，从顶端排出。

（2）卧式风力分选机

卧式风力分选机的构造和原理如图 3-23 所示。餐厨垃圾经过破碎和筛分工艺使粒度均匀后，定量送入机内。废物在下降过程中，被鼓风机吹入的水平气流吹散，餐厨垃圾中各个组分按照不同的运动轨迹分别落到重质组分、中重组分和轻质组分收集槽内。卧式风力分选机的最佳风速为 20m/s。卧式风力分选机结构简单、维修方便，但缺点是分选精度低，很少单独使用，一般与破碎、筛分、立式风力分选机联合处理。

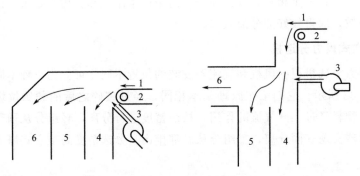

图 3-23　卧式风力分选机
1—给料；2—给料机；3—空气；4—重颗粒；5—中等颗粒；6—轻颗粒

为了获得更好的分选效果，对分选筒进行了改造。分选筒改造有三种形式，分别是锯齿式、振动式和回转式分选筒的气流通道，改造后的分选筒让气流通过一个垂直放置的、具有一系列直角或 60°转折的筒体，如图 3-24 所示。原理是当通过筒体的气体流速达到一定的数值后，就可以在整个空间内形成完全湍流状态，物料在进入湍流后立刻被破碎，重质颗粒从一个转折落到下一个转折，轻质颗粒进入气流的上部。在重质颗粒下落过程中，气流对于没被分散的餐厨垃圾继续施加破碎作用。重质颗粒经管壁下滑至转折点后，会受到上升气流的冲击，这时对于不同质量和速度的颗粒将出现不同的后果。质量较大和速度较大的颗粒将进入下一个转折，下降速度慢的轻质颗粒则被上升气流所裹挟。因此，每个转折在实际上起到了单独的一个分选机的作用。美国犹他大学对锯齿式风力分选机结构作了进一步的改善，他们将每个转折点的下斜面去掉，并将分选筒体改成上大下小的锥形，使气流速度从上到下逐渐降低。速度逐渐降低的气流使得由上升气流所携带的重质颗粒数量大大减少了。

此外，为了获得更好分选的效果，还可以将其他的分选手段与风力分选在一个设备中联合使用。例如回转式风选机和振动式风力分选机，前者主要起风力分选的分选作用以及圆筒筛的筛分作用，当圆筒旋转时轻质颗粒悬浮在气流中而被带到集料斗，重质和比较小的颗粒通过圆筒壁上的筛孔落下，较大的颗粒则在圆筒的底端排出；后者兼有风力分选和振动的作用，它让给料通过一个斜面振动，比较轻的物料逐渐集中于表面层，接着由气流带走。

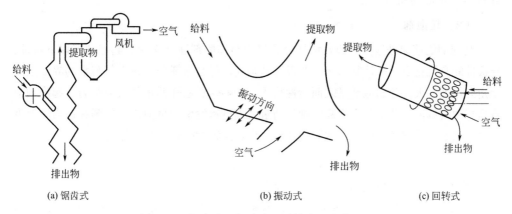

图 3-24　锯齿式、振动式、回转式风力分选机

3.2.6　浮选

浮选是根据不同物质被水润湿程度的差异而对其进行分离的过程。工艺主要是在水与固体废物调制的料浆中加入浮选药剂，来改变物料可浮性，通过通入空气形成的细小气泡，使目标颗粒黏附在气泡上，并随着气泡上浮到表面，形成泡沫层被刮出；不能上浮的颗粒仍留在料浆中进行后续处理。容易被水润湿的物质，称为亲水性物质；难以被水润湿的物质，称为疏水性物质。大多数无机废物容易被润湿，有机废物难以被润湿。

3.2.6.1　浮选工艺流程

浮选工艺主要包括调浆、调药、调泡三个过程。

1）调浆　调浆是调节浮选前料浆浓度。对于浮选粒度和密度较大的废物颗粒，要用比较浓的料浆；对于浮选密度比较小的颗粒，用比较稀的料浆。

2）调药　调药是调整浮选过程的药剂，包括合理添加、提高药效、混合用药、药剂浓度调节等。

3）调泡　调泡是调节浮选过程的气泡。在料浆中存在适量起泡剂时，气泡直径大多数在 0.4~0.8mm 之间，最大 1.5mm，最小 0.05mm。

3.2.6.2　浮选药剂

（1）捕收剂

捕收剂能够选择性地吸附在颗粒上，使目的颗粒表面疏水，从而使得颗粒易于向气泡附着。它的特点是捕收剂分子能选择性地吸附在颗粒表面上，提高颗粒表面的疏水程度，使之易于在气泡上黏附，从而提高颗粒可浮性。常用的捕收剂主要是异极性捕收剂和非极性油类捕收剂。良好的捕收剂具有捕收作用强、易溶于水、成分稳定、价廉易得等优点。

（2）起泡剂

起泡剂能够促进泡沫形成，增加分选界面与捕收剂联合作用。起泡剂有以下特征：异极性的有机物质，极性基亲水，非极性基亲气，使起泡剂分子在空气与水的界面上产生定向排列。大部分起泡剂是表面活性物质，能够强烈地降低水的表面张力。起泡剂应有适当的溶解度，若溶解度很高，则耗药量大或迅速发生大量泡沫不能耐久；当溶解度过低，来不及溶解随泡沫流失或起泡速度缓慢，延续时间较长难以控制。

（3）调整剂

调整剂用来调整捕收剂的作用以及介质条件。主要有 pH 调整剂，促进目的颗粒与捕收剂作用的活化剂，抑制非目的颗粒可浮性的抑制剂，促使料浆中非目的颗粒成分散状态的分散剂，促使料浆中目的细粒联合变成较大团粒的絮凝剂等。

3.2.6.3 浮选设备

浮选机是浮选工艺的主要设备，由单槽或多槽串联组成。浮选中料浆的搅拌充气，气泡与颗粒的黏附，气泡上升并形成泡沫层被刮出或溢流出等过程，都在浮选槽内进行。大型浮选机每 2 个槽为一组，第一个为吸入槽，第二个为直流槽。小型浮选机多为 4～6 个槽为一组，每排配置 2～20 个槽。浮选机种类繁多，按照充气和搅拌方式不同可分机械搅拌式浮选机（图 3-25）、充气机械搅拌式浮选机、充气式浮选机（图 3-26）、气体析出式浮选机、压力溶气式浮选机 5 种。

图 3-25 机械搅拌式浮选机

3.2.7 其他分选技术

3.2.7.1 电力分选

电力分选是利用餐厨垃圾各个组分在高压电场中电性的不同而进行分选的一种

图 3-26　充气式浮选机

方法。根据导电性差异，把物质分成导体、半导体、非导体 3 种类型。电力分选实际上是分离非导体和半导体废物的过程。

（1）电选原理

依据电场的特征不同将电选机分成静电分选机和复合电场分选机。

1）静电分选机　静电分选机中物料的带电方式是直接传导带电。餐厨垃圾直接与传导电极接触，由于其导电性好，易获得与电极极性相同的电荷从而被排斥；导电性差或非导体会与带电滚筒接触而后被极化，在靠近滚筒一端产生相反的束缚电荷而被滚筒吸引，以此来实现不同电性餐厨垃圾的分离。静电分选机能高效分离塑料、纤维纸、橡胶、胶卷等物质，塑料回收率可达 99% 以上，纸类回收率可达 100%，且回收率随着含水率增加而增加。

2）复合电场分选机　复合电场分选机是电晕-静电分选机，这种电场目前在分选机中应用广泛。电晕电场是不均匀电场，在电晕电场中有两个电极，即带正电的滚筒电极和带负电的电晕电极。餐厨垃圾通过料斗进入滚筒上，跟随滚筒旋转进入电晕电场。由于电晕电场带有正电荷，导电性不同的各种颗粒都获得负电荷，导体颗粒在获得电荷的同时又把电荷传递给滚筒电极，放电速度很快，因此导体颗粒剩余电荷很少，非导体颗粒放电较慢，导致剩余电荷多。导体颗粒进入静电场后不会再获得负电荷，但仍然放电，直到负电荷全部放完为止，并且从滚筒上得到正电荷而被滚筒排斥，在多种力综合作用下导体颗粒运动轨迹偏离滚筒，在滚筒前方下落。非导体颗粒因具有较多剩余负电荷，与滚筒相互吸引，吸附在滚筒上被带到滚筒后方，被毛刷刷下。半导体颗粒的运动轨迹介于两者之间，从半导体收集器落下，从而完成电力分选过程。

图 3-27 为电晕电选机不同颗粒分离过程。

（2）电选设备

常用的电选设备有滚筒式静电分选机和 YD-4 型高压电选机，如图 3-28 和图 3-29

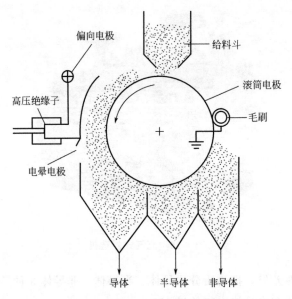

图 3-27　电晕电选机不同颗粒分离过程

所示。静电分选机的分选过程为将含有铝和玻璃的餐厨垃圾通过电振给料器均匀给到带电滚筒上。铝为导体，从滚筒电极获得相同符号的大量电荷，因此被滚筒电极排斥落入铝收集槽内。玻璃为非导体，与带电滚筒接触被极化，在靠近滚筒一端产生相反的束缚电荷，被滚筒吸住，随滚筒带至后面被毛刷强制刷落入玻璃收集槽，从而实现铝与玻璃的分离。YD-4 型高压电选机分选过程为将粉煤灰均匀地给到旋转接地滚筒上。带入电晕电场后，炭粒具有良好导电性，很快失去电荷，进入静电场后从滚筒电极获得相同符号的电荷而被排斥，在离心力、重力及静电斥力综合作用下落入集炭槽成为精煤。而灰粒由于导电性较差，能保持电荷，与带电荷符号相

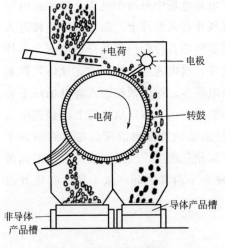

图 3-28　滚筒式静电分选机

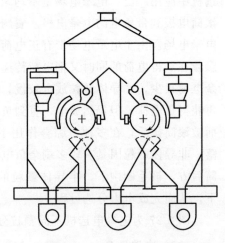

图 3-29　YD-4 高压电选机

反的滚筒相吸，并牢固地吸附在滚筒上，最后被毛刷强制刷入集灰槽，从而实现炭灰分离。粉煤灰经二级电选分离的脱炭灰，其含炭率小于 8%，可作为建材原料。精煤含炭率大于 50%，可作为型煤原料。YD-4 高压电选机具有较宽的电晕电场区、特殊的下料装置以及防积灰漏电措施，整机密封性能好。采用双筒并列式，结构合理、紧凑、处理能力大、效率高。

3.2.7.2　摩擦与弹跳分选

摩擦和弹跳分选是利用餐厨垃圾中各个组分的碰撞系数和摩擦系数的不同，在与斜面碰撞弹跳或在斜面上运动时，产生不用的弹跳轨迹和运动速度而实现分离的一种办法。不同的废物在斜面的运动方式随颗粒的性质或密度不同而不同。片状废物或纤维状废物几乎全部靠滑动，球形颗粒有滚动、滑动和弹跳三种运动方式。当颗粒在斜面上向下运动时，纤维状或片状的滑动速度较小，脱离斜面抛出的初速度小。球形颗粒由于做滚动、滑动和弹跳相结合的运动，加速度相对较大，运动速度快，脱离斜面抛出的初速度也大。所以固体废物中的纤维状废物与颗粒废物、片状废物与颗粒废物，因为形状不同，在斜面上运动或弹跳时，产生不同的运动速度和运动轨迹，实现了彼此分离。

采用摩擦分选的设备称为摩擦分选机，如图 3-30 所示。当餐厨垃圾送入正在运动的传送带时，其中的纤维状废物或片状废物几乎全都靠滑动，摩擦力大，与传送带的跟随性好。球状颗粒因运动方式为滚动、滑动或弹跳导致受到的摩擦力较小。当传送带倾斜布置时，颗粒废物的摩擦角小于安装倾角，安装倾角小于纤维废弃物的摩擦角，纤维废弃物会随着传送带向上运动，然后从传送带的上端排出进入纤维废物收集槽。颗粒状废弃物会沿着带面下滑，最后从传送带的底端排出进入颗粒废物收集槽，如果传送带带面有筛孔，还可以从带面下分离出细颗粒组分。

采用弹性分选的设备称为弹性分选机，如图 3-31 所示。弹性分选机工作时，餐厨垃圾先由倾斜皮带运输抛出，其中相对较硬的物质如骨头等与回弹板和粉料滚筒产生弹性碰撞。弹跳运动将其弹入弹性产品收集槽，而纸、食物等与回弹板和分离筒体仅发生非弹性碰撞，不产生弹跳运动，黏附在分离滚筒上，通过滚筒的牵连运动带运送非弹性产品的收集槽，从而实现弹性组分和非弹性组分的分离。

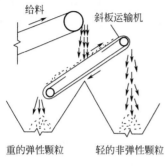

图 3-30　摩擦分选机

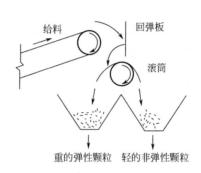

图 3-31　弹性分选机

3.2.7.3　跳汰分选

跳汰分选是在垂直变速介质中颗粒群反复交替的膨胀收缩，按照密度分选的一种方法。跳汰分选的脉冲循环分为两个过程，床面先是浮起，然后被压紧。在床面浮起状态下，较轻的颗粒加速快，运动到床面物质上方。在床面压紧状态下，较重的颗粒比较轻的颗粒加速快，进入床面物质下层。物料分层之后，密度大的重质颗粒位于下层，密度小的轻质颗粒进入上层，密度小但重的颗粒透过筛子成为筛下产物，不同密度的颗粒实现分离。如图 3-32 所示。

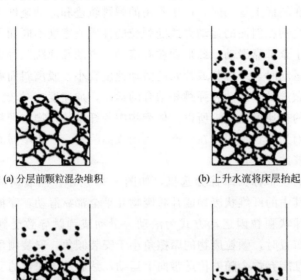

（a）分层前颗粒混杂堆积　　　　　　　　（b）上升水流将床层抬起

（c）颗粒在水流中沉降分层　　　（d）下降水流使床层紧密，重颗粒进入底层

图 3-32　颗粒在跳汰时的分层过程

一般跳汰介质是水或空气，介质为水时，按照推动水流运动方式的差异，可分为隔膜跳汰机和无活塞跳汰机，如图 3-33 所示。无活塞跳汰机是采用压缩空气的方法实现水流的往复运动。隔膜跳汰机是根据连杆机构带动橡胶隔膜座往复运动，来推动水流做脉冲运动。

3.2.7.4　重介质分选

（1）基本原理

重介质分选主要用于固体密度差较小物料的分选或使用跳汰分选等其他分选方法难以分选的情况。一般而言我们将密度比水大的介质称为重介质，包括重液与重悬浮液两种液体。重介质的密度在大密度颗粒与小密度颗粒之间。当颗粒密度大于

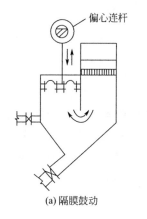

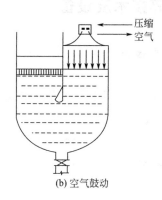

(a) 隔膜鼓动　　　　　　　　　　(b) 空气鼓动

图 3-33　跳汰机的推流运动形式

重介质密度时，颗粒下沉；当颗粒密度小于重介质密度时，颗粒悬浮，以此实现了物质的分选。重介质分选的精确度很高，入选物料的颗粒粒径范围也很广，适用于餐厨垃圾的分选。

在实际分选前应筛去物料中的细粒部分，大密度物料的颗粒粒度不应小于 2mm，小密度物料的颗粒粒度不应小于 3mm。采用重悬浮液时，物料的颗粒粒度不应小于 0.5mm。重介质分选主要应用于矿业废物的分选，不适用于包含可溶性物质和成分复杂的城市垃圾的分选。

（2）重介质

重介质分为重液和重悬浮液两种。一般的由于重液价格比较贵，因此在实验室内使用的比较多，而在实际的工业分选中，使用重悬浮液的情况比较多。

重液一般是指一些高密度且可溶的盐溶液（如氯化钙溶液、氯化锌溶液等）和高密度的有机溶液（如四氯甲烷、三氯甲烷、三溴甲烷、四溴乙烷等）。四溴乙烷和乙醇的混合液密度大约是 $2.4g/cm^3$，可将铝从较重的物料中分选出来。另一种常用的物料是 C_2HCl_5，密度大约是 $1.67g/cm^3$。重液不能依据需要迅速改变其密度，否则使成本较高，损失比较大。重悬浮液是在水中添加高密度的固体颗粒进而形成的固液相分散体系，其密度可以随固体颗粒的种类与和含量而变化。

高密度固体颗粒具有加大介质密度的作用，被称为加重质。加重质中粒度小于 0.074mm 的物料质量约占总质量的 $60\%\sim80\%$，与水混合形成含有细微颗粒的重悬浮液。重悬浮液的加重质通常是硅铁，将硅铁与水按 85∶15 的比例混合，相对密度可达到 3.0 以上。另外还有方铁矿、磁铁矿和黄铁矿等。重介质具有高密度、低黏度、化学稳定性比较好、无毒害、无腐蚀性、易回收等优点。

（3）重介质分选设备

实际应用中的重介质分选设备一般有鼓形重介质分选机、深槽式重介质分选机、振动式重介质分选机、离心式重介质分选机。常用的设备是鼓形分选机，其适用于物料粒径较大（40～60mm）餐厨垃圾的重介质分选。

3.3 破碎技术及设备

3.3.1 破碎技术

破碎是借助外力手段，克服固体废物质点间的内聚力，从而将大块的固体废物分裂为小块的过程。由于餐厨垃圾含有较多水分，有机质组分吸收水分后体积相较之前变大，使用管路或设备输送较为不便，甚至可能造成管道或设备的堵塞影响后续运行。因此对餐厨垃圾进行预处理时，将餐厨垃圾进行充分破碎是十分有必要的。

破碎的目的是减小固体废物粒径、减小固体废物体积、减小运输难度、提高物料流动性、防止粗大物质损坏设备和提高后需处理回收利用效率等。物料的颗粒度是影响好氧堆肥的一个重要因素，物料颗粒度越小好氧堆肥效率越高。同时，破碎后的物料对于提高厌氧发酵过程中的产气率也具有重要意义。因此在预处理环节，破碎并不是最后一步，它只是进行餐厨垃圾分选后需进行的一个重要步骤。

常用的破碎技术有冲击破碎、剪切破碎、挤压破碎和摩擦破碎等。按照施力方式的不同可将破碎设备分为剪切式破碎机、锤式破碎机、辊式破碎机等，而按照破碎机主要特征的不同又可分为球磨机、低温破碎机和湿式破碎机等。在实际处理中，常用的破碎机主要有剪切式破碎机、球磨机和湿式破碎机。

3.3.2 破碎设备

（1）剪切式破碎机

剪切式破碎机是通过机械的剪切力将餐厨垃圾由大块切割为合适尺度的块的破碎机，主要由固定刀头和可动刀头及其他零部件组成，可动刀头又可分为往复刀头和回转刀头。由此剪切式破碎机可分为往复式剪切破碎机和旋转式剪切破碎机。在破碎物料时，物料经进料口进入固定刀和可动刀的刀口之间，刀口合拢，物料在受挤压的同时被剪切，常用于餐厨垃圾中一些中较大的固体物质的切断破碎。在实际的破碎处理中常用到的破碎设备是旋转式剪切破碎机。

（2）锤式破碎机

在实际的工艺处理中，锤式破碎机是最普通的破碎设备。按转子的数量可分为单转子和双转子两种破碎机，其中单转子破碎机又有可逆和不可逆两种情况。锤式破碎机的工作原理是，餐厨垃圾自上方的给料口进入破碎机中，随即受到破碎机内部高速转动锤的作用，产生打击、冲击、剪切、研磨等效果进而完成破碎。如图 3-34 所示。在实际应用中，锤式破碎机主要用于餐厨垃圾中筷子、较硬的坚果外壳等硬、脆性物质的破碎处理中。

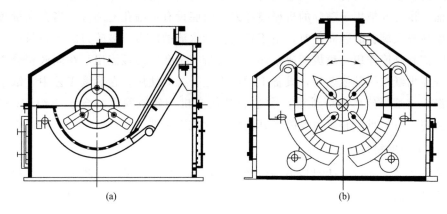

图 3-34 单转子式锤式破碎机示意

（3）辊式破碎机

辊式破碎机是利用挤压力将餐厨垃圾破碎的机械。具有结构较为简单、体积小、质量轻、价格低、工作效率高等优点，主要应用于餐厨垃圾中较脆和较黏稠物质的破碎处理，可将垃圾破碎成中等颗粒或细颗粒。图 3-35 为辊式破碎机的工作原理示意图，其主要工作原理为，破碎机上方的物质在旋转工作的转辊摩擦力的作用下，进入破碎机的破碎腔内。在挤压、摩擦、剥离等的作用下被分解为小块的物料，最后在转辊的作用下被带出破碎腔进而排出破碎机。依照转辊表面结构与性质的不同，可将转辊分为光滑转辊与非光滑转辊（即齿状转辊与沟槽状转辊）两种，其中光滑转辊主要用于餐厨垃圾中硬性物质的处理工艺中，非光滑转辊主要用于餐厨垃圾中脆性物质的处理工艺中。在实际应用中，光滑转辊只应用在二辊机中，而非光滑转辊应用在单辊、二辊和三辊破碎机中。

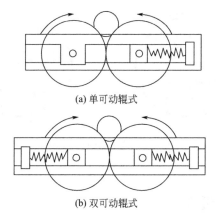

(a) 单可动辊式

(b) 双可动辊式

图 3-35 辊式破碎机工作原理示意

（4）湿式破碎机

湿式破碎机是将水作为溶剂，对浸泡的餐厨垃圾进行搅拌，以此来将大块的物料破碎为合适粒径的物料的工业设备。该破碎机的主要部件是一个竖式旋转圆形滚筒，桶内设有 6 把用于破碎的机械搅拌刀，筒底设有带细孔的圆板。当含水量较高的垃圾被投入旋转的圆筒中时，由于垃圾受到水流的冲击、破碎刀的剪切与旋转筒壁的摩擦和碰撞作用，垃圾变成浆体从筒底带有细孔的圆板流出，在固液相分离装置中分流出纸浆等其他杂物，设备中的污水进行循环使用。在后续工艺中，纸浆通过洗涤、过筛等分离出纤维素，剩余的其他有机物残渣脱水到含水率约 50% 后，进行焚烧、好氧堆肥和厌氧发酵等其他无害化处理工艺。

（5）球磨机

球磨机是指通过球体对垃圾物料的重砸作用进行破碎的工业机械。球磨机内部设有旋转的筒体，筒体内部砌设有带有凹凸不平沟槽的衬板，筒体内一般装有约占筒体内部有效容积 25%～45% 的球体。

球磨机的内部结构如图 3-36 所示。当球磨机工作时，旋转的筒体将带动筒体内的球体升到一定的高度，随后球体沿抛物线路径向下砸去。需进行破碎的物料由筒体的一侧进入，在经过旋转筒体的过程中，由于球体的重砸、碾压和研磨等作用，大块的物料被球体破碎成合适粒径的物料后又筒体的另一侧排出。

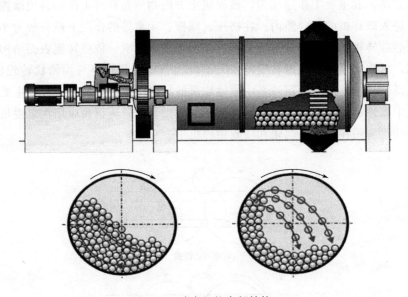

图 3-36　球磨机的内部结构

3.4　制浆技术及设备

沉降分离槽和调节槽是完成制浆过程的关键，沉降分离制浆槽和调节槽可由钢、玻璃纤维、强化塑料或钢筋混凝土等构成，同时槽体还附有搅拌设备、循环设备、排水设备等装置。

沉降分离制浆槽的工作原理为，经过初选、破碎处理后的餐厨余垃圾与水搅拌混匀，垃圾中的小石头、金属物质等较重的杂质依靠自身重力在自制浆槽的中沉降到槽底，餐厨垃圾中较轻的杂质从制浆槽上部流出，剩余混匀物料经传送设备输送至调节槽。

制浆的工艺流程主要包括，将分选后的餐厨垃圾输送至破碎机内，在破碎机内袋装的餐厨垃圾经破袋处理后进行破碎处理，使之成为合适粒径的物料。然后将物料输送至制浆罐中进行制浆（约为1h），此时的物料可分为轻杂质、重杂质及浆体三大类。重杂质由位于制浆罐底部的排料口排出，轻杂质和浆体经调节泵输送至残渣浆体分离设备，在残渣浆体分离设备的分离作用下，轻杂质被设备分离。轻杂质与重杂质经钩臂垃圾车运送至指定垃圾填埋场填埋。

后续调节槽的主要工作目的是对制浆罐中沉降分离的物质进行进一步搅拌，使之混合均匀。同时还可以调节物料的供氧量、温度、含水率、pH 值、C/N 比、C/P 比等影响因素，从而达到餐厨余垃圾好氧堆肥、厌氧消化和微生物浸出等技术所要求的最优工艺条件。

3.5　混合技术及设备

混合技术是将餐厨垃圾原物料与辅料充分混合搅拌达到均质。为保证后续餐厨垃圾资源化工艺中含水率、C/N 比、孔隙率等因素处于最佳条件，处理前必须将餐厨垃圾原料及辅料进行充分混合搅拌。混合设备主要有螺带混合机、桨叶混合机、犁刀混合机等。混合设备会影响物料的结构，直接关系到资源化过程是否能够顺利进行。

（1）螺带混合机

螺带混合机是高效、应用广泛的单轴混合机，半开管状筒体内的主轴上盘绕蜗旋形式且成一定比例的双层螺带。盘旋的螺旋带依附主轴运转，能推使物料随螺旋带蜗旋方向行进。混合机卧式筒体底部中央开设出料口，外层螺旋带的蜗旋结构配合主轴旋转方向驱赶筒壁内侧物料至中央出料口出料，确保筒体内物料出料无死角。外螺旋带盘绕形式配合旋转方向把物料从两端向中间推动，而内螺旋带把物料从中间向两端推动，形成对流混合。物料在相对短的时间内混合均匀。螺带混合机分为立式螺带混合机和卧式螺带混合机两种。图 3-37、图 3-38 分别为卧式螺带混合机和立式螺带混合机。

（2）犁刀式混合机

犁刀式混合机启动后犁刀由犁刀轴带动旋转，使物料沿筒体径向做周向滚动，同时把物料沿犁刀两侧面的法线方向抛出。当被犁刀轴抛出和作周向滚动的物料流经飞刀组时，被高速旋转的飞刀迅速、有力地抛撒。物料在犁刀和飞刀的复合作用下，不断重叠、扩散，在短时间内达到均匀混合，混合精度高。图 3-39 为犁刀卧式混合机示意图。

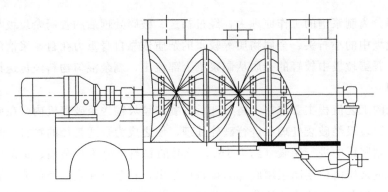

(a) 结构图

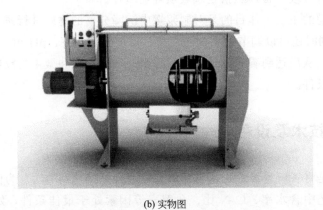

(b) 实物图

图 3-37　卧式螺带混合机

图 3-38　立式螺带混合机

图 3-39　犁刀卧式混合机

3.6　工程实例：宁波餐厨废弃物无害化处置和资源化利用

3.6.1　引言

宁波市餐厨垃圾处理厂位于宁波市鄞州区古林镇，距离宁波鄞州区垃圾填埋场20km左右。采用宁波开诚生态技术有限公司的物理、生物处理技术，餐厨垃圾处理设计规模为200t/d。已有近3年的运行经验，设备运转情况良好，产品销路及经济效益较好。

3.6.2　城市餐厨废弃物管理模式

（1）政企合作模式（BOT、BT、PPP）

宁波开诚公司的宁波市迁建项目（600t/d分两期建设）采用PPP模式。宁波开诚公司的慈溪市75t/d项目、绍兴柯桥区60t/d餐厨应急项目、上虞区40t/d餐厨应急项目、绍兴柯桥区150t/d厨余（农村可烂）垃圾处理项目、绍兴上虞区150t/d厨余（农村可烂）垃圾处理项目均采用的是BOT特许经营模式。

（2）收运处理处置模式

收运有两种形式：一是企业收运＋处理一体化形式；二是收运和处理独立的模式，收运由专业收运公司来负责，专业收运单位由环卫主管部门公开向社会进行招标，选择有实力的公司负责某区域的餐厨垃圾的收运工作。专业收运公司与环卫主管部门通过签订协议享受一定的权利，并承担相应的义务，同时接受公众的监督。餐厨垃圾的处理采取"谁污染，谁交费"的原则，餐厨垃圾产生单位应支付一定的污染治理费用。餐厨垃圾污染治理费用可由环卫主管部门根据调查，召开听证会确定价格标准，最后由物价部门确认后执行。餐厨垃圾污染治理费用由专业收运公司代收，在收运时根据垃圾的产生量收取费用并进行登记，登记表格及发票存联可于每个月底上交环卫部门进行统计和备案。

3.6.3　餐厨垃圾处理厂工艺设计方案

（1）工艺方案

1）工艺概况及流程图　采用"物料接收＋大物质分拣＋精分制浆＋除沙和轻飘物分离＋湿热油脂提取系统"，杂物分离采用逐级减量化分离的工艺方式，这样会更加可靠地去除餐厨废弃物中的一些杂物，保证经过预处理分拣后的有机浆料的各项指标满足油脂提取和厌氧发酵安全稳定运行的要求，减少设备设施磨损维修的管理成本，提高粗油脂的获得率和厌氧沼气的产出率，实现了餐厨废弃物无害化、减量化的处理要求，使企业效益收益最大化。

工艺流程如图 3-40 所示。

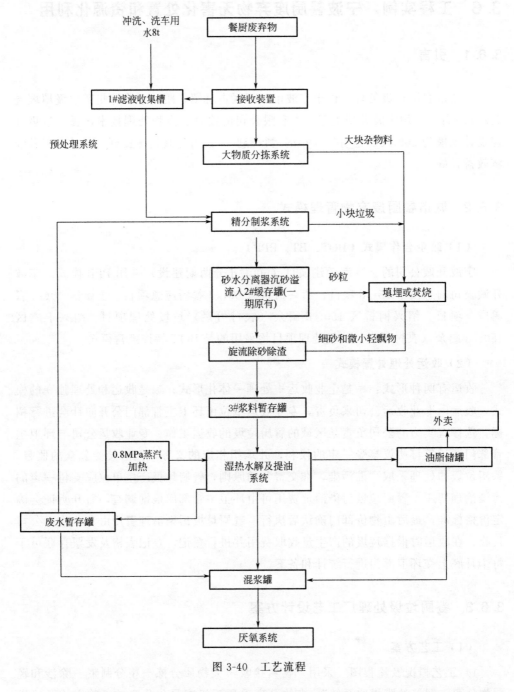

图 3-40 工艺流程

2) 主要技术工艺特点 该工艺优点是资源化综合利用程度高，整个工艺达到了标准排放。技术成熟、效率高，有较长时间的运营经验，工程投资适中，经济效益及环境效益较好，很好地实现了餐厨垃圾处理的"无害化、资源化和减量化"的处理要求，适合餐厨垃圾的集中化、规模化处理。

（2）预处理工艺设备选择对主工艺的影响

有机生物质垃圾预处理分拣效果的优劣，对有机垃圾处理主工艺系统，特别是对厌氧系统产气有着非常大的影响。

因此，垃圾资源化利用处理环节中，预处理工艺及装备合理配置是有机垃圾处理过程中最重要的关键环节。开诚车间处理工艺实况如图 3-41 所示。

图 3-41 开诚车间处理工艺实况

（3）开诚预处理技术特点

开诚餐饮垃圾预处理工艺系统的特点主要体现在以下 5 个方面。

① 物料输送和处理过程中对复杂组分的适应性和可靠性高。

② 有机物与无机非营养性杂物（如硬质瓷盘、玻璃器皿、金属、贝壳骨头等和轻质塑料、纤维、织物等）实现有效分离。

③ 关键设备的耐磨损程度高和结实安全运行。

④ 精分制浆后有机固体物粒径≤5.0m，油脂提取干净，经开诚提油工艺系统提油后浆液中油脂残留率≤0.5%。

⑤ 自动化程度高，节能、运行成本低、稳定可靠，经过 10 年的验证完全符合中国餐厨垃圾的要求。

3.6.4 处理效果

（1）餐厨垃圾饲料化

餐厨垃圾饲料化是目前国内常用的处理方法之一。餐厨垃圾饲料化有物理和生物两种途径。

① 物理途径：直接将餐厨垃圾脱水后进行干燥消毒，粉碎后制成饲料。

② 生物途径：利用微生物菌体将餐厨垃圾进行发酵，并通过微生物不断生长

繁殖和新陈代谢，使发酵体积累有用的菌体、酶和中间体，而后将这些发酵体烘干后制成蛋白饲料。

（2）餐厨垃圾堆肥化

餐厨垃圾堆肥化也是一个微生物的转化过程，即利用微生物对餐厨垃圾中的有机质实现降解的过程，最终生成稳定的富含腐殖质的有机肥料。从养分角度分析，餐厨垃圾含有较高的有机质和低 C/N 比，是一种极易降解腐熟的物料。但餐厨垃圾堆肥也受到物料自身特性的影响，体现为含水率高、容重高、盐分高（即"三高"）的特点。基于"三高"特点，科学家们对餐厨垃圾堆肥工艺进行了许多有针对性的优化研究。

（3）餐厨垃圾厌氧发酵

餐厨垃圾的厌氧发酵是在密闭厌氧的条件下，利用厌氧微生物将餐厨垃圾有机部分降解，其中一部分碳元素物质转换为甲烷和二氧化碳。与其他技术相比，餐厨厌氧发酵技术优势明显，该处理反应不受供氧限制，机械能损失少；可以产生具有利用价值的甲烷，发酵后沼液、沼渣可以利用；反应在密闭容器中进行，不易产生臭气等污染物，对环境影响较小。厌氧发酵分两种：一种是厌氧制甲烷；另一种是厌氧制氢气。

◆ **参考文献** ◆

［1］陈冠益，马文超，钟磊磊，等.餐厨垃圾废物资源综合利用［M］.北京:化学工业出版社，2018.
［2］李来庆，张继琳，许靖平，等.餐厨垃圾资源化技术及设备［M］.北京:化学工业出版社，2013.
［3］林宋，承中良，张冉，等.餐厨垃圾处理关键技术与设备［M］.北京:机械工业出版社，2013.
［4］赵由才，牛冬杰，柴晓利，等.固体废物处理与资源化［M］.北京:化学工业出版社，2012.
［5］宁平.固体废弃物处理与处置［M］.北京:高等教育出版社，2010.
［6］聂永丰.固体废物处理工程技术手册［M］.北京:化学工业出版社，2013.
［7］陈今朝，宋强.风力分选垃圾技术的探讨［J］.中国资源综合利用，2009，27（03）:26-27.
［8］赵由才，牛冬杰，柴晓利，等.固体废物处理与资源化［M］.北京:化学工业出版社，2019.

第 4 章

餐厨废油分离及其资源化

4.1 餐厨废油产生特点及管理现状

餐厨废油是指产生于餐饮结束后的废弃油脂,属于一种包含不能再食用的动植物油脂和各类油水的混合物。餐厨废油主要包括煎炸废油、"地沟油"和餐厨垃圾携带的废油(潲水油)等,成分主要是烹调用的植物油和食品中的动物油脂。因此从分子角度来看,餐厨废油由脂肪酸甘油酯组成,具有极强的疏水性,且产生量大、危害大。餐厨废油具有明显的危害和资源二重性,需要进行无害化处理,同时也可以进行资源化。

4.1.1 餐厨废油的产生特点

4.1.1.1 餐厨废油现状

大量调研和数据表明,餐厨垃圾中的 $10\%\sim20\%$ 都是餐厨废油,具体含量根据各地地域饮食特征上下浮动。设城市人口平均每人每天产生餐厨垃圾 0.1kg,2019 年全国城镇人口 8.48 亿,通过粗略计算可得出全国城镇每年餐厨垃圾就有 3100 万吨,餐厨废油 300 多万吨。截至目前,我国城市每年产生的餐厨废油高达 500 多万吨,而每年返回餐桌的餐厨废油约有 200 万~300 万吨。北京市每天产生的餐厨垃圾约 2500t、泔水油约 300t,其中餐厨废油约 150t,煎炸废油和泔水油共约 150t。餐厨垃圾和餐厨废油的数量庞大,餐厨垃圾和废油的管理和处理迫在眉睫。

4.1.1.2 餐厨废油产生的危害

（1）污染水体

餐厨废油属于高浓度有机废物，是典型的营养性水体污染物之一。未经任何处理的餐厨废油含动植物浮油一般在 $350\sim600\mathrm{mg/L}$ 范围内，远远大于污水综合排放标准，随废水进入水体后会使水体 COD 浓度大幅提高，从而造成水质恶化。同时，废油脂的存在不利于微生物的正常生命活动，进入水体会造成水质恶化和水体富营养化，并使污水处理厂生物处理单元处理效率显著降低。餐厨废油在常温下不易降解，在下水管道中容易凝固附着于管壁之上，阻塞管道、河道，造成日益严重的环境污染问题。

（2）散发臭气

餐厨废油长时间暴露在空气中会发生氧化酸败，产生挥发性脂肪酸类恶臭气体，露天存放的餐厨废油容易滋生大量蚊虫、鼠虫，不可避免地成为了传播疾病的媒介，严重影响环境卫生和人体健康并引起堆放地点附近公众的强烈反应。

（3）造成食品安全问题

餐厨废油包括反复高温煎炸的煎炸废油，其中含有大量反式脂肪酸，属于慢性致癌物。在餐厨废油的产生、储存及运输过程环节中不可避免地遭到环境污染，使得餐厨废油极易氧化酸败变质，产生大量毒素和致病微生物。例如具有强致癌作用的黄曲霉素和黄曲霉等细菌，餐厨废油通过隔油池和地下水管道，会携带出大量细菌、致病菌、病毒。如果未经管控，其重新流入居民餐桌，这些有害物质被人体摄取后难以被消化，不仅会侵蚀消化道内黏膜，还会破坏人类自身白血球，久而久之使细胞发生癌变。除此之外，餐厨废油中的重金属问题也尤为严重，铅、砷等重金属由于其强大的毒性被人们所熟知，人体若超标摄入这两种重金属则会出现严重腹痛、头痛、晕眩、贫血等症状，严重者会出现肝脏器受损、中毒性肝病等症状。如果餐厨废油管控不力导致重新进入食品链，将对人类的生命安全造成严重威胁。

4.1.2 餐厨废油的无害化和资源化

餐厨废油的无害化，一方面是废油本身无害化，另一方面是整个处理过程无害化，不产生二次污染。餐厨废油含水率高、有机物含量高、易腐烂变质，在处理过程中产生大量污水和臭气。这就要求餐厨垃圾处理技术必须考虑二次污染问题及其解决办法。此外，餐厨垃圾处理系统应提高自动化水平，以实现现场无人化管理，确保操作人员的身体健康。

我国餐厨垃圾资源化技术主要包括饲料化、肥料化和燃料化，对于没有变质的餐厨垃圾应进行饲料化利用，对于不能达到饲料化应用的餐厨垃圾优先进行肥料化应用。餐厨废油随餐厨垃圾一起进行好氧堆肥，通过人工控制在一定温度、水分、

C/N 比和通风量等条件下，通过微生物的降解作用将其转化为肥料。

餐厨废油是一种可回收利用的有用资源，其中的脂肪酸甘油酯是生产生物柴油和多种化工产品的宝贵原料。因此，高效回收餐厨废油，不仅可以消除餐厨废油污染，同时能够实现资源再利用，创造经济效益和社会效益。

目前，国内外餐厨废油资源化处理技术主要是以餐厨废油为基础生产生物柴油、硬脂酸和油酸等产品，这些技术均有广泛应用，并获得了一定的经济效益。餐厨垃圾制备生物柴油是利用废油原料进行酯交换反应，生产得到再生燃料。产出的生物柴油可代替传统的燃料，与化石燃料相比生物柴油燃烧后产生的废物更少、污染更小且绿色环保可再生。餐厨废油制备硬脂酸和油酸主要是通过分离提纯技术，将废油中的硬脂酸和油酸批量提取后，作为原料应用于工业中。

4.1.3 餐厨废油管理现状

据了解，美国、日本等一些国家在历史上也一度由于餐厨垃圾和餐厨废油管控不当，从而引发环境污染和食品安全问题。但经过长期努力，并通过法律约束、源头控制、政府补贴、资源化利用等措施，这些国家均已较为有效地解决了餐厨废油问题。

目前，由于我国餐厨废油被不法利用利润高，极易被不法商贩加工为食用油重新回到居民餐桌，严重威胁居民健康。因为在餐厨废油掏捞、粗炼、倒卖、深加工、批发、零售等各个环节，有关行政执法部门的监管不到位，使得餐厨废油犯罪成为监管盲区。餐饮行业餐厨废油流向难以控制，绝大部分地区尚未成立经许可或备案的餐厨垃圾收运、处置单位，各监管部门间分段管理，难以形成齐抓共管的局面。同时成品餐厨废油与成品食用油难以鉴别，加大了食品监督检测环节的监管难度。由于国家对什么是餐厨废油没有一个明确的认定标准，如果按现有的食用油标准，甚至会误判出某些餐厨废油符合食用油标准。因此，在充分研究我国餐厨废油产生现状及其环境风险和健康风险的基础上，通过法律手段、行政手段、经济手段相结合，正确引导餐厨废油物流路径，控制废油出口，并采用合理可行的工艺技术，将餐厨废油深加工为高附加值的化工原料，从而消除环境污染，实现资源利用，对于保障人民身体健康、发展循环经济具有重要意义。

餐厨垃圾和废油的管理在我国部分城市开始得到重视。一些城市认识到餐厨垃圾和废油传统处理模式存在很多环境和卫生安全的问题。要使餐厨垃圾对人体健康、市容环境的影响降到最低，必须科学、合理地对餐厨垃圾进行处置管理，建立健全、规范、有序的餐厨垃圾管理体系。2010 年 5 月，国家发展和改革委员会、住房和城乡建设部、环境保护部、农业部联合印发了《关于组织开展城市餐厨垃圾资源化利用和无害化处理试点工作的通知》，旨在建立适合我国城市特点的餐厨垃圾资源化利用和无害化处理的法规、政策、标准和监管体系，探索适合我国国情的餐厨垃圾资源化利用和无害化处理技术工艺路线，并宣布我国拟选部分设区的城市或直辖市、市辖区开展餐厨垃圾资源化利用和无害化处理试点。2010 年 7 月，国务院下发了《关于加强地沟油整治和餐厨垃圾管理的意见》，明确提出要严厉打击非法生产销售"地沟油"行为，严防"地沟油"回流至餐桌，同时规范餐厨垃圾收运管理、处理处置，推进餐厨垃圾资源化利用和无害化处理管理新模式。食药监部门负责餐饮消费环节的监督管理，依法查处餐厨垃圾产生单位以餐厨垃圾为原料制作食品的违法行为；质监部门负责食品生产环节的监督管理，依法查处以餐厨垃圾为原料进行食品生产的违法行为；工商部门负责食品流通环节的监督管理，依法查处销售废弃食用油脂的违法行为；畜牧兽医行政主管部门负责畜禽生产场所的监督管理，依法查处使用未经无害化处理的餐厨垃圾饲养畜禽的违法行为。各部门相互协调，共同监督餐厨废油回收。依法监督是政府部门应对餐厨垃圾的倾倒、收集、运输、利用、处理等各个环节依法实行全过程的监督。只有在每一环节都充分地遵守这些原则，未来这些餐厨废油才能更好地被回收利用而不是被搬回餐桌从而导致一系列的环境污染、食品安全等问题。

目前，我国一些城市通过上述制度来扶持引导企业建立餐厨垃圾和餐厨废油资源化利用体系，并取得了一定成效。我国除根据自身情况制定相应的地方性法规政策外，也开始建设餐厨垃圾资源化处理设施，但从整体情况来看，我国餐厨垃圾的管理仍处于起步阶段。纵观国内研究现状，还没有建立健全的餐厨垃圾处理管理体系，缺乏相应的管理政策和适宜的处理技术。例如，成都市目前专门处理餐厨垃圾的处理站仅有2座，均采用枯草芽孢杆菌添加剂（BGB）微生物处理工艺，处理规模仅为3t/d和20t/d，远不能满足成都市餐厨垃圾的处理需求，因此餐厨垃圾处理的有关规范、标准和设施的建设仍有待完善。

为了防止餐厨废油重新返回餐桌，保障居民食品安全，鼓励餐厨废油经过深加工生产化工产品。目前国内外主要的废油深加工技术包括生产生物柴油（脂肪酸甲酯）、生产硬脂酸和油酸技术等。但由于有些企业只顾经济效益而不顾生产出来的产品安全性，转而生产危险、成本低、利益大的"地沟油"，增加了餐厨废油重新危害人类身体健康的概率。餐厨垃圾的处理问题不仅是技术和管理的问题，还涉及城市居民对餐厨垃圾正确分类和投放，应加强居民的垃圾分类意识培养。只有提高道德意识，完善有关法律，同时对垃圾投放进行监督，才能从根本上杜绝垃圾分类和处理中存在的违法行为。

4.2 餐厨垃圾油脂分离技术

在餐厨垃圾中油脂的存在形式主要包括垃圾固相内部油脂和上浮油、分散油、乳化油等。

① 固相内部油脂多以固态与垃圾固相结合，几乎不能直接分离。其中绝大部分排放进入餐饮系统的隔油池以及附近的下水管道中，其中混合大量固态的油脂也因此容易堵塞下水道等地方。

② 上浮油滴粒径较大，静置后能较快上浮，以连续相油膜的形式漂浮于水

面，易于分离。主要来源于餐厨垃圾中经过沉淀之后的上层液体中分离回收的悬浮油。

③ 分散油粒径大于 $1\mu m$，以微小油珠悬浮分散在水相中，易于分离。主要产生于油槽压舱水、船舱水、压缩机排水、机械工厂台面废水等地方。这些废水在储槽内静止就能进行分离。

④ 乳化油粒径大小为 $0.5\sim15\mu m$，溶解油以分子状态分散于水中，与水形成均相体系，分离较难。它则产生于油煎或炸等环节。

这些废油是一种可循环利用的资源，进行无害化和资源化处理后可以得到可利用的资源，而分离其中油脂的主要技术即餐厨垃圾油脂分离技术。

4.2.1　油脂粗粒化技术

4.2.1.1　技术概述

油脂粗粒化技术是指利用油相和水相对固相物质亲合程度不同，对油相进行分离的工艺。一般常用亲水憎油的固体物质做成各种脱水装置，而且这种物质应该具有很好的润湿性，这样可以使油水混合物在流经固体表面过程中，其中水滴会附着在固体表面上。通过流体剪切力作用，水滴界面膜会破裂，最终聚结在一起，是油水分离中将分散油转化为上浮油的常用方法。

粗粒化分离具有效率高、结构简单等优点，但同时存在易堵塞和再生麻烦等问题。当粗粒化材料足够合适，它能对水体中的微小油滴有一定的吸附作用，这样微小油滴聚并到一定的粒径以后将在浮力的作用下离开粗粒化材料，浮到水体的表面而达到油水分离。传统的粗粒化材料一般为聚丙烯、石英砂等，其具有良好的吸油性能。

如图 4-1 所示，粗粒化除油过程一般有如下 3 个步骤：

① 油滴被粗粒化材料阻拦；

② 在粗粒化材料上油珠被吸附和分布；

③ 捕捉到的油珠以最大的粒径被释放出来。

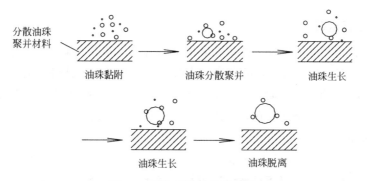

图 4-1　粗粒化除油机理示意

4.2.1.2 技术原理

粗粒化除油的原理总体上有两种：一种是"润湿聚结"；另一种是"碰撞聚结"。

（1）润湿聚结

"润湿聚结"理论建立的基础是亲油性粗粒化材料。因为材料的亲油特性，所以容易黏附油滴，让油滴不断增大达到聚结效果。例如，用聚丙烯塑料球及无烟煤做粗粒化材料的聚结就是属于"润湿聚结"。

（2）碰撞聚结

碰撞聚结理论建立的基础是疏油性粗粒化材料。不论是油粒状的还是纤维状的粗粒化材料组成的粗粒化床，其中的孔隙都构成互相连通的无数通道。当含油废水流经粗粒化床时，由于粗粒化材料是疏油的，两个或多个油珠可能同时与管壁碰撞或者互相之间碰撞，碰撞足以让它们合成一个较大的油珠来达到粗粒化的目的。例如，由蛇文石及陶粒制作的粗粒化材料的聚结就属于"碰撞聚结"。

不论是亲油材料还是疏油，两种聚结是同时存在的，亲油材料以"润湿聚结"为主，废水流经粗粒化床时油珠之间也有"碰撞聚结"；疏油材料以"碰撞聚结"为主，当疏油材料表面沉积油珠时材料表面也具备了亲油性，从而会发生"润湿聚结"现象。因此，只要粒径合适，亲油材料和疏油材料都会有比较好的粗粒化效果。

4.2.1.3 影响因素

（1）润湿性和铺展程度

粗粒化的效果取决于粗粒化材料表面性质、油滴的表面性质以及油滴在固体聚并材料上的润湿性和铺展程度。当油滴对固体能够浸润且角度过小或完全铺展呈吸附状态，油离开固体表面将很困难，对小油滴无粗粒化分离效果；当油滴对固体不浸润或铺角度过大时，固体对油滴没有吸附也没有粗粒化。铺展角度一般在 70°～80°范围内最佳。

（2）表面电荷

铺展的情况与水体中胶态油滴的表面电荷有关，胶态油滴的表面带负电荷，电位在 30～65mV，当油滴微粒的电位较小时，由于非极性的活性炭有非常大的比表面积、对小油滴的强烈吸附作用，在强极性的水中对这些小油滴具有很强的吸附性，油滴能润湿并完全铺展在其表面上。当油水混合物流经这种材料，内部形成的许多直径很小而且又相互弯曲的孔道，使油水混合物在孔道中的流动方向以及速度不断地被改变，从而使油滴间的碰撞频率增加了，聚结成较大形态的油滴。另外，由于这种材料的垂直空间相对来说比较小，因此当量直径比较小，油水混合物水平流动的距离很短，该材料便会将其中细小的油滴在上升足够高度时粘住，水则从这种多孔材料的结构中流出。细小的油滴不断聚集直到聚合成比较大的油滴时，油滴的 Stokes 力将会比其表面黏附力大，然后受 Stokes 力的作用，脱离该材料而向上浮升，最终浮出水面。

（3）粗粒化材料类型

纤维粗粒化材料与金属丝粗粒化材料相比，其表面性质更接近于亲油性，对于油脂的浸润程度优于金属丝，对油脂的截留与吸附比金属丝效果更明显。当油水混合物流经由亲油性材料组成的粗粒化床时，分散油珠便在材料表面润湿附着。所以材料表面被油珠包住，后流入的油珠更容易润湿附着。因而附着的油珠不断聚结扩大并形成油膜。由于浮力和反向水流的冲击作用，油膜开始脱落，于是材料表面得到一定程度的更新。脱落的油膜到水中仍形成油珠，该油珠粒径比聚结前的油珠粒径更大，从而达到粗粒化的目的。

4.2.2　重力-粗粒化两段脱油工艺设计

（1）重力式分离

重力式分离是指当油水混合物达到一定温度和压力，因为油、气、水的密度不同，在系统处于平衡时就会形成一定比例的油、气、水相。当相对较轻组分处于层流状态时，较重组分的液滴就会按照 Stokes 公式的运动规律沉降，达到分离目的。重力式分离适用于上浮油、分散油。重力式分离优点是处理量大、效率稳定、运行费用低、管理方便；缺点是其处理设施的占地面积较大。

目前，对油脂分离回收的研究主要集中在石油、化工等行业，对餐厨废油的分离回收却很少。1904 年 Hazen 根据实践经验提出了"浅池理论"，即在重力沉降过程中，分散而非结绒颗粒的沉降效果以颗粒的沉降速度与池面积为函数衡量，与池深、沉降时间无关，也即提高沉降池处理能力的两个途径为扩大沉降面积和提高水分沉降速度。提高水分沉降速度的措施可以通过 Stokes 公式得出，扩大沉降面积的措施是在容器内设置多层水平隔板。以这一理论为基础，1950 年成功研制的第 1 台平行板捕集器，其可去除水中最小为 $60\mu m$ 的油滴。20 世纪 80 年代开发的板式聚结器是一种错流式组合波纹板，经过不断改进后这种设备在油气分离、油水分离和含油污水净化方面都得到了应用。

在较为深入地研究油水分离机理的基础上，根据相应理论研制出了高效蒸发设备，其按分离过程大体分为预分离室、沉降分离室以及油室和水室 3 部分。预分离室内一般设有蝶形转向器和均质布液板，其原理是通过多次改变油水乳化液的运行方向和流速，强化机械破乳作用，从而进一步加快油水分离速度。通过活性水洗涤可以大大降低乳状液界面膜强度，由于乳化液与水层间的剪切和摩擦作用，使其界面膜破裂，从而促进液滴聚并，使其粒径变大，加速油水分离。沉降分离室主要起进一步分离净化的作用，油水分离器是设计的关键。因此，油水分离的设计也成为了粗粒化两段脱油工艺设计的重点。

（2）分离工艺

两段粗粒化脱油工艺包括重力油水分离和粗粒化油水分离两个工段，如图 4-2 所示。

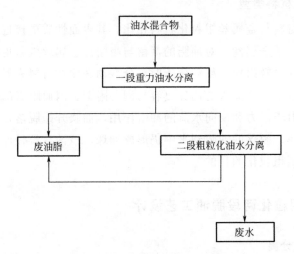

图 4-2　重力-粗粒化两段油水分离工艺

餐饮垃圾中废油脂的分离回收一般包括固液分离（油脂进入液相形成油水混合物）和油水分离（将油脂与水分离，回收废油）两个过程。目前研究较多的是油水分离技术，一般的油水分离方法有萃取、絮凝、浮选法、粗粒化法、吸附法、盐析法、膜分离、微生物降解法和酶法提取等。因为粗粒化两段脱油工艺在分离上效果好，在适宜的条件下分离效率可以达到 85％以上，所以粗粒化两段脱油工艺被尤为重视。

粗粒化两段脱油工艺则是将在重力分离与粗粒化分离结合而产生的一种工艺，先使用重力分离脱油工艺让其油水分离，再通过粗粒化分离进行二段油水分离，促使油水分离的效果达到最佳。第一块是由进液槽、油脂上浮槽和排水槽 3 个连通的装置组成的重力油水分离装置。进液槽上部与油脂上浮槽是连通的，使油脂在自身重力作用下漂浮。于是密度小的油脂会浮在水表面，但油脂上浮槽体积大，不能立即被充满，因此槽中的混合油脂会长时间停留，让油脂有足够时间上浮。待油脂上浮槽中的油充满后，通过排油口流入废油储存槽储存并且油脂上浮槽的水从底部流入相连的排水槽。由于排水槽与第二块装置粗粒化油水分离器相连，于是可以进一步分离回收油水混合物中的分散油和溶解油，最后达到高效的油水分离目的。

（3）粗粒化油水分离器结构设计

为了提高油水分离效率，可采用第二块粗粒化油水分离装置，其结构如图 4-3 所示。

提高分离能力有两个途径，分别是扩大沉降面积和提高水分沉降速度。如图 4-3 所示的结构设计，入口构件采用孔箱式以减少入口射流对流场的冲击和干扰，改善分离器中的流动条件。粗粒化构件采用散装填料箱式塑料纤维粗粒化床，聚并构

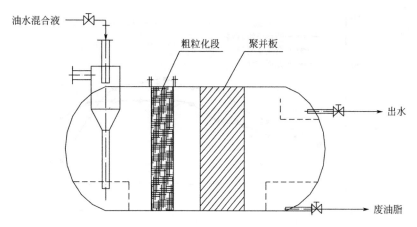

图 4-3 粗粒化油水分离装置

件采用平板式聚结床，这部分通过提高水分沉降速度以提高粗粒化效果；集液构件采用双向式，可以防止液流从设备中排出时形成短路流或死区，使尽可能多的空间用于分离，从而最大限度地提高设备的容积利用率。这部分通过扩大沉降面积提高分离效果，使水和废油分离得更加彻底。

4.2.3 餐厨垃圾油脂分离强化途径

（1）床层高度和粗粒化材料

将经过预处理后的餐厨垃圾油水混合物进行粗粒化油水分离，塑料纤维和金属丝两种粗粒化材料的粗粒化床高与油脂回收率关系曲线如图 4-4 所示。由图 4-4 可以看出，通过调整适宜的粗粒化床层高度和使用合理的粗粒化材料可以提高油脂回收率。主要是由于粗粒化床的截留和聚结作用以及油滴相互黏结凝聚等作用，使部分以分散油形态存在的小油滴变为大油滴，从而成为上浮油。首先，两种粗粒化床随着床层高度的增加，油脂回收率均增加。在床层增加到 25cm 高之后，塑料纤维床油脂回收率趋于稳定，说明此时粗粒化床达到动态饱和，35cm 床高时油脂回收率达到最大值 76.1%，而金属丝床在床高增加到 35cm 时，粗粒化床趋于动态饱和，此时油脂回收率为 72.5%，说明此时粗粒化床对油脂的截留速率与粗粒化材料上的油脂脱附速率基本相等。继续增加床层高度，塑料纤维床高大于 45cm 时，油脂回收率开始下降，金属丝床油脂回收率下降的拐点为床高 50cm 处，造成这种结果的原因是被截留下来的油脂黏附在粗粒化材料上随床层高度增加脱离下来的难度增大，导致部分油脂滞留在床层内部不能被回收。

（2）进口水流速度

粗粒化床进口水流速度影响床层的饱和度、膨胀率、水头损失、出口出水中油珠的临界粒径以及粗粒化床的处理能力。粗粒化床进口水流速度与油脂回收率关系曲线如图 4-5 所示。当流速增大时床层平均饱和度减小，不利于油珠聚结，粗粒化

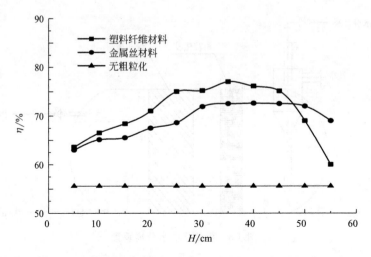

图 4-4　粗粒化床中油脂回收率 η 与粗粒化床高 H 的关系

效果降低，致使油脂回收率随粗粒化床进口水流流速增大而呈递降趋势，且流速增大会提高水头损失，耗能也相应增加，但流速增大可提高处理能力。因此可以看出，在保证处理能力的前提下适当调整粗粒化床进口水流速度不仅能有效地提高油脂回收效率，还能将其他损耗降到最低。

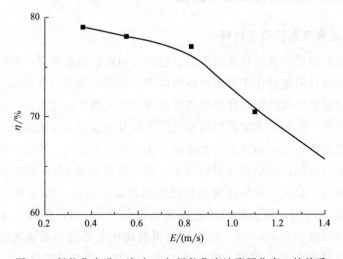

图 4-5　粗粒化床进口流速 E 与粗粒化床油脂回收率 η 的关系

（3）混合物温度

　　温度影响油水混合物中油脂的流动性和溶解度，从而影响餐厨垃圾中油脂的水力学特性。水温与油脂回收率关系曲线如图 4-6 所示。当温度低于 40℃时，升高水温有利于油珠聚结，从而提高油水分离的效果。粗粒化过程以物理变化为主，尽管油脂在水中的溶解度变化不显著，但温度对油水两相的黏度具有显著影响。水温升高，水的黏度减小，油脂相黏度显著降低而流动性增强，油珠聚结性能增强，粗粒化效果得到提高；当温度超过 40℃ 后，水温对粗粒化效果的影响不再明显。由此可以看出给油水混合物调整合适的温度有助于提高粗粒化效果，强化油脂分离效果。

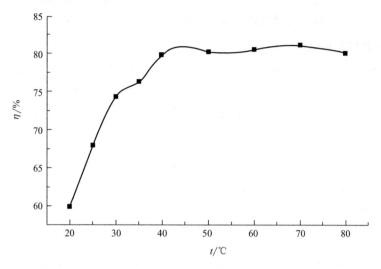

图 4-6　油水混合物温度 t 与粗粒化床油脂回收率 η 的关系

4.2.4　其他分离技术

（1）离心式分离

经过高速旋转的油水混合液，会因为油水密度的不同而产生不同的离心力，进而将油相和水相分开。又因为离心设备可以达到非常高的转速，会产生相当于几百倍重力加速度的离心力，所以离心设备能够相对彻底地将油和水分离开，而且只需要短暂的停留时间和比较小的设备体积。目前，离心式分离法只适用于实验室分析和占地面积小的场所。

（2）电脱分离

乳状液放置于高压交流或直流电场中，因为电场对水滴的作用，会削弱乳状液的界面膜强度促使水滴碰撞、合并，聚结成粒径比较大的水滴，进而从油相中分离出来。但用电脱水处理高含水率的油相乳状液时会造成电击穿，进而无法建立起两极之间必要的电场强度，因此，电脱分离不能单独使用，必须作为其他处理方法的后序技术手段。

（3）气浮分离

首先在水中投入水中的凝聚剂，发生聚合作用形成大分子聚合物。在静电力、范德华力、氢键、配位体的作用下，对油滴产生吸附、絮凝、架桥，形成粗大矾花，使大尺度油滴从水中脱出。同时，一些低分子的凝聚剂同样存在着静电中和作用，使油滴胶体的电性消失，进一步促使油珠相互靠近而发生凝聚。然后向水中释放出大量的微气泡（10～120μm），依靠表面张力作用将分散于水中的微小油滴黏附于微气泡上，使气泡的浮力增大上浮，达到分离的目的。气泡的出现会使水与颗粒间密度差增大，而且颗粒的直径比油滴滴径大，因此用颗粒的密度替代油的密度可以使气泡上升速度显著提高。目前，气浮分离技术广泛应用在油田含油废水的处理中，不太适用于餐厨废油的油水分离过程。

（4）机械分离法

隔油池方法虽较为简单，但占地面积较大。为克服这一缺点，可采用机械分离设备，使含油废水在分离设备中形成局部涡流、曲折碰撞或用狭窄通道来捕捉、聚并细小油滴，增加油珠粒径，降低停留时间，以达到更好的分离效果。

（5）生物化学法

利用微生物将废油作为营养物质，被吸收、转化合成为微生物体内的有机成分或繁殖成新的微生物，其余部分被生物氧化分解成简单的无机或有机物质如 CO_2、N_2、CH_4 等，从而使废水得到净化。

（6）波纹板法

波纹板法主要是利用了 Stokes 公式的变形公式，波纹板的特殊形状可以增大油滴的浮升面积。经过精心计算、设计、选型的波纹板法，过滤效率达到 95％以上。

（7）吸附法

吸附法是利用多孔吸附剂对废水中的溶解油进行物理吸附（范德华力）、化学吸附（化学键力）或交换吸附（静电力）来实现油水分离。常用的吸附剂有活性炭、活性白土、磁铁砂、矿渣、纤维、高分子聚合物及吸附树脂等。

4.3 餐厨废油资源化技术

餐厨废油并非仅是对人类有害的废物，还能够成为可利用的资源。餐厨废油是生产生物柴油、硬脂酸和油酸等产品的优质原料，且具有价格低廉的特点，可显著降低生物柴油的生产成本，具有很高的再生利用价值。餐厨废油资源化包括以餐厨废油为原料制备生物柴油、制备硬脂酸和油酸、制备肥皂、制备润滑油、制备混凝土脱模剂等工艺技术。

4.3.1 餐厨废油生产生物柴油技术

生物柴油是利用酯交换反应得到的可代替石化柴油的再生燃料。我国的人均石油资源并不丰富，随着经济的快速发展，国家对能源的需求也越来越大，生物柴油的生产可以缓解我国日益增长的能源需求。而且与传统燃料相比，生物柴油燃烧后产生的废物更少，更加符合环保的要求。

生物柴油的主要制备方法包括物理法和化学法。其中直接混合法和微乳化法属于物理法，由物理法所制备的生物柴油容易导致炭沉积和凝胶的问题，不仅会污染润滑油，还会致使润滑油黏度变大。高温裂解法和酯交换法属于化学法，化学法是目前制备生物柴油的主要方法。

4.3.1.1　直接混合法

直接混合法就是以不同的比例将石化柴油与天然油脂、醇类或溶剂直接混合，利用矿物柴油稀释植物油，使植物油的黏度与密度都降低，从而使得到的混合燃料与燃料油的使用要求基本符合，能够作为发动机燃料。它具有工艺比较简单、可再生、热值高的优点，缺点是制备出的生物柴油质量较低，黏度较大，由于长期的使用容易产生堵塞发动机喷嘴及炭化结焦的现象，因此不利于发动机的长时间使用。

4.3.1.2　微乳化法

微乳化法是利用乳化剂将低碳溶剂与植物油脂混合成微乳液使用，将动植物油分散到黏度较低的溶剂中，从而降低油脂黏度，满足燃料使用要求的方法。按一定比例将废油和矿物柴油、氨水、甲醇、乙二胺、乙二醇、三乙醇胺和丁醇或异戊醇混合即可得到油包水型微乳液生物柴油。该体系是由两种不互溶的液体与离子或非离子的两性分子混合而成的，直径约为 $1 \sim 150nm$ 的胶质平衡体系。微乳化法的优点是能够与其他方法结合使用，并且此法制备出的生物柴油经过长期放置也不会分层，但是该方法容易受环境条件限制，黏度仍然高于标准，会发生破乳使得燃料性质不够稳定。

4.3.1.3　高温裂解法

高温裂解法是在空气或氮气存在的条件下，利用热能使动植物油的分子链断裂，从而使大分子的有机物转化为结构简单、分子较小的烃类化合物的过程，是使低碳醇与废油脂混合，在催化剂作用下进行转酯化反应，经洗涤干燥得到生物柴油的方法。高温分解反应过程难以描述，因为反应过程包括很多种反应的途径和很多种可能在反应中产生的反应产物。反应原料可以是动物脂肪、植物油、脂肪酸和脂肪酸甲酯等。它的优点是不会产生污染物，缺点是在高温条件下进行且需催化剂，裂解设备昂贵、成本较高、反应过程难以控制，易产生较多副产物。

4.3.1.4　酯交换法

酯交换法主要是通过酯基的转移将高黏度的油脂转化成低黏度的脂肪酸低碳酯的一种方法。酯交换反应方程式如图 4-7 所示。一般是以各种油脂和短链醇为原料，碱、酸、酶等为催化剂，或者在超临界且无需催化剂条件下进行酯交换反应来生成生物柴油。在酯交换反应中，油料主要成分三甘油酯和各种短链醇在催化剂的作用下发生酯交换反应，得到脂肪酸甲酯和甘油。可用于酯交换的短链醇主要包括甲醇、乙醇、丙醇、丁醇和戊醇，其中最常用的是甲醇，这主要是由于其价格低廉、碳链短、极性强，能迅速与脂肪酸甘油酯发生反应，并且碱性催化剂易溶于甲醇。可用于酯交换法制备生物柴油的油脂原料众多，其中人们用得最多是动植物油。由于动植物油含有较多的不饱和双键或支链，但由于碳链较长易导致其黏度过高，直接使用会带来一些问题。如燃料不完全燃烧，即产生燃油喷嘴堵塞、变质、碳沉积或润滑油稀释等现象，低温启动性差及存在失火或点火延迟现象。因为该反应可逆，所以过量的醇可以使反应向生成产物的方向进行。催化剂一般可以促进反应的反应速度并且使产物的产量增加，酸、碱或酶等都可作为该反应的催化剂，并根据催化剂的不同，酯交换法可分为酸催化酯交换法、碱催化酯交换法、超临界酯交换法和酶催化酯交换法，这些方法都各有优劣。

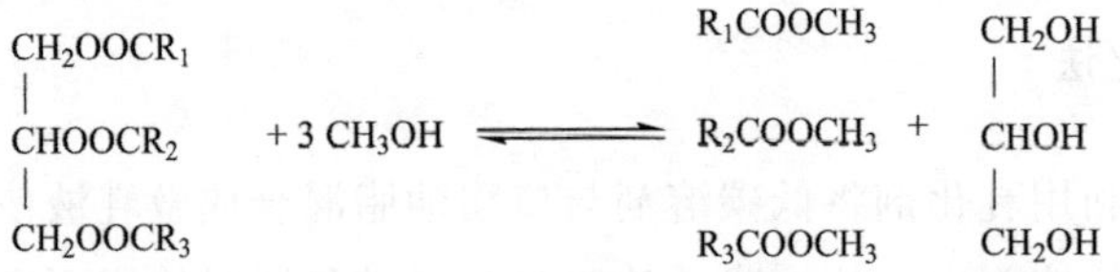

$$
\begin{array}{c}
\text{CH}_2\text{OOCR}_1 \\
| \\
\text{CHOOCR}_2 \quad + 3\,\text{CH}_3\text{OH} \rightleftharpoons \\
| \\
\text{CH}_2\text{OOCR}_3
\end{array}
\quad
\begin{array}{c}
\text{R}_1\text{COOCH}_3 \\
\text{R}_2\text{COOCH}_3 \quad + \\
\text{R}_3\text{COOCH}_3
\end{array}
\quad
\begin{array}{c}
\text{CH}_2\text{OH} \\
\text{CHOH} \\
\text{CH}_2\text{OH}
\end{array}
$$

图 4-7　酯交换反应

（1）酸催化法

常用的酸性催化剂主要有硫酸、磷酸、盐酸、强酸性树脂、固体酸、羧酸盐和苯磺酸等。通常酸催化剂硫酸或者带有磺酸基的酸属于 Bronsted 酸类催化剂，具有催化性能较好、进行酯交换反应后产物的收率较高等优点；缺点是反应需要较高的温度条件（通常为 100℃以上），反应速度较慢，并且反应需要较长时间，通常 3h 后反应才能到达终点。目前新型酸催化剂在生产生物柴油领域也很常见，如酸性离子液体催化剂和 Lewis 酸催化剂等。催化剂碘单质就属于 Lewis 酸催化剂，单质碘能够非常有效地催化油脂与醇发生酯化和酯交换反应。用作酸催化法制备生物柴油的液体催化剂种类繁多，常见的有磷酸、盐酸、硫酸等常规酸，还包括绿色催化剂磺酸类离子液体等新型液体催化剂；非均相固体酸催化剂常见的有 SO_4^{2-}/SnO_2、SO_4^{2-}/ZrO_2 等固体超强酸，氧化锆负载多钨酸盐固体酸，$SnO_2\cdot Al_2O_3$ 复合固体酸等。浓硫酸由于价格低廉、易获得，是最常用的酯交换催化剂。酸催化法适用于游离脂肪酸和水分含量高的油脂制备生物柴油，制备产率较高，催化剂成本低。此外，为推动反应正向进行，可添加过量醇类物质，但是过量的醇会增加甘油回收的难度。同时因为酸催化生产生物柴油是可逆反应，需要较高的反应温度，耗能较高而得率却较低，反应时间长，酸催化剂对设备的腐蚀也很严重，因此工业上碱催化法受到关注程度远大于酸催化法。

（2）碱催化法

常用的碱催化剂主要有有机碱和无机碱。有机碱一般为含氮的胍类有机碱，无机碱催化剂一般为氢氧化钠、氢氧化钾、碳酸钾、碳酸钠及钠和钾的醇盐等。碱催化酯交换法催化性能好，而且反应条件温和，反应所需时间短，在较低温度下也可以获得较高的产率，是工业上使用较多的一种方法。

碱催化剂还可分为均相状态的液体催化剂和非均相状态的固体碱催化剂。常见的均相状态的液体催化剂有有机碱胺类化合物，无机碱如氢氧化钠、氢氧化钾、碳酸钠和碳酸钾等。常见的非均相状态的固体碱催化剂有 CaO、Na-NaOH/γ-Al$_2$O$_3$、MgO/CaO 等。液体碱催化法具有反应所需温度低、反应速率快、产物产率高、反应过程中对设备腐蚀程度低等优点，缺点是反应过程中原料油中的游离脂肪酸与催化剂溶液能够发生皂化反应，从而生成高级脂肪酸盐等副产品，而这些副产品的存在会导致反应的产物发生乳化现象，从而产生分离困难的问题。因此，工业上应该在反应前就对原料进行预处理，保证原料中的水分含量和酸值能够达到要求。固体剂和液体碱催化剂的特点相似，且液体碱催化剂在分离、后续处理等方面远远不如固体碱。用于生物柴油生产的固体催化剂主要有树脂、黏土、分子筛、复合氧化物、硫酸盐、碳酸盐等。固载碱土金属是很好的催化剂体系，在醇中的溶解度较低，同时又具有一定的碱度。但是固体碱同样有些许不足，例如其本身结构相对复杂、成本很高、易被杂质污染、反应速率慢、时间长且催化剂的成本较高，此外还可能存在催化剂容易中毒问题。因此，改进固体碱催化剂变成近几年来研究的热点。

按照载体和活性位的性质不同，固体碱大概可分为有机无机复合固体碱、有机固体碱以及无机固体碱。现在所研究的有机无机复合固体碱主要是负载有机胺或季铵碱的分子筛固体碱。因为这类固体碱的活性位是以化学键和分子筛锚接的有机碱，所以反应过程中活性组分不会流失，而且碱强度均匀。同时也是因为其活性位为有机碱，所以对高温反应不适用，而且无法生产出具有强碱性的固体碱。通常有机固体碱是指端基为叔膦基团或叔胺的碱性树脂类固体碱，优点是碱强度均匀；缺点是热稳定性不好，只适用于低温反应，而且制备过程复杂，生产成本较高。无机固体碱主要包括水合滑石类阴离子黏土、金属氧化物和负载型固体碱，因其热稳定性好、碱强度分布范围宽、制备简单的特点而成为固体碱的主要研究方向。应用于油脂酯交换反应的固体碱大都是无机固体碱。

一般所说的分子筛是具有孔、空笼、通道、互通空洞等结构的一种结晶形的硅铝酸盐。以分子筛为载体的固体碱按照碱活性位的种类和制备方法可分为三种：第一种是碱金属离子交换分子筛；第二种是将稀土金属或碱金属以合金氨化物形态或金属态分散到分子筛上得到的固体碱；第三种是将弱碱作为碱位前驱体负载在高比表面沸石上，再经过适当处理而产生强碱位得到的固体碱。但是由于其本身的结构和其负载的前驱体，并不是所有的沸石分子筛都适合作为固体碱的载体。因为水会使反应部分进行皂化反应产生肥皂，所以对于一个碱催化的酯交换反应来说，醇类和甘油酯都必须完全无水。如果使用碱催化酯交换反应制备生物柴油，因为餐厨废油中游离脂肪酸含量较高，所以需经过预处理将酸值（以 KOH 计，下同）降低到 5.0mg/g 以下，否则直接进行碱催化的酯交换反应容易发生皂化反应，进而引起凝胶的形成，导致黏度增加，妨碍酯和醇的表面接触，从而降低酯交换反应的效率，导致反应的甘油和脂肪酸甲酯难以分离而得不到生物柴油。此外，水的含量过高也对甘油和酯的分离不利，会导致水洗变得困难。

（3）酶催化法

酶催化法是利用脂肪酶催化动植物油脂与低碳醇间的酯化反应，生成相应的脂肪酸酯的一种方法，同时可以使生物柴油的生产工艺环保、无污染。酶催化法具有对原料要求低、反应条件温和、没有废物产生、后续处理简单、净化工艺简单、对设备要求低、产品容易纯化等优点。常用于催化合成生物柴油的酶有脂肪酶、假单胞脂肪酶、毛霉脂肪酶、假丝酵母和根霉脂肪酶等，不过每种脂肪酶的催化特性不同，因此在不同介质中表现出的催化效果也不同。

生物脂肪酶是一种很好的催化脂肪酸甘油酯与醇的酯交换反应的催化剂，具有区域选择性和较高的稳定性，能够有效抑制水参与副反应，并且其本身不溶于有机溶剂，便于回收和利用，反应后产物的分离纯化也比较容易。最初生物酶催化法制备生物柴油使用的催化剂是游离脂肪酶，但反应结束后酶的分离、再生和循环使用都比较困难。而且酶的价格昂贵，生产成本很高，这就限制了此法的进一步推广。

目前固定化酶是应用于酶法合成生物柴油的主要催化剂。固定化酶的基础是酶的固定化技术，具有稳定性高、容易回收、可重复使用等优点，酶的固定化法中使用较多的是吸附法制备固定化酶。固定化技术在许多方面都优于游离酶技术，该技术的运用使生物催化制备生物柴油的工业化生产迈出了坚实的一步。

然而，酶催化主要受到温度的影响，温度的选择范围比较窄，需要选择较适宜的温度。安永磊等通过实验研究说明了增加反应物的分子热能与温度升高有关，反应速率也随温度的升高而增大，最终酶的活性得以增强。但是当温度升高到一定范围时，酶本身的蛋白质结构的分子热能也会随温度增加，用来维系酶的三维结构的一种非共价键因为温度的升高相互作用而破裂，最终酶变性，从而导致酶的催化活性丧失。由此可以得出过高的温度不利于酶的催化效果的结论。同时，反应系统中的甲醇若达到一定量时脂肪酶会失去活性，而且反应时间相对较长、成本偏高。

（4）超临界法

超临界法制备生物柴油是指在超临界状态下，不用任何催化剂，使原料与甲醇进行酯交换反应，即在超临界流体参与下进行酯交换反应。在反应中，超临界流体既可作为反应介质也可直接参加反应。超临界效应能影响反应混合物在超临界流体中的溶解度、传质和反应动力学，从而提供一种控制产率、选择性和反应产物回收的方法。充分地运用超临界流体的特点，能够使传统的气相或者液相反应转变成为一种全新的化学反应过程，进而提高了其反应效率。反应体系中虽然没有催化剂，但甲醇在超临界状态下的溶解性相当高，因此甲醇和油脂能够很好地互溶，从而大大加快了反应速率。与传统方法相比，超临界法对原料要求不高，即便原料油中水或脂肪酸的含量相对高一些，脂肪酸甲酯的收率也可以达到90%以上，产品转化率很高、反应时间短、无污染。由于游离脂肪酸的甲酯化反应与甘油三酸酯的酯交换反应能够同时进行，节省了预处理的操作成本，具有很大的优势。但是由于超临界制备生物柴油的方法需要在高温高压条件下进行，即 293.4℃、8.09MPa，这就对设备要求较高，且消耗能源巨大，同时反应中醇油比很高，甲醇的回收循环量较大，工业化困难，需要进一步的研究和开发。

4.3.2 餐厨废油生产硬脂酸和油酸技术

餐饮废油中含有大量脂肪酸（主要成分为硬脂酸和油酸）。硬脂酸和油酸可经工业提取分离，广泛应用于纺织、化学、建材、日用化工、医药、食品等行业中。其生产工艺主要是通过对油脂的水解和分离，得到各种脂肪酸（主要包括硬脂酸和油酸）。其中油脂水解的方法一般分为高压酸化分离和常压下皂化分离两种类型，从而得到混合脂肪酸。混合脂肪酸的分离方式一般分为表面活性剂法、冷冻压榨法和精馏法等。这几种方法都具有工艺成熟的优势，但缺陷也很明显，主要包括生产设备投资需求都较高、有一定污染、生产周期长、产品质量较差等，因此未能推广生产。

图 4-8 为硬脂酸和油酸的制备过程。

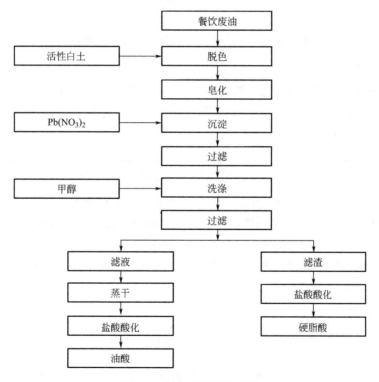

图 4-8 制备硬脂酸和油酸

4.3.2.1 硬脂酸

硬脂酸（stearic acid）即十八烷酸，是自然界中广泛存在的一种脂肪酸，由油脂水解生产。纯硬脂酸外观为呈现光泽的白色柔软小片。其熔点为 69.6℃，沸点为 376.1℃（分解），相对密度为 0.9408（指 20℃硬脂酸密度/4℃纯水密度）。在 90～100℃下能够慢慢挥发。微溶于冷水，能溶于丙酮、酒精，易溶于氯仿、苯、乙醚、二硫化碳、四氯化碳、醋酸戊酯与甲苯等。工业品呈现为白色或微黄色的颗粒状或块状物质，其为软脂酸与硬脂酸的混合物，且含有少量油酸，散发脂肪气味。用于生产各种硬脂酸盐，主要有硬脂酸镁、硬脂酸钠、硬脂酸铅、硬脂酸钙、硬脂酸镉、硬脂酸铝、硬脂酸钾、硬脂酸铁等。硬脂酸还广泛用于生产化妆品、塑料耐寒增塑剂、稳定剂、脱模剂、胶硫化促进剂、表面活性剂、抛光剂、橡防水剂、金属皂、软化剂、金属矿物浮选剂、医药品以及其他有机化学品。此外，还可作为油溶性颜料的溶剂、蜡纸打光剂、蜡笔调滑剂和硬脂酸甘油酯的乳化剂等。硬脂酸在食品工业中可用作消泡剂、润滑剂及食品添加剂硬脂酸山梨糖醇酐酯、硬脂酸甘油酯、蔗糖酯等的原料，也可作为助剂和日用化工产品的原料。硬脂酸还广泛应用于硬聚氯乙烯（PVC）塑料管材、型材、板材和薄膜等的制造工艺。可作为 PVC 热稳定剂，且具有良好的润滑性与较好的光、热稳定作用。硬脂酸有助于避免塑料 PVC 管在加工过程中的"焦化"现象，在 PVC 薄膜加工中添加硬脂酸可作为一种有效的热稳定剂，同时可以避免成品薄膜暴置于硫化物中所引起的变色问题。

硬脂酸的生产一般包括油脂的氢化、水解和蒸馏几个阶段。

（1）氢化

脂肪酸的氢化是指脂肪酸与氢气在催化剂的作用下发生反应，令不饱和双键变成饱和键，从而得到各种脂肪酸的过程。该反应是在气-液-固三相体系中发生的。氢化反应过程可分 4 个步骤：

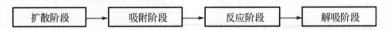

其中扩散阶段是指氢向脂肪酸中扩散溶解；吸附阶段是指溶解氢被吸附于催化剂表面从而活化成金属-氢活性中间体；反应阶段指烯烃中的双键在活性中间体上配位，从而生成活化金属络合物的过程；解吸阶段指金属碳，即键的中间体吸附氢，并解吸下饱和烷烃的过程。为了避免杂质对反应的干扰，反应中应使用干燥、杂质含量少且纯度高的氢气。

（2）水解

废油水解原理、脂肪酸水解和总水解反应分别如图 4-9～图 4-11 所示。

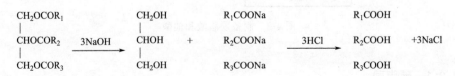

图 4-9　废油直接水解

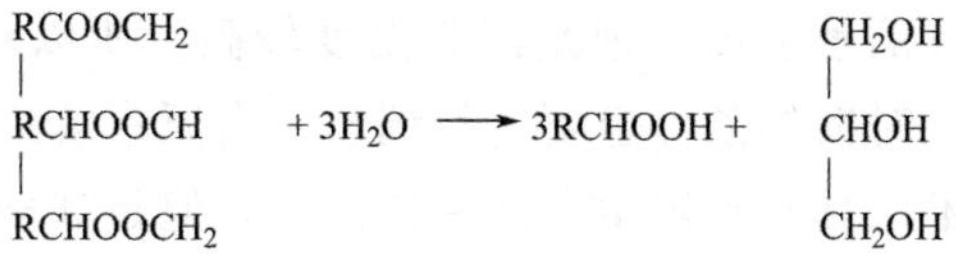

$$\begin{array}{c}RCOOCH_2\\|\\RCHOOCH\\|\\RCHOOCH_2\end{array} + 3H_2O \longrightarrow 3RCHOOH + \begin{array}{c}CH_2OH\\|\\CHOH\\|\\CH_2OH\end{array}$$

图 4-10　经氢化后的脂肪酸水解

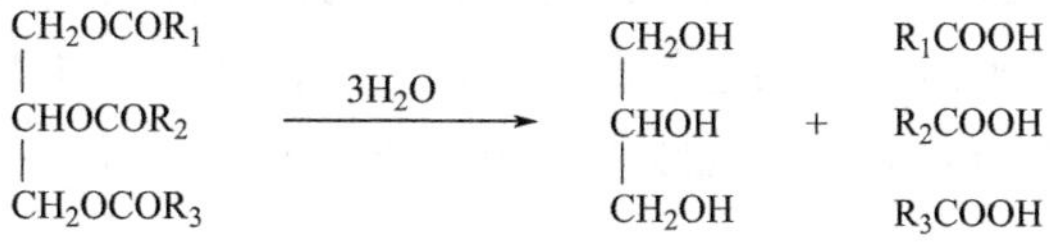

$$\begin{array}{c}CH_2OCOR_1\\|\\CHOCOR_2\\|\\CH_2OCOR_3\end{array} \xrightarrow{3H_2O} \begin{array}{c}CH_2OH\\|\\CHOH\\|\\CH_2OH\end{array} + \begin{array}{c}R_1COOH\\R_2COOH\\R_3COOH\end{array}$$

图 4-11　总方程式

理论上水解过程是水界面与脂肪的非均相反应，但实际上脂肪的热水解主要是指溶解于脂肪相中的脂肪与水的均相反应。常温下油脂和水之间的溶解度极小，但是随着温度升高，水在油脂中的溶解度迅速增加，因此提高反应过程的温度可以增加油和水之间的溶解度，从而使得油脂水解反应的速度大大提高。油脂的水解反应是一种可逆反应，因此适当调整反应条件可促使反应向期望方向进行。不断移走反应过程中的生成物，将有利于油脂的进一步水解。一般情况下，油脂水解可分为常压水解、中压水解和高压水解。

1) 常压水解　即常压催化水解法，是指在常压下，将新鲜水或低浓度的甘油废水直接加热水解的方法。磺酸和硫酸是该法常用的催化剂，最常用的为烷基磺酸和烷基苯磺酸。在水解过程中，为了降低乳化剂在水相中的溶解度，通常一起使用硫酸与乳化剂，同时还增加了乳化剂在酸性催化剂水解反应油相中的溶解度，加快了水解速度。常压催化水解法具有所需生产要求不高、操作简便、设备投资小、设备简单的优点；缺点是磺化或硫酸化所生产的脂肪酸质量欠佳，且耗水量较大、设备消耗快、甘油回收率低。

2) 中压水解　其是目前最有工业前景的水解方法，根据在水解过程中是否加入催化剂可分为中压催化水解法和中压非催化剂水解法两种。因为反应需要在较高温度条件下进行，酸性催化剂会腐蚀设备，所以在中压水解过程中一般采用碱性催化剂。但是因为采用金属氧化物进行反应，会产生一定量的皂（主要成分为皂化反应产生的高级脂肪酸盐），这就导致脂肪酸的产率在一定程度上被降低，因此在进行精制之前需要将高级脂肪酸盐去除，倘若不采用催化剂进行水解的话就可以防止这种情况。中压水解与常压催化水解比较，其优点是工业用水少、生产周期短、操作简便，而不足之处就是设备投资大。

3) 高压水解　即连续高压水解法，是当前所有水解方法中过程最复杂的一种，但它的效率也是最高的。此方法的水解压力为 4.8~5.2MPa。针对大规模的生产饱和脂肪酸以及碘值<120 的不饱和脂肪酸而言，它是最经济的一种方法。在生产过程中，随着温度的升高，水在油中的溶解度增加，油脂的水解度和反应速率也随

之提高。与此同时，将反应产生的甘油和脂肪酸不断地分离出去，防止水解的逆反应发生，从而提高最终的水解度。但是因为温度较高，所以对原料的要求也较高，当原料的质量发生变化时操作条件也要进行调整。高压水解法是目前脂肪酸工艺中最先进的一种水解技术，具有水解生产的一切优点，但是其操作难度大、对原料要求高且设备投资高。

（3）蒸馏

蒸馏是精制脂肪酸的一种方法，因为脂肪酸的饱和蒸气压比较高，在一般条件下进行脂肪酸蒸馏得到的产品颜色较深，所以一般在真空条件下对脂肪酸进行减压蒸馏，通过蒸馏除去脂肪酸中的气味、色泽、杂质等，从而达到提纯目的。

（4）分离

分离过程可采用超临界流体萃取法、有机溶剂分离法、表面活性剂分离法、精馏分离法和压榨法五种方法。

1）超临界流体萃取法　超临界流体萃取法是一种新的分离技术。通过调节压力和温度使得原料的各组分在超临界流体中的溶解度发生较大幅度变化，从而达到分离目的。与传统萃取方法相比，超临界流体溶解能力和扩散能力极好，因此萃取效率很高。此外，超临界流体萃取一般选用二氧化碳（临界温度 $31.3℃$、临界压力 $7.374MPa$）等化学性质为惰性且临界温度低的物质为萃取剂，因此非常适用于易氧化物质和热敏物质的分离。超临界流体萃取法具有操作温度低、无毒、无污染的优点；缺点在于抽提压力较高且需要养护高压泵和回收设备，经济效益较低。

2）有机溶剂分离法　有机溶剂分离法是根据低温下不同脂肪酸盐或脂肪酸在有机溶剂中的溶解度不同进行分离纯化。通常情况下，脂肪酸的碳链长度增加，其在有机溶剂中的溶解度就会减小，其双键数增加，在有机溶剂中的溶解度就会增加。随着温度降低，这种溶解度的差异表现得更为显著。不饱和脂肪酸仍在溶解状态，饱和脂肪酸就已经结晶析出。因此在一定的温度下，将混合脂肪酸溶于有机溶剂，进行分步结晶，即可实现混合脂肪酸的分离。通过调整脂肪酸溶液的冷却温度和溶剂比，可以得到不同质量的脂肪酸。常用的溶剂包括甲醇、乙醇、丙烷和丙酮。有机溶剂分离法操作方便、工艺原理简单，但是需要回收大量的有机溶剂，分离效率较低，溶剂对产品质量也有一定的影响，例如用甲醇作溶剂时会产生少量的甲烷。此方法在进行时有两种方案：第一种方案是采用选择性溶剂，根据分子中双键的多少或有无双键以及分子量的大小所呈现的极性的不同，在糠醛等有机溶剂中具有不同的溶解度，使混合脂肪酸分离为液体酸和固体酸；第二种方案是将混合脂肪酸加入有机溶剂中，冷却至一定温度，不饱和脂肪酸仍留在溶液中，而饱和脂肪酸逐步结晶析出，过滤可得到滤渣和滤液，将溶剂除去，即可得到固体脂肪酸和液体脂肪酸。溶剂分离法要使用大量易燃且较贵重的溶剂、消耗较大，并且要求冷冻温度低，但是分离效果好、分离设备较简单、产率较高，在工业上采用较多。

3）表面活性剂分离法　又称乳化分离法，是目前工业上效果最好的一种分离方法。其工作原理是使处于乳化状态混合的物料中凝固点高的组分在一定的温度下结晶析出，此时凝固点低的组分处于液体状态，即把均相的混合物转化为固液两相。将表面活性剂水溶液加入混合物料中，因为表面活性剂能够使界面张力发生变化，表面活性剂分子的亲油基能接近并润湿结晶表面，而亲水基则深入水相，从而使物料系统变为均匀的乳化状态。被表面活性剂浸润的结晶排斥附于表面的液体组分，没有结晶的液体组分聚集与水均匀混合，增大了结晶分子和液体分子的密度差，通过高速离心机，将固、液组分分离。表面活性剂法的关键是水溶液的成分、电解质表面和活性剂。工业上常见的表面活性剂是脂肪醇硫酸钠、烷基苯磺酸钠两种活性物质，电解质通常为硫酸镁、硫酸钠、硝酸钠或氯化钠。分离主要包括三个步骤：第一步是在合适的温度下将熔融的脂肪酸进行搅拌、冷却、结晶，从而得到所需碘值的固相与相应的液相；第二步是选择合适的电解质浓度及表面活性剂等条件，并同时将固、液脂肪分散于水溶液中；第三步是在连续离心机中将所得的分散体离心分离，从而分离出液相脂肪酸及悬浮有固相脂肪酸的水溶液。加热悬浊液即可分离得到固相脂肪酸。

4）精馏分离法　是当前使用最广泛的一种脂肪酸分离技术。其原理是根据混合脂肪酸中各组分的挥发性不同，从而能够在同一温度下按照不同饱和蒸气压的性质差异而得到分离。人们很早就已经开始使用蒸馏法进行脂肪酸的提纯，蒸馏可以脱除产品的气味与杂质，例如低沸点的烃、酮与使产品带色的醛，以及残留的酯与高沸点聚合物等，要将这两类杂质从大量的脂肪酸中分离出来只需要利用简单的间歇蒸馏即可。但若要将脂肪酸分离开来，需要使用更为复杂的精馏设备。脂肪酸的精馏工艺目前已经实现工业化，但是精馏技术具有操作温度较高、所需时间较长的缺点，这就导致脂肪酸会发生热敏反应，从而影响产品的质量与收率。为了降低脂肪酸的分压和精馏过程的操作温度，水蒸气蒸馏随之被开发出来。水蒸气蒸馏就是在脂肪酸蒸馏的过程中直接通入热蒸汽，从而使脂肪酸的分压下降，降低脂肪酸的沸点。水蒸气蒸馏由于脂肪酸与蒸汽密切接触，因此具有显著脱臭和除去色素物质的优点。但是这些优点基于蒸汽消耗大和废水负荷量高的不利条件。传统制备硬脂酸工艺是先将废油氢化然后再水解，但餐厨废油经氢化后产生硬脂酸，如此便不能进行油酸的提取。因此当前新型的工艺都是先进行水解和分离，然后再氢化。该工艺在操作上具有温度低、氢化时间短、生产条件温和、劳动强度低、易于控制、操作简单等优点。分离后即得到固体酸和油酸，其中固体酸通过加氢进行硬脂酸的制备。

5）压榨法　分离油酸和硬脂酸的传统方法。分盘冷冻压榨法为工业上应用最早的一种分离方法，其分离原理为根据混合脂肪酸中的不饱和脂肪酸和饱和酸的熔点不同，在一定的温度下，不饱和脂肪酸在体系中仍为液态时，饱和脂肪酸从混合体系中结晶析出，从而通过加压使它们分离。分盘冷冻压榨法分离脂肪酸的工艺包括精制混合脂肪酸、冷冻、袋装和压榨几个部分。压榨工序又包括三个部分，分别是冷压、精压和热压。用压榨工艺来生产硬脂酸，对油脂有一定的选择性，如米糠油脂肪酸由于结晶不良用压榨法进行生产是相当困难的。此外，该方法还具有消耗资源大、生产效率低、不能连续操作等缺点。

4.3.2.2 油酸

油酸（oleic acid）即十八烯酸，又称红油，是天然动植物油脂中含有一个双键的不饱和脂肪酸，分子量为 284.25。其结构式如图 4-12 所示。

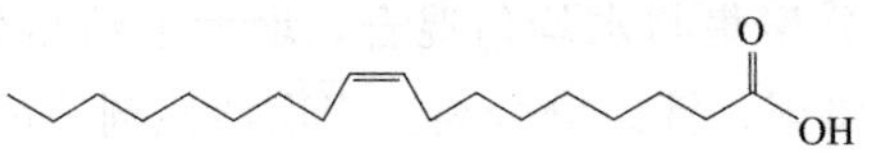

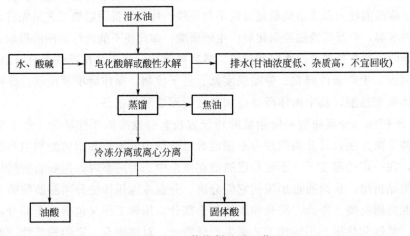

图 4-12 油酸结构式

纯油酸在室温下为无色无臭的油状液体，长期暴露在空气中的工业油酸，因为氧化呈现为黄色或棕红色液体，并含有猪油气味。油酸不溶于水，能溶于醚、醇、氯仿和苯等有机溶剂。油酸主要具有顺式和反式两种构型。油酸在各种油脂中，是以甘油酯的形式存在的，将其进行油脂皂化、蒸馏、分离即可得到油酸。

油酸主要用于制备环氧油酸丁酯、塑料增塑剂或环氧油酸辛酯。油酸在毛纺工业中用来生产润滑柔软剂和抗静电剂，在木材工业中用于生产抗水剂石蜡乳化液。油酸经氧化制得的壬二酸，是制备聚酰胺树脂（尼龙）的原料，也可以用作印染助剂、农药乳化剂、金属矿物浮选剂、工业溶剂、油脂水解剂、脱模剂以及打字纸、圆珠笔油、复写纸和各种油酸盐等的制备。纯的油酸钠去污能力良好，可用作乳化剂等表面活性剂，且可以用来治疗胆石症。油酸的其他金属盐也可用于润滑剂、防水织物、抛光剂等方面。例如其钡盐就可用作杀鼠剂，油酸的 75% 酒精溶液可以用作除锈剂。工业上使用的油酸根据凝固点和用途分为 Y-4 型、Y-8 型和 Y-10 型三种型号。

制备油酸的工艺主要包括水解、蒸馏和分离（各部分参见硬脂酸制备过程）。图 4-13 为制备油酸的传统工艺。

图 4-13 传统制油酸工艺

4.4　工程实例：常州市餐厨垃圾管理模式

4.4.1　引言

常州市于 2011 年正式启动餐厨垃圾综合处置工程（一期）项目（图 4-14），同时委托上海市政工程设计研究（集团）有限公司把《常州市餐厨垃圾综合处置一期工程项目建议书》编制完成，由苏州科泰环境技术有限公司编制《环境影响报告》，于 2012 年 4 月经江苏省环境工程咨询中心完成专家评审。2012 年 2 月该项目获得项目建议书批复，3 月获得项目选址意见书，7 月通过项目用地预审。江苏省发展改革委在常州市组织召开了《常州市餐厨垃圾综合处置一期工程可行性研究报告》专家评审会，形成专家评审意见。该工程项目可行性研究报告的形成对项目的建设规模、生产工艺、处理技术做出了详细的规定。

图 4-14　常州市餐厨垃圾综合处置工程鸟瞰图

2013 年 1 月 1 日起，餐厨垃圾收运工作已纳入常州市城市长效综合管理体系，主要考核餐厨垃圾分类收集、专用车辆运输、车容车貌等情况。

由于餐厨垃圾综合处置工程的建设需要很长时间，为有效解决项目建成前餐厨垃圾的无害化处理问题，常州市依托于常州市生活垃圾处理中心现有的生活垃圾填埋和渗滤液处理的有利条件，于 2012 年 5 月建成了一座日处理 60～80t 的餐厨垃圾应急处理工程。自 2012 年 5 月 20 日至 2015 年 12 月 20 日，应急处理工程连续、稳定运行 3 年多，合计处理餐厨垃圾 7.8 万吨（日均 59.65t）。

根据 2013 年 10 月 8 日签订的《特许经营权协议》内容，约定政府补贴费为 239.5 元/t（以食物残余处理量计）。同时，常州市作为第二批餐厨垃圾资源化利用和无害化处理试点城市，获得国家财政补贴 3108 万元；该项目处于太湖流域水环境综合治理范围内，2014 年获得了太湖流域水环境综合治理第八期省级转向资金共计 4124 万元的补助支持。

4.4.2 餐厨垃圾现状

（1）垃圾的来源

常州市共有餐厨垃圾产生单位约 9000 余家，规模较大的 1927 家。截至 2016 年 10 月，2302 家餐厨垃圾产生单位签订了《餐厨垃圾收运责任书》。

（2）垃圾的产量

2015 年 12 月 21 日至 2016 年 10 月 31 日，处理工程总体运行 316d，共收集处理餐厨垃圾 41621.6t，日平均处理量为 130.48t。其中自 9 月将常州科教城纳入收运范围后，日处理量逐步提高，目前日最高量已达 216.83t，已接近 200t/d 的食物残余处理量设计规模。

（3）垃圾特征分析

餐厨垃圾组分、理化性质分析如表 4-1 所列，餐厨废油成分、理化性质分析如表 4-2 所列。

表 4-1 餐厨垃圾组分、理化性质分析表

项目		数据	备注
组分分析	食物残渣/%	91.32	
	纸类/%	0.85	
	金属/%	0.1	
	骨贝类/%	3.00	
	木竹/%	0.91	
	塑料/%	0.87	
	织物/%	0.10	
	油脂/%	2.60	
	玻璃、陶瓷/%	0.25	
成分及理化性质分析	水分/%	80	
	油脂/%	2.6	
	溶解性 COD/(mg/L)	80000	
	总固体 TS/%	14.2	
	有机质(VS/TS)/%	75	湿基11.1
	容重/(kg/m³)	970~1010	

表 4-2　餐厨废油成分、理化性质分析表

项目		数据	备注
成分及理化性质分析	油脂/%	32	
	水分/%	60	
	总固体 TS/%	8	
	有机质(VS/TS)/%	90	湿基 7.2

注：餐厨垃圾与餐厨废油的组分特性受地域、季节、收集存放等客观因素影响变化较大，上述餐厨垃圾与餐厨废油组分特性仅为估算，后续工艺参数、资源化指标等均以上述组分特性为基础数据进行计算，实际运行时可能会发生偏差。

4.4.3　餐厨垃圾处理厂工艺设计方案

（1）工艺方案

工程采取目前国内较为先进的技术路线，其中食物垃圾采用"预处理＋厌氧消化＋沼气发电"处理工艺；餐厨废油采用"预处理＋生物柴油制取"处理工艺，最终的资源化产品主要为电能和生物柴油。本工程总体工艺路线和总体工艺流程分别如图 4-15、图 4-16 所示。

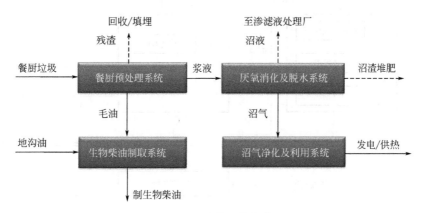

图 4-15　总体工艺路线

餐厨垃圾和经收运车辆分别收集后运送至处理厂，由汽车称重并记录，建立台账。餐厨垃圾卸至接收料斗，进入餐厨垃圾预处理车间；餐厨废油卸至接收缓冲罐，进入油水分离系统。

接收料斗底部设置两组双螺旋给料机，该双螺旋给料机不仅对大块垃圾及袋装垃圾有粗破碎功能，同时可挤压出垃圾中的水分，产生大量滤液，滤液进入油水分离系统，料斗中剩余物料经集料输送机输送至自动分选机。

剩余物料进入自动分选机，其中的塑料、金属等杂物被分离出来后进行回收利用。其余物料以浆料形式经柱塞泵输送至后续的固液分离系统，经过浆料缓冲斗后进入浆料加热机，在浆料加热机中，物料中难分离的固态油脂经过加热升温后液态化，大大提高了后续处理工艺中油脂的分离效率，加热后的浆料经过挤压脱水机进

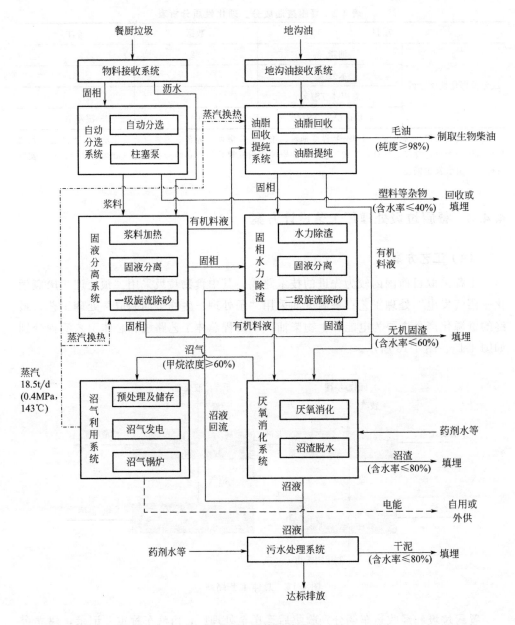

图 4-16 总体工艺流程

行固液分离,液相浆液进入油水分离系统,固相浆料则被输送至水力除渣系统。

油水分离系统的有机浆液,首先进入有机浆液缓冲罐,由泵送至卧式提油机,在其特殊的内部构造作用下可将有机浆液中的粗油脂、固相残渣以及有机浆液分离。粗油脂被泵入油水分离系统后端的油分立式提纯机,进行油脂提纯,产得的毛油纯度可达到 98% 以上,用于制取生物柴油。固相残渣则被输送至水力除渣系统,而餐厨有机废液泵入厌氧消化系统。

为保证餐厨垃圾中有机质的最大化利用与无机残渣的去除,上述经挤压脱水的固相浆料与油水分离产生的固相残渣被排入水解除渣系统的水解除渣反应器,部分厌氧出水回流至水力除渣反应器，且反应器内部设有搅拌器，能够保证物料与厌氧出水充分接触。水力除渣反应器中的浆料与残渣含有大量有机质，在厌氧微生物的作用下发生水解、酸化反应，便于有机质的回收。水解除渣反应结束后，出水经除杂后进入厌氧消化系统，残渣进行外运填埋。

餐厨垃圾经过以上工序完成预处理后，得到的餐厨有机废液进入厌氧消化系统。厌氧消化反应器采用高效全混合厌氧反应器（CSTR），COD 去除率可高达85％以上，出水水质满足常州市固体垃圾处理中心渗滤液提标扩建 BOT 项目的接收标准。厌氧产生的剩余污泥经脱水后进行填埋。

油水分离系统制得的毛油输送至生物柴油车间，在酸、碱催化的作用下与甲醇进行甲酯化反应，生成粗甲酯。粗甲酯通过蒸馏、冷却制得生物柴油后外运销售。上述制备过程中产生的超量甲醇可回收、蒸馏，循环使用。脂肪酸蒸馏后的植物沥青放入沥青罐，桶装后外运。反应得到的甘油储存在甘油罐后外运。

厌氧消化系统产生的沼气进入沼气预处理及利用系统，预处理采用湿式和干式串联的工艺进行脱硫、脱水，沼气经过预处理后经缓冲、稳压后进入沼气利用系统。沼气利用系统包括油气两用锅炉、导热油锅炉及沼气发电机组。油气两用锅炉产生的蒸汽用于浆料、厌氧系统及生物柴油加热，导热油锅炉加热的导热油用于生物柴油制备，沼气发电系统产生的电力及余热自用或外供。

（2）工艺资源化指标分析

餐厨垃圾处理指标分析如表 4-3 所列，餐厨废油处理指标分析如表 4-4 所列。

表 4-3　餐厨垃圾处理指标分析表

项目指标	数据	备注
餐厨垃圾处理量	200t/d	按收运 200t/d 计
回收毛油	5.1t/d，纯度≥98％	生物柴油制备
厌氧沼气	13824m³/d，甲烷含量≥60％	用于沼气锅炉、导热油锅炉、沼气发电
塑料	4.02t/d，含水率≤40％	视品质进行回收或处置
无机固渣	6.3t/d，含水率≤60％	外运填埋
厌氧沼渣	10.5t/d，含水率≤80％	填埋处置
厌氧沼液	181.33t/d	排至渗滤液厂

表 4-4　餐厨废油处理指标分析表

项目指标	数据	备注
餐厨废油处理量	20t/d	按收运 20t/d 计
回收毛油	6.53t/d，纯度98％	生物柴油制备
固渣	6.4t/d	进入餐厨处理工艺中的固相水力除渣系统
废水	7.07t/d	进入餐厨处理工艺中水力除渣系统的旋流除砂机

（3）主要技术工艺特点

本项目餐厨垃圾处理量为 200t/d＋20t/d，餐厨垃圾的主工艺流程及主要设备设计为两条处理能力为 100t/d 的平行生产线，提升餐厨垃圾处理系统的稳定性，同时可有效应对餐厨垃圾进场量波动的变化。

设计大容量的接收料斗以应对餐厨垃圾进场时间"窗口"窄的特点。通过完善的餐厨垃圾预处理，尽量避免大颗粒无机固相干扰杂质进入厌氧消化系统，做到"该分离的分离""该进的进"。选用耐高固相物浓度及耐冲击负荷能力较强的 CSTR 厌氧反应工艺，有效应对餐厨垃圾有机料液中的高固相浓度及物料浓度的波动。餐厨垃圾预处理系统设计 8～10h 工作制，厌氧消化系统等设计为 24h 运行。

（4）工艺优缺点分析

① 优点：a. 本工艺不仅无人工参与、卫生状况好，而且预处理流程较细；b. 进入厌氧罐的杂质相对较少，而且厌氧耐冲击负荷较高，最主要的是产生的沼气为清洁能源。

② 但该工艺也存在一些不足，例如预处理流程较长、投资成本高。最主要的是项目批复的沼气出路是发电自用，孤岛运行，由于预处理运行时间不连续，导致发电量无法正常负载用电负荷，浪费较大。而且生物柴油生产规模较小，经济效益为负，不利于大规模使用。

（5）投资及运行成本

该项目总投资 13746.93 万元（静态投资总额 13407.77 万元），其中自有资金（即注册资本金）为 5638.93 万元，银行长期借款为 5000 万元；银行借款期限为 6 年，贷款利率为 6.55%，招标人出资（国家财政补贴）3108 万元，该项目平均年经营成本为 2794.54 万元，年平均总成本为 3632.77 万元，其中食物残余收运为 936.42 万元，食物残余处置系统为 1702.17 万元，垃圾动植物食用油脂收运为 757.57 万元，垃圾动植物食用油脂处置 236.62 万元；年经营收入 3831.71 万元，其中食物残余收运补贴收入 936.44 万元，食物残余处置收入 1037.11 万元，垃圾动植物食用油脂处置收入 1858.16 万元。年均利润总额为 491.94 万元，年均净利润总额为 384.65 万元，投标人全部资金内部收益率为（税后）7.55%计算，高于现行银行 5 年期以上长期贷款利率，全部资金静态投资回收期 11.29 年，投资收益率为 6.82%，投资利税率为 9.81%，盈亏平衡点作业率为 84.17%，即日处理 168.34t，为盈亏平衡点。

4.4.4 处理效果

（1）污染物去除效果

食物残余处理设施，年处理能力不低于 7.3 万吨，日处理能力不低于 200t。废弃动植物食用油脂处理设施，年处理能力不低于 7300t，日处理能力不低于 20t。进入常州市生活垃圾处理中心填埋处理的残渣、固沼、废渣和沼渣，干重小于餐厨垃圾重量的 3%，含水率＜60%。

（2）产品概述

1）沼气利用方案　本项目理论沼气产量（标）为 14231m³/d，生物柴油生产系统导热油锅炉消耗沼气量（标）约 614m³/d，其中约 1887m³/d 送至锅炉产生蒸汽，剩余可用于沼气发电的量（标）为 11730m³/d，发电实际功率约 880kW。1m³沼气的发电量按 1.8kW·h 计，日发电量约为 21114kW·h，日产 0.2MPa 蒸汽量约 22.08t。

2）生物柴油产品方案　本项目一期食物残余处理规模为 200t/d，食物残余产毛油比例按 2% 计，废弃动植物食用油脂建设规模为 20t/d，废弃动植物油脂产毛油比例按 32% 计，理论上可得毛油总量为 10.4t/d，年毛油量为 3796t。制生物柴油的转化率为 85%，共产生物柴油 8.84t/d，年产生物柴油 3226.6t。

4.4.5　项目长效运行机制

长效运行机制：政府高度重视，企业密切配合，各方协调一致，实现长效管理。

（1）保证垃圾收运数量和质量

1）建立申报管理制度　各餐饮单位核定当年度产生量基数。各区监管部门对餐饮单位提供的餐厨垃圾产生量等建档登记的资料进行核实，核实无误后交由城市管理部门和商务部门统一建档核查。餐饮单位经营场所或者餐厨垃圾产生量发生变更时应当重新申报。

2）建立收运协议制度　在市环卫处的监管下，餐饮单位与项目公司签订餐厨垃圾收运协议，协议规定餐饮单位在指定时间将餐厨垃圾通过密闭的收运桶送到指定地点交给收运单位。

3）加强收集管理　收集桶和油水分离器由城市管理部门统一提供、统一设置、统一管理。餐厨垃圾产生单位应当将餐厨垃圾存放在统一配备的密闭收集桶内，不得裸露存放，在规定的时间内送到指定的地点交给运输单位。实行定时定点，上门收集，每天分两次收集，餐厨垃圾放置时间原则上不超过 12h，日产日清。

4）餐厨垃圾的运输管理　a. 建立收运记录台账。项目公司建立收运记录台账，台账记录应当保存 2 年以上。项目公司按季度向市环卫处上报上季度收运的餐厨垃圾来源、种类、数量和处置单位等情况。b. 规范收运作业，常州维尔利餐厨垃圾有限公司和工作人员应当遵守服务规范要求，收运人员持证上岗、统一着装、文明操作、规范收运。

（2）保证垃圾处理项目单位的效益

资金的回报方式有以下两种。

1）资源化产品收益　该项目以餐厨垃圾和废弃食用油脂为主要原料，每天可生产 14t 生物柴油和 1.9 万千瓦时电量，对外销售后获得相应的收益。

2）政府服务费补助　根据签订的《特许经营权协议》，政府补贴费为

239.5 元/t（以食物残余处理量计）。每一年均编制预算，将其纳入城市长效管理资金中，以保证资金足额到位。同时为了加强日常的餐厨垃圾收运和处理管理，将其工作纳入制度化管理的轨道，按收运和现场管理两个部分分别进行考核，月末根据考核结果支付每月餐厨垃圾处理服务费。

（3）保证降低收运处理和处置等环节对周边环境的影响

1）整体控制　a. 各车间产生的污水集中收集，经现有污水处理站处理后达标排放，设置必要洗车装置，初期雨水截流进入污水系统；b. 针对作业过程的臭气进行集中除臭，处理达标排放；c. 在总平面布置和车间设计中，均体现环保化理念，尽可能地减少对周边环境的影响；d. 加强环境保护管理和道路保洁管理。

2）空气污染控制　首先，加强对卸料区域的强制换气；其次，预处理车间为封闭式设计，室内形成负压，收集车的进、出口设风帘防止臭气外逸；最后，设脱臭系统。治理后气体排放达到《恶臭污染物排放标准》（GB 14554—93）中的二级标准排放。除尘脱臭系统中设有排气采样口，供排放监测用，排放监测可委托环保部门定期进行。

3）车辆和场地保洁　在其卸料过程中可能会有垃圾散落到卸料区域，依靠人工将其清扫进入卸料槽内。每天作业完毕，对作业场地和作业车辆、箱体等进行清洗。

4）污水控制　预处理车间产生的污水及冲洗废水集中收集，经现有渗滤液处理站处理后排放。污水排放监测可委托环保部门进行。

5）固废控制　预处理车间产生的残渣经收集后由运输车外运填埋处置，厌氧消化产生的沼液经脱水后的沼渣进入厂区沼渣车间，经过好氧堆肥后形成肥料，用于苗木、园林绿化等。

6）噪声控制　主要噪声设备置于厂房内。对于车辆产生的噪声主要通过限速、禁止鸣喇叭等措施控制。厂区内其他设备产生的噪声通过减震、隔声、吸声等措施控制。选用的机器和设备要符合国家有关噪声控制方面的标准。

7）绿化　除采取上述污染控制措施外，在厂区四周按规范要求设置绿化隔离带以进一步控制臭气和噪声对周围环境的影响。

◆ **参考文献** ◆

[1] 李雨桥，任连海，张希，等.利用餐厨废油制备聚氨酯用多元醇的研究 [J].中国环保产业，2017（5）：61-65.

[2] 任连海，郭启民，赵怀勇，等.餐厨废弃物资源化处理技术与应用 [M].北京：中国标准出版社，2014.

[3] 宁娜.餐厨废油分离回收及合成生物柴油工艺的研究 [D].北京：北京工商大学，2012.

[4] 林宋，承中良，张冉，等.餐厨垃圾处理关键技术与设备 [M].北京：机械工业出版社，2013.

[5] 陈冠益，等.餐厨垃圾废物资源综合利用 [M].北京：化学工业出版社，2018.

［6］许晓杰，冯向鹏，张锋，等.餐厨垃圾资源化处理技术［M］.北京：化学工业出版社，2015.

［7］任连海.我国餐厨废油的产生现状、危害及资源化技术［J］.北京工商大学学报（自然科学版），2011，29（06）：11-14.

［8］任连海，聂永丰.餐厨废油高效分离回收工艺研究［J］.城市管理与科技，2009，11（04）：52-55.

［9］孟潇，任连海，许艳梅，等.蒸煮对餐饮垃圾油脂分离的影响［J］.环境卫生工程，2008（3）：1-3.

第 5 章

餐厨垃圾厌氧发酵技术

5.1 技术概述

5.1.1 技术原理

厌氧处理技术也称厌氧消化，是在无氧的条件下兼性微生物及专性厌氧微生物发挥作用，使复杂的有机物分解成无机物，最终产物是 CH_4、CO_2 以及少量的 H_2S、NH_3、H_2 等，从而使有机废物得到净化或稳定处理。

早在 1630 年，海尔曼（Van Helmont）便发现有机物在腐烂过程中可以产生一种可燃气体，且存在于动物肠道中；1776 年 C. A. Voltal 提出该可燃气体的产生量与可降解有机物的含量有直接的联系；Hump 于 1808 年认定牛粪厌氧发酵气体中存在 CH_4 气体。1860 年，法国人 Louis 把简易沉淀池改为污水污泥处理构筑物使用，成为人工厌氧处理废水的开始。1895 年，英国人 Donald 设计了厌氧化粪池，在厌氧处理工艺发展史上具有里程碑式的意义。从此，生活污水可通过化粪池得到较好的处理，减轻了粪便对河流的污染，两年后沼气作为新能源在当地被用于加热和照明。

第二次世界大战结束后，各国恢复经济发展工业的同时，厌氧发酵技术也进入了高速的技术发展期。20 世纪 40 年代澳大利亚出现的连续搅拌厌氧发酵池，改善了发酵池内的混合状况，提高了处理效率。1950 年南非人 Stander 发现了在厌氧反应器中积储大量细菌的重要性，并开发了厌氧澄清器，用于处理酒厂和药厂废液。该装置把厌氧消化和沉淀合建在一起，沉淀下来的污泥返回消化区，使消化区保持较多微生物，但是在液体上升和沉淀污泥下沉的通道处易产生堵塞。1956 年，Schroeferr 等成功开发了厌氧接触法，该技术的出现是厌氧处理技术的一个重要里程碑，标志着现代废水厌氧生物工艺的诞生。这种工艺创造性地利用污泥回流装置，使得污泥停留时间（SRT）第一次超过了水力停留时间（HRT），增大了反应器内污泥的浓度以保持足够数量的厌氧菌，达到了更高的处理效率和处理负荷。

进入 20 世纪 60 年代，随着微生物固定化技术的发展，高速厌氧反应器得到了发展，Young 和 McCarty 突破性地发明了厌氧滤器（anaerobic filter，AF），为厌氧微生物的附着提供支撑，能够保留足够的厌氧微生物，使厌氧滤池具有较高的处理效能，引起了人们的关注；而 70 年代荷兰农业大学环境系 Lettinga 等发明了上流式厌氧污泥床（up-flow anaerobic sludge bed，UASB），该反应器具有较高的处理负荷和效能，得到了广泛应用，对废水厌氧生物处理具有划时代意义。1978 年 W. J. Jewell 等和 1979 年 R. P. Bowker 分别开发出了厌氧膨胀床和厌氧流化床，通过使填充物膨胀或流化，在反应器内保持很高的生物量，大大提高了反应器的处理能力，受到了各国学者关注。

20 世纪 80 年代，在前人开发的废水处理新工艺基础上，又派生出一批新的高效厌氧处理工艺，如 1981 年在 UASB 的基础上成功开发了 EGSB（expanded granular sludge bed）反应器，1982 年研究人员在 UASB 反应器的基础上开发出了处理高固体含量废水的废水反应器 USR（up-flow solid reactor）和 UABF（up-flow anaerobic bed-filter）反应器，又称厌氧复合反应器，1985 年开发出内循环厌氧反应器，即 IC（internal circulation）反应器等。这些新颖的厌氧处理工艺不断被开发出来，打破了过去厌氧处理工艺处理效能低，需要较高温度、较高废水浓度和较长停留时间的传统印象，表明厌氧处理是高效能的，可适应不同的温度和不同的浓度，原料种类也越来越多样化。

厌氧发酵技术在过去的很长一段时间内被应用于污泥和工业污水的处理，而直到近几十年来才将其用于城镇有机垃圾的处理。有机垃圾厌氧发酵系统在德国、瑞士、奥地利、芬兰、瑞典等国家发展迅速，其厌氧发酵工艺已经形成了比较完善的技术体系，例如 Valorga、Dranco、Kompogas、LindeBRV、BTA 以及 LindeKCA 等工艺在欧洲都有实际工程的例子，日本荏原公司也从欧洲引进技术，建设了首座厌氧发酵示范工程，有机垃圾厌氧发酵处理正成为有机垃圾处理的一种新趋势。餐厨垃圾是城镇有机垃圾的特殊组成部分，其高油、高盐、高含水率的特性和复杂的组成使以餐厨垃圾为原料的厌氧发酵工艺具有一定的特殊性。国内对于餐厨垃圾厌氧消化的研究还处于实验室阶段，并且还没有已经实际运行的餐厨垃圾厌氧发酵处理厂，因此如何将其应用于大规模的工业生产仍具有很大的研究空间。

5.1.2　技术原理

在厌氧环境下，微生物将有机质作为自身能源物质进行分解利用，其中一部分被转化为甲烷和二氧化碳，被分解的有机碳化合物的能量大部分储存在甲烷中，小部分有机碳化合物氧化为二氧化碳，释放能量满足微生物生命活动的需要。因此在这一分解过程中仅积储少量的微生物细胞。

在厌氧发酵理论发展过程中，20 世纪初两阶段理论最早出现，并不断发展，直到 20 世纪 70 年代末期有研究人员在二阶段理论的基础上陆续提出三阶段和四阶段理论，目前四阶段理论更被人们所接受。

（1）二阶段理论

二阶段理论将厌氧发酵过程简单分为酸性发酵阶段和碱性发酵阶段两个阶段，如图 5-1 所示。

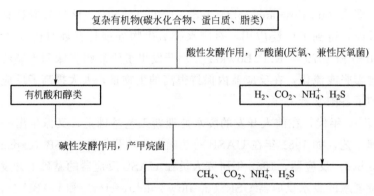

图 5-1 厌氧发酵二阶段理论

1）第一阶段 产酸菌将复杂的有机物分解成以有机酸为主的低分子中间产物，如乙酸、丙酸、丁酸等和醇类（如乙醇），并有 H_2、CO_2、NH_3、H_2S 等气体产生。在这一过程中伴随有大量脂肪酸产生，导致发酵液的 pH 值降低，故此阶段被称为酸性发酵阶段，又称产酸阶段。

2）第二阶段 产酸阶段产生的中间产物在产甲烷菌的作用下，分解成甲烷和二氧化碳等物质。在该阶段中，由于上一阶段产生的有机酸被转化成甲烷和二氧化碳，同时系统中有 NH_4^+ 的存在，使发酵液的 pH 值升高，所以该阶段被称为碱性发酵阶段，又称产甲烷阶段。

（2）三阶段理论

20 世纪 70 年代末，M. P. Bryant 根据对产甲烷菌和产氢、产乙酸菌的研究结果，在二阶段理论的基础上提出了三阶段理论。他将厌氧发酵分成三个阶段，而三个阶段由不同的菌群参与反应，醇类和长链脂肪酸需通过产氢、产乙酸菌的微生物作用转化为 CH_3COOH、H_2 和 CO_2 等后才能被产甲烷菌利用。三阶段理论阐释了氢的产生和利用在发酵过程中的核心地位，较好地解决了二阶段的矛盾。图 5-2 所示为沼气发酵的三个阶段。

1）第一阶段即水解阶段 发酵细菌大多数是专性厌氧菌，也包括部分兼性厌氧菌，其中产酸细菌起主导作用，主要以纤维素、淀粉、脂肪和蛋白质等营养物质为基质进行水解过程，其中蛋白质被分解为氨基酸，后在脱氨基作用下产生氨和脂肪酸；多糖被分解为单糖，之后发酵成脂肪酸和乙醇等物质；脂类则被分解为甘油和脂肪酸，再转化为醇类和脂肪酸。

不同类型有机质大分子的降解性不同，主要取决于聚合物的类型、组成和复杂

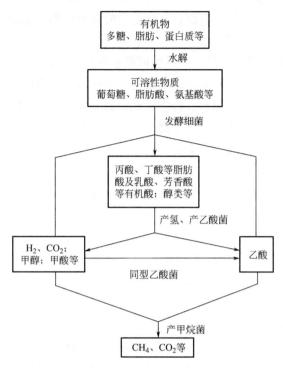

图 5-2　厌氧发酵三阶段（四阶段）理论

性，碳水化合物的水解在几个小时内就可以完成，蛋白质和脂肪的完全水解需要几天的时间，木质素和纤维素则需要更长的时间，甚至难以被完全水解。水解过程的实现依靠多种微生物及其相关水解酶的共同作用。

氨基酸的分解主要通过耦联的方式进行氧化还原脱氮反应，需要两种氨基酸同时参与，降解过程伴随 NH_3 的产生，因而此过程将会对系统的 pH 值产生影响。NH_3 的产生对厌氧发酵过程有着重要的作用：其一，氨态氮作为细菌的氮源，NH_3 将为细菌提供营养；其二，高浓度的 NH_3 将抑制细菌生长。

多糖分解后的单糖通过跨膜运输进入微生物体内，首先转化为丙酮酸，之后与不同的微生物分别发酵成为不同的物质，如各种醇、酸、酮等。脂肪酸在降解的过程中，分子式末端每次都脱掉 2 个碳原子，其降解机理为 β 氧化机理。若脂肪酸碳原子是奇数，将会形成丙酸；若脂肪酸碳原子是偶数，反应的产物即为乙酸。不饱和脂肪酸的降解通常先加氢转变为饱和脂肪酸，再经 β 氧化途径进行降解。

2）第二阶段为产酸阶段　水解阶段产物在产氢细菌、产乙酸细菌胞内酶的作用下，进一步分解成小分子化合物。其中挥发性脂肪酸、乙酸含量最高，约占 80%，故称为产酸阶段，参与这一阶段的细菌统称为产酸菌。厌氧发酵体系中存在两种类型的产酸细菌群落，即兼性厌氧产酸菌和专性厌氧产酸菌。产酸阶段前期兼性厌氧产酸菌发挥作用，而专性厌氧产酸菌则在厌氧消化的后期起作用。

水解阶段和产酸阶段是一个连续过程，是在厌氧条件下多种微生物协同作用，将原料中碳水化合物（主要是纤维素和半纤维素）、蛋白质、脂肪等分解成小分子化合物，同时产生二氧化碳和氢气，作为合成甲烷的基质。因此，水解阶段和产酸阶段可以被看成是原料的加工阶段，是将复杂的有机物质转化成可供产甲烷细菌利用的基质，统称为不产甲烷阶段。

3）第三阶段为产甲烷阶段　产甲烷菌形态各异，世代期长、繁殖速率比较慢，因此在一般情况下，控制厌氧发酵的阶段为产甲烷阶段。产甲烷菌一般为专性厌氧菌，容易受到氧与氧化剂的抑制、毒害作用。H_2、CO_2 和 CH_3COOH 是被甲烷菌利用产生甲烷的最主要基质，厌氧发酵过程产生的甲烷，少量是由 CO_2 和 H_2 共同合成的，大部分甲烷由乙酸分解生成，其他基质还包括甲胺、甲酸、甲醇等。产甲烷发酵可以分为 3 类：a. 甲基营养型产甲烷菌，利用甲基化合物生成甲烷；b. 氢营养型产甲烷菌，利用 CO_2 和 H_2 合成甲烷，厌氧乙酸氧化细菌和氢型产甲烷菌存在异种间氢气转移的共生关系；c. 乙酸营养型产甲烷菌，利用乙酸盐转化为甲烷，乙酸营养型产甲烷菌是甲烷产生的主要来源，在厌氧发酵体系中丰度较高。

沼气发酵过程的三个阶段，各类细菌相互依赖、相互制约，不能孤立存在，主要表现在以下几点：a. 不产甲烷菌为产甲烷菌提供生长、代谢所必须的底物，而产甲烷菌为不产甲烷菌的生化反应解除反馈抑制；b. 不产甲烷菌为产甲烷菌创造一个适宜的氧化还原条件，为产甲烷菌消除部分有毒物质；c. 不产甲烷菌与产甲烷菌共同维持适宜的 pH 环境。因此不产甲烷细菌通过其生命活动为沼气发酵提供基质与能量，而产甲烷菌则对整个发酵过程起到调节和促进作用，使系统处于稳定的动态平衡中。

（3）四阶段理论

目前较为成熟的厌氧发酵原理为四阶段理论，与三阶段理论相比，其增加了同型产乙酸阶段（图 5-2）。研究人员认为在复杂的厌氧发酵过程中，有另外一种被称为同型产乙酸菌参与。在此阶段中，专性厌氧细菌将水解酸化阶段产生的有机酸（丙酸、丁酸、戊酸）和醇进一步转化为乙酸、氢气和二氧化碳，同型乙酸细菌利用氢气和二氧化碳合成乙酸。产氢过程会导致氢分压的变化，氢分压必须非常低产乙酸菌才能有效地利用挥发性脂肪酸（VFAs）转化为乙酸盐，氢分压过高则会抑制产乙酸菌的活性。氢营养型产甲烷菌可以利用氢气生产甲烷，从而降低氢分压促进产氢产乙酸，但其对氢的竞争作用强，不利于同型产乙酸菌产乙酸。VFAs 累积而导致反应体系酸化抑制氢营养型产甲烷菌时，同型产乙酸菌和产氢、产乙酸菌存在协同作用，但这种作用非常有限。

5.2　典型餐厨垃圾厌氧发酵工艺及主要设备

5.2.1　餐厨垃圾典型厌氧发酵工艺

按照厌氧反应器的操作条件，如进料方式、含固率、运行温度等，餐厨垃圾厌氧消化处理技术可分为以下几类：a. 按照温度可分为常温、中温和高温发酵；b. 按照进料方式可分为序批式发酵和连续式发酵；c. 按照进料的固体含量可分为湿式发酵和干式发酵；d. 按照阶段数可分为单相发酵和两相发酵。

（1）常温、中温和高温发酵

温度主要是通过影响厌氧微生物细胞内某些酶的活性来影响微生物的生长速率和微生物对基质的代谢速率，从而影响厌氧生物处理工艺中污泥的产量、有机物的去除速率、反应器所能达到的处理负荷、有机物在生化反应中的流向、某些中间产物的形成、各种物质在水中的溶解度，以及沼气的产量和成分等。

1) 常温发酵　一般是物料不经过外界加热直接在自然温度下进行消化处理，发酵温度会随着季节气候昼夜变化有所波动。常温发酵工艺简单，造价低廉，但是其缺点是处理效果和产气量不稳定。

2) 中温发酵　温度在 30～40℃ 之间。中温发酵加热量少，发酵容器散热较少，反应和性能较为稳定，可靠性高。如果物料有较好的预处理，会提高反应速度和气体发生量，受毒性抑制物阻害作用较小，受抑制后恢复快，会有浮渣、泡沫、沉砂淤积等问题。浮渣、泡沫、沉砂的处理是工艺难点，但其诸多优点使其得到广泛的应用并有很多的成功案例。

3) 高温发酵　温度在 50～60℃ 之间，需要外界持续提供较多的热量，高温厌氧消化工艺代谢速率、有机质去除率和致病细菌的杀灭率均比中温厌氧消化工艺要高，但是高温发酵受毒性抑制物阻碍作用大，受抑制后很难恢复正常、可靠性低。高温厌氧产气率比中温厌氧稍有提高，但提高的是杂质气体的量，沼气中有效成分甲烷的含量并没有提高，限制了高温厌氧的应用。高温发酵罐体及管路需要耐高温耐腐蚀性能好的材料，运行复杂，技术含量高。

（2）连续式发酵和序批式发酵

连续式发酵是从投加物料启动并经过一段时间稳定发酵后，每天连续定量地向发酵罐内添加新物料和排出沼渣沼液。序批式发酵就是一次性投加物料发酵，发酵过程中不添加新物料，当发酵结束以后，排出残余物后重新投加新物料发酵，一般进料固体浓度在 15%～40% 之间。

研究表明，处理含高木质素和纤维素的物料时，在动力学速率低且存在水解限制的情况下，序批式反应器比全混式连续反应器有更高的处理效率。此外，序批式发酵水解程度更高，甲烷产量更大。虽然序批式进料处理系统占地面积比连续式进料处理系统大，但由于其设计简单、易于控制，对粗大的杂质适应能力强、投资少，适合在发展中国家推广应用。

（3）湿式发酵和干式发酵

湿式发酵是以固体有机废物（固含率为 10%～15%）为原料的沼气发酵工艺。干式发酵是以固体有机废物（固含率为 20%～30%）为原料，在没有或几乎没有自由流动的条件下进行的沼气发酵工艺，是一种新生的废物循环利用方法。

湿式发酵系统与废水处理中的污泥厌氧稳定化处理技术相似，但在实际设计中有很多问题需要考虑。特别是对于城市生活垃圾，需要分选去除粗糙的硬垃圾，并通过预处理将垃圾调成充分连续的浆状。为达到既去除杂质又保证有机垃圾正常处理，需要采用过滤、粉碎、筛分等复杂的处理。这些预处理过程会导致 15%～25% 的挥发性固体损失。浆状垃圾不能保持均匀的连续性，因为在消化过程中重物质沉降，轻物质形成浮渣层。导致反应器中形成两种明显不同密度的物质层，重物质在反应器底部聚集可能破坏搅拌器，必须通过特殊设计的水力旋流分离器或者粉碎机去除。

干式发酵系统的难点在于运行中存在着很高的不稳定性，但是在法国、德国已经证明对于机械分选的城市生活有机垃圾的发酵采用干式系统是可靠的。与湿式发酵相比，干式发酵有明显的优势：一是干发酵 TS 通常在 15% 以上，含水量较少，使得有机质浓度也较高，从而提高了容积产气率；二是后处理容易，几乎没有废水的排放，且发酵后的剩余物中只有沼渣，可直接作为有机肥利用，产生的沼气中含硫量低、无需脱硫、可直接利用；三是运行费用低、过程稳定，干发酵工艺不存在如湿法发酵中出现的浮渣、沉淀等问题。干式发酵技术因为其对水的需求很小，能大幅缩减资源成本。此外，由于建设成本低、产物附加值大等优点，干式发酵技术受到了国内外广大研究者的关注，使其在处理城市生活垃圾和农林残余物等方面得到了广泛的重视，也使得干式发酵技术成为厌氧发酵研究的热点。

（4）单相发酵和两相发酵

单相发酵工艺是产酸菌和产甲烷菌在同一反应器中进行。两相发酵工艺则实现了生物相的分离，使微生物在各自最佳生长条件下发酵。

单相发酵工艺会受冲击负荷或环境条件的变化的影响，导致氢分压增加，从而引起丙酸积累。生物相分离后，产酸相可有效去除大量氢，提高整个两相厌氧生物处理系统的处理效率和运行稳定性。单相发酵工艺投资少、操作简单方便，因而当前约 70% 的发酵工艺采用的是单相发酵工艺。但是两相发酵工艺处理城市生活垃圾有很多的优点，例如可以独立控制两个不同反应器的条件，使产酸菌和产甲烷菌在各自最适宜的环境条件下生长，也可以单独控制它们的有机负荷率（OLR）、水力停留时间（HRT）等参数，提高微生物数量和活性，从而缩减 HRT，提高系统的处理效率。

两相发酵工艺目前的研究多集中在如何将高效厌氧反应器和两相发酵工艺有机结合，两相发酵工艺的反应器可以采用任何一种厌氧生物反应器，如厌氧接触反应器、厌氧生物滤器、UASB、EGSB、UBI、ABR 或其他厌氧生物反应器，产酸相和产甲烷相所采用的反应器形式可以相同，也可以不相同。

目前，实现相分离的途径可以归纳为化学法、物理法和动力学控制法，其中最简便、最有效也是应用最普遍的方法是动力学控制法。该方法是利用产酸菌和产甲烷菌在生长速率上的差异，控制两个反应器的有机负荷率、水力停留时间等参数，实现相的有效分离。但必须说明的是，两相的彻底分离是很难实现的，只是在产酸相产酸菌成为优势菌种，而在产甲烷相产甲烷菌成为优势菌种。

5.2.2　餐厨垃圾厌氧发酵工艺设备

（1）升流式厌氧污泥床反应器

升流式厌氧污泥床反应器（up-flow anaerobic sludge bed/blanket，UASB），是一种处理污水的厌氧生物方法（又叫升流式厌氧污泥床），由污泥反应区、气液固三相分离器（包括沉淀区）和气室三部分组成。在底部反应区内存留大量厌氧污泥，具有良好的沉淀性能和凝聚性能的污泥在下部形成污泥层。要处理的污水从厌氧污泥床底部流入，与污泥层中污泥进行混合接触，污泥中的微生物分解污水中的有机物，转化为沼气。沼气以微小气泡形式不断放出，微小气泡在上升过程中不断合并，逐渐形成较大的气泡。在污泥床上部由于沼气的搅动，污泥浓度较稀薄。沼气、污泥和水一起上升进入三相分离器，沼气碰到分离器下部的反射板时，折向反射板的四周，然后穿过水层进入并集中在气室，用导管导出。固液混合液经过反射进入三相分离器的沉淀区，污水中的污泥发生絮凝，颗粒逐渐增大，在重力作用下沉降。沉淀至斜壁上的污泥沿着斜壁滑回厌氧反应区内，使反应区内积累大量的污泥，与污泥分离后的处理出水从沉淀区溢流堰上部溢出，然后排出污泥床。外流式厌氧污泥床反应器结构形式见图 5-3。

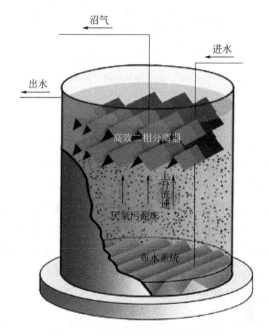

图 5-3　升流式厌氧污泥床反应器

（2）膨胀颗粒污泥床

膨胀颗粒污泥床（expanded granular sludge blanket reactor，EGSB）是第三代厌氧反应器。其构造与 UASB 反应器有相似之处，可以分为进水配水系统、反应区、三相分离区和出水渠系统；与 UASB 反应器不同之处是，EGSB 反应器设有专门的出水回流系统。EGSB 反应器一般为圆柱状塔形，特点是具有很大的高径比（一般可达 3～5），生产装置反应器的高度可达 15～20m。颗粒污泥的膨胀床改善了废水中有机物与微生物之间的接触，强化了传质效果，提高了反应器的生化反应速度，从而大大提高了反应器的处理效能。底部的污泥区和中上部的气、液、固三相分离区组合为一体，通过回流和结构设计使废水在反应区内具有较高的上升流速，反应器内部颗粒污泥处于膨胀状态。膨胀颗粒污泥床结构形式见图 5-4。

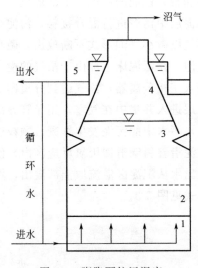

图 5-4　膨胀颗粒污泥床

1—配水系统；2—反应区；3—三相分离器；4—沉淀区；5—出水系统

（3）全混合厌氧反应器

全混合厌氧反应器（continuous stirred tank reactor，CSTR）或称连续搅拌反应器系统，是一种使发酵原料和微生物处于完全混合状态的厌氧处理技术。在一个密闭罐体内完成料液的发酵、沼气产生的过程。反应器内安装有搅拌装置，使发酵原料和微生物处于完全混合状态。投料方式采用恒温连续投料或半连续投料运行。新进入的原料由于搅拌作用很快与反应器内的全部发酵液菌种混合，使发酵底物浓度始终保持相对较低状态，以降解废水中有机污染物，并去除悬浮物。

全混合厌氧反应器结构形式见图 5-5。

（4）内循环厌氧反应器

内循环厌氧反应器也称 IC（internal circulation）反应器，由两层相似的 UASB 反应器串联而成，每层厌氧反应器的顶部各设一个气、固、液三相分离器，由上下两个反应室组成。废水在反应器中自下而上流动，污染物被细菌吸附并降解，净化过的水从反应器上部流出。

IC 塔由下面第一个 UASB 反应器产生的沼气作为提升的内动力，使升流管与回流管的混合液产生一个密度差，实现了下部混合液的内循环，使废水获得强化预

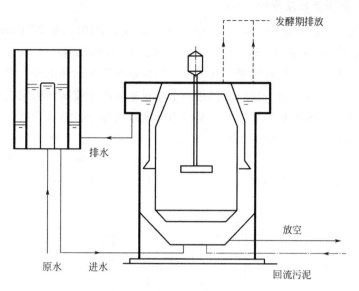

图 5-5　全混合厌氧反应器

处理。上面的第二个 UASB 对废水进行后处理（或称精处理），使出水达到预期处理要求。内循环厌氧反应器结构形式见图 5-6。

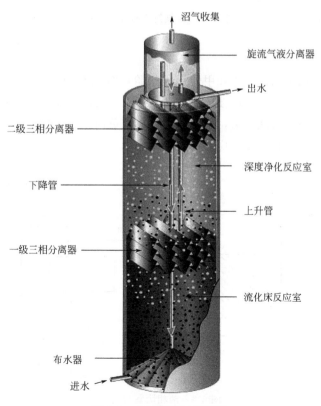

图 5-6　内循环厌氧反应器

（5）厌氧折流板反应器

厌氧折流板反应器（anaerobic baffled reactor，ABR）是 McCarty 和 Bach-mann 等于 1982 年在总结了第二代厌氧反应器工艺性能的基础上，开发和研制的一种新型高效的厌氧生物处理装置。其特点是反应器内置竖向导流板，将反应器分隔成几个串联的反应室，每个反应室都是一个相对独立的上流式污泥床系统，其中的污泥以颗粒化形式或絮状形式存在。水流由导流板引导上下折流前进，逐个通过反应室内的污泥床层，进水中的底物与微生物充分接触而得以降解去除。当废水通过ABR 时，要自下而上流动，在流动过程中与污泥多次接触，大大提高了反应器的容积利用率，可省去三相分离器。厌氧折流板反应器结构形式见图 5-7。

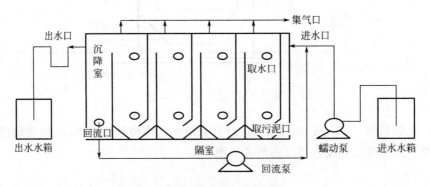

图 5-7　厌氧折流板反应器

（6）两相厌氧反应器

两相厌氧消化工艺使酸化和甲烷化两个阶段分别在两个串联的反应器中进行，使产酸菌和产甲烷菌各自在最佳环境条件下生长。这样不仅有利于充分发挥其各自的活性，而且提高了处理效果，达到了提高容积负荷率、减少反应器容积、增加运行稳定性的目的。两相厌氧反应器结构形式见图 5-8。

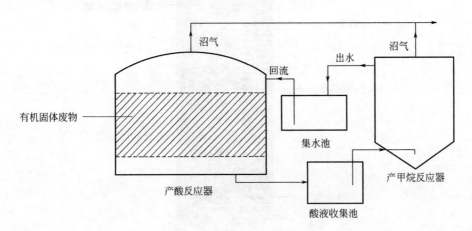

图 5-8　两相厌氧反应器

传统应用中，产酸菌和产甲烷菌在单个反应器中，这两类菌群之间的平衡是脆弱的。这是由于两种微生物在生理学、营养需求、生长速度及对周围环境的敏感程度等方面存在较大的差异。在传统设计应用中所遇到的稳定性和控制问题迫使研究人员寻找新的解决途径。

从生物化学角度看，产酸相主要包括水解、产酸和产氢产乙酸阶段，产甲烷相主要包括产甲烷阶段。从微生物学角度，产酸相一般仅存在产酸发酵细菌，而产甲烷相不但存在产甲烷细菌，且不同程度地存在产酸发酵细菌。一般情况下，产甲烷阶段是整个厌氧消化的控制阶段。为了使厌氧消化过程完整地进行，必须首先满足产甲烷相细菌的生长条件，如维持一定的温度、增加反应时间，特别是对难降解或有毒废水需要长时间的驯化才能适应。

（7）上流式污泥床-过滤器

上流式污泥床-过滤器（UBF）是加拿大人 Guiot 在厌氧过滤器和上流式厌氧污泥床的基础上开发的新型复合式厌氧流化床反应器。UBF 具有很高的生物固体停留时间（SRT），并能有效降解有毒物质，是处理高浓度有机废水的一种经济有效的技术。

复合式厌氧流化床工艺是借鉴流态化技术处理生物的一种反应装置，它以砂和设备内的软性填料为流化载体。污水作为流水介质，厌氧微生物以生物膜形式结在砂和软性填料表面，在循环泵或污水处理产甲烷气时自行混合，使污水成流动状态。污水以升流式通过床体时，与床中附着有厌氧生物膜的载体不断接触反应，达到厌氧反应分解、吸附污水中有机物的目的。UBF 复合式厌氧流化床的优点是效能高、占地少，适用于较高浓度的有机污水处理工程。

其主要构造特点是下部为厌氧污泥床，与 UASB 反应器下部的污泥床相同，上部为厌氧滤池（AF）相似的填料过滤层。填料层上可附着大量的厌氧微生物，这样提高了整个反应器的生物量，提高反应器的处理能力和抗冲击能力。上流式污泥床-过滤器结构形式见图 5-9。

（8）厌氧生物滤池

厌氧生物滤池（anaerobic biofilter，AF）。这种工艺是在传统厌氧活性污泥法基础上发展起来的。反应器由五部分组成，即池底进水布水系统、池底布水系统与滤料层之间的污泥层、生物填料、池面出水补水系统以及沼气收集系统。在 AF 中厌氧污泥的保留以两种方式完成：一是细菌在固定的填料表面形成生物膜；二是在反应器的空间内形成细菌聚集体。与传统的厌氧生物处理构筑物及其他新型厌氧生物反应器相比，厌氧生物滤池的优点是，生物固体浓度高，因此可获得较高的有机负荷；微生物固体停留时间长，可缩短水力停留时间，耐冲击负荷能力也较高；启动时间短，停止运行后再启动也较容易；产生剩余污泥量极少，不需污泥回流，无需剩余污泥处理设施、投资性高、运行管理方便；在处理水量和负荷有较大变化的情况下，其运行能保持较大的稳定性；经实际应用，在处理低浓度污水时，无需沼气处理系统。

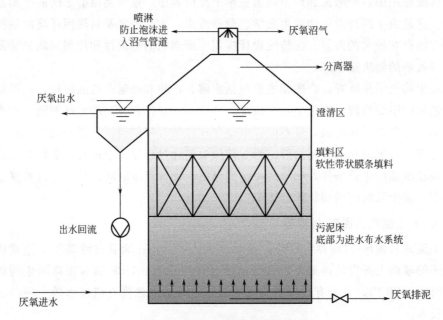

图 5-9　上流式污泥床-过滤器结构

在 AF 中水从反应器底部进入，经过池底布水系统均匀布置后，废水依次通过悬浮的污泥层和生物滤料层，有机物跟污泥及生物膜上的微生物接触、固定，然后被消解。水再从池面的出水补水系统均匀排出，进入下一级处理器。厌氧生物滤池按水流的方向可分为升流式厌氧滤池和降流式厌氧滤池。废水向上流动通过反应器的为升流式厌氧滤池，反之为降流式厌氧滤池。厌氧生物滤池结构形式见图 5-10。

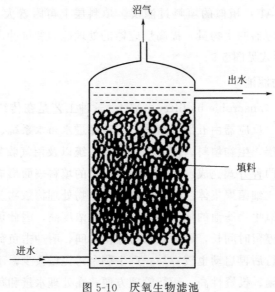

图 5-10　厌氧生物滤池

（9）上流式分段污泥床反应器

上流式分段污泥床反应器（up-flow staged sludge bed，USSB）中，反应区被分割为几个部分，每个部分的产气经水封后逸出，整个反应器相当于一连串的 UASB 反应器组合体。上流式分段污泥床反应器结构形式见图 5-11。

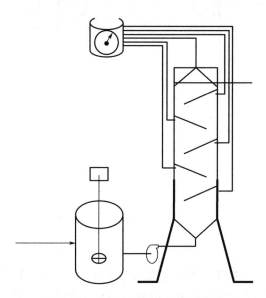

图 5-11　上流式分段污泥床反应器

（10）升流式固体厌氧反应器

升流式固体厌氧反应器（USR）是一种结构简单且适用于高悬浮固体有机物原料的反应器。原料从底部进入反应器内，与反应器里的活性污泥接触，使原料得到快速消化。未消化的有机物固体颗粒和沼气发酵微生物依靠自然沉降滞留于反应器内，上清液从消化器上部溢出，这样可以得到比水力滞留期高得多的固体滞留期（SRT）和微生物滞留期（MRT），从而提高了固体有机物的分解率和反应器的效率。在当前畜禽养殖行业粪污资源化利用方面有较多的应用，此外许多大中型沼气工程均采用该工艺。

USR 主要处理高有机固体（有机固体物质＞5%）废液，废液由底部配水系统进入，在其上升过程中，通过高浓度厌氧微生物的固体床，使废液中的有机固体与厌氧微生物充分接触反应，有机固体被液化发酵和厌氧分解，从而达到厌氧消化目的。升流式固体厌氧反应器结构形式见图 5-12。

（11）厌氧附着膜膨胀床反应器

厌氧附着膜膨胀床反应器（anaerobic attachedmicrobial film expanded bed，AAFEB）是厌氧消化工艺。在 AAFEB 反应器中，大部分微生物附着于载体上，通过扩散模式接触废水中的营养成分，在厌氧发酵菌和产氢、产乙酸菌的联合作用下产生氢气。AAFEB 与 EGSB 结构基本相似，但反应器内填充有大量的固体颗粒

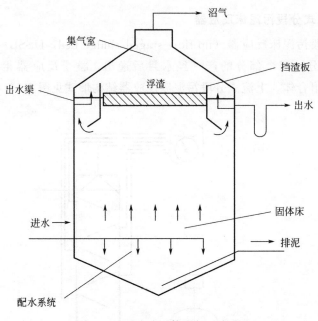

图 5-12　升流式固体厌氧反应器

介质（粒径＜0.5mm）。

　　AAFEB 具有在低 HRT 条件下能够保持较高生物量、高传质效率且运行稳定的特点。一般的厌氧附着膜膨胀床反应器床内填充颗粒活性炭（granular activated carbon，GAC）。GAC 被普遍认为是反应器中固定化微生物效果较好的载体。在 AAFEB 反应器污泥接种后，由于细菌的运动和废水的涡流，生物膜被附着在载体上，在生物膜外侧开始覆盖有相互缠绕的丝状杆菌。研究表明，生物膜内存在众多的微小菌落，其中有球菌、杆菌、螺旋菌。颗粒间互相接触，载体膨胀率在 10%～20% 之间，厌氧微生物附着在载体上，形成具有生物膜结构的活性污泥，且污泥龄较长，使得反应器能够高效稳定地运行。AAFEB 对于含抑制生物降解有机物的废水具有较高的生物去除效率，污泥中微生物菌株的驯化对难生物降解有机物的降解十分有利。

　　载体流态化是 AAFEB 工艺的重要特点。当反应器内流体流速达到某一程度，水头压力降超过载体的重量，使固体颗粒间的空隙率大到可以使载体彼此分离，在上升水流的流体浮力和氢气溢出时产生的摩擦力的联合作用下，载体呈悬浮状态，即载体流态化。污泥颗粒的流态化能促使生物膜的更新和氢气的释放，使生物膜保持适当的厚度和结构，有利于传质系数的提高，加速生化反应，减少水力停留时间。厌氧附着膜膨胀床反应器结构形式见图 5-13。

　　（12）塞流式反应器

　　塞流式反应器也称推流式反应器（FPR）是一种长方形的非完全混合式反应器。高浓度悬浮固体发酵原料从一端进入，从另一端排出，不需设置推流器。适用于高 SS 废水的处理，尤其适用于禽畜粪便的厌氧消化。塞流式反应器结构形式见图 5-14。

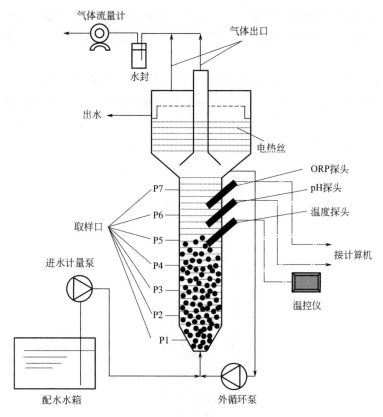

图 5-13　厌氧附着膜膨胀床反应器

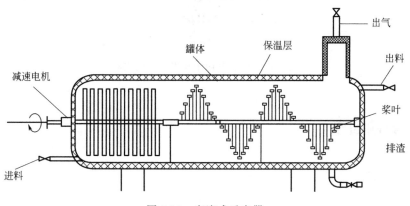

图 5-14　塞流式反应器

（13）厌氧流化床和膨胀床反应器

厌氧流化床和膨胀床反应器（AFBR）是一种高效生物膜处理方法，利用具有大比表面积的填料作为载体，厌氧微生物以生物膜形式附着在载体表面，并且在反应器内可形成一定高度的颗粒污泥床，大大提高有机物的降解效率。

AFBR反应器采用微粒状材料（如砂粒）作为微生物固定化的材料，厌氧微生物附着在其上形成生物膜。填料在较高的上升流速下处于流化状态，克服了厌氧滤池（AF）中易发生的堵塞问题，且能使厌氧污泥与废水充分混合，提高了处理效率。

废水用泵连续成脉冲由配水系统均匀进入反应区，与载体上的厌氧生物膜充分接触反应，同时增加反应程度、接触时间，填料达到流化状态，使有机物被厌氧微生物分解产生沼气。固、液、气三相形成混合液在上部分离，从而达到废水处理目的。厌氧流化床和膨胀床反应器结构形式见图5-15。

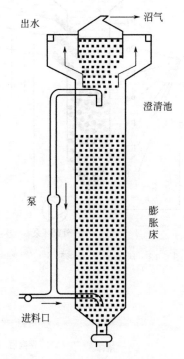

图5-15　厌氧流化床和膨胀床反应器

5.3　影响因素

5.3.1　温度

温度是影响发酵的最重要因素，能够影响厌氧发酵过程中微生物的种群结构、生长速率、微生物酶活性的高低、生化反应的速率以及基质的降解速率，还能够影响底物在生物化学反应中的流向，代谢过程中某些中间产物的形成，各种物质在水中的溶解度，最后影响到沼气的产量和成分等。目前已经有三种不同发酵温度类型，即低温厌氧发酵（10～30℃）、中温厌氧发酵（30～40℃）和高温厌氧发酵（50～60℃），而餐厨发酵常采用中温和高温厌氧发酵工艺。

厌氧发酵细菌根据温度可分为三类，见表 5-1。

表 5-1　厌氧发酵细菌根据温度的分类

细菌种类	生长温度范围/℃	最适温度/℃
低温菌	10～30	10～20
中温菌	30～40	35～38
高温菌	50～60	51～53

高温发酵（55℃）具有代谢速率高、甲烷产率高和发酵产物无害化程度高等优点，但高温发酵易抑制甲烷生成菌的活性，嗜热型产甲烷菌对热变化敏感性高，反应体系容易发生有机酸积累。在大型的沼气厂中容易发生生物反应热积累，稳定的运行温度管控难度较大，是目前大型嗜热型反应器运行的难题。中温型厌氧发酵对发酵底物的代谢率较低，但可以维持一定的有机负荷率，反应器运行平稳，且嗜温型的产甲烷菌群要更加丰富。

不同温度条件下 COD 累积溶出量随时间的变化见图 5-16。

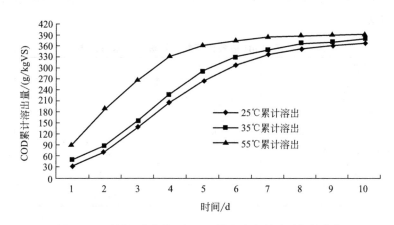

图 5-16　不同温度条件下 COD 累积溶出量随时间的变化

5.3.2　水力停留时间

水力停留时间是另一个重要的参数，在反应器运行时应当设计适当的时间，以避免出现停滞区域，促进发酵基质的交换运动。厌氧微生物的代谢速度较慢，故保持 2 倍于产甲烷细菌繁殖一代以上的停留时间会有利于厌氧发酵的稳定运行，一般停留 10～15d，保持厌氧微生物总量。延长停留时间提高了挥发性脂肪酸的去除能力和消化容量，能有效抵抗负荷和有毒物质的影响。适宜的停留时间会有助于餐厨垃圾的持续处理，同时节约反应器的工程建设成本。产甲烷细菌的再生时间远远高于水解和产酸细菌，被出料携带损失的风险较高，因此大多数的沼气处理厂的启动器较长，需要接种污泥。

5.3.3 pH 值

厌氧发酵的性能会受到 pH 值的显著影响，pH 值是不同微生物在不同阶段生长的一个基本参数。产甲烷菌最适生长于 pH 值为 6.8～7.2 的范围内，而产酸菌所能适应的 pH 值范围较广，略低于 6.5 或者略高于 7.5 时仍然有较强的生化反应能力。在两相厌氧发酵反应器中调节产甲烷相的 pH 值更加重要，因为 pH 值小于 6.7 时大多数产甲烷菌的代谢都将停止。单相反应器中同时存在水解、酸发酵、产乙酸和产甲烷四个反应，是处理绝大部分有机固体废弃物的首选反应器类型，但是在高有机负荷的状态下易出现酸化现象。厌氧消化过程中，主要依靠 CO_2、H_2S 和 NH_3 以及挥发性脂肪酸在气液两相间平衡缓冲的调控机制，维持 pH 在中性范围内。例如厌氧消化产酸产甲烷过程中产生的 CO_2 或者 HCO_3^- 能够中和体系的强碱物质，含氮有机物的降解则会升高碱度维持中性 pH。厌氧消化体系的 pH 值缓冲体系与反应体系内微生物的生化反应直接相关，酸碱一旦失衡，产甲烷菌的代谢活动和生长繁殖就会被抑制，进而导致产气失败。不同 pH 值条件下餐厨垃圾厌氧水解效果见表 5-2。

表 5-2　不同 pH 值条件下餐厨垃圾厌氧水解效果

pH 值条件	4.4～5	7.5	9.5
COD 累计溶出量/g	182.34	229.44	188.64
有机质水解率/%	41.67	62.32	51.46
水解过程损失 COD 量/kg	0.07	0.14	0.12
碳水化合物水解率/%	45.68	63.58	54.89
蛋白质水解率/%	52.86	58.48	52.48
油脂水解率/%	28.32	35.42	36.42

5.3.4 抑制性或毒性物质

在餐厨垃圾厌氧生物处理过程中存在许多抑制物，这些物质会抑制微生物的活性，对厌氧反应有毒害作用。一些含有特殊基团或活性键的化合物对某些未经驯化的微生物通常具有毒害作用。这些物质本身同时可以被厌氧生物降解，但由于微生物对各种基质的适应能力具有一定限度，一些化学物质超过一定浓度，便对厌氧发酵产生抑制作用，甚至完全破坏厌氧过程。

抑制剂可以分为以下几种。

① 氨氮：氨氮浓度为 50～200mg/L 时对厌氧反应器中的微生物有刺激作用，而氨氮浓度为 1500～3000mg/L 时则有明显的抑制作用。

② 金属元素：适量的碱金属有助于厌氧微生物的生命活动，可刺激微生物的活性，但含量过高则会抑制微生物的生长。

③ 重金属：重金属对细菌的毒害主要是由溶解成离子状态的重金属所致，但可溶性重金属与硫化物结合形成不溶性盐类，对微生物无恶害影响。因此，重金属即使浓度很高，如同时存在着与其相应的硫化物，也不会产生抑制作用。

5.3.5　营养元素

厌氧反应过程中的有机物质既是为各种厌氧微生物的生长提供营养的营养物质（主要是碳元素和氮元素），又是产甲院的底料。C/N 比反映发酵底物的营养水平。底物中碳、氮都是厌氧细菌生长所必需的元素，碳被用作能量来源，而氮是蛋白质合成和构建细胞结构所必需的，其合理组成是平衡 C/N 比的必要条件，理论上在（20～30）∶1 的 C/N 比为最优比。过高的 C/N 比容易导致生物气产量降低，反应器系统应对酸化的缓冲能力下降，而过低 C/N 比则增加了氨抑制（NH_4^+）的风险，从而抑制甲烷的产生。餐厨垃圾的来源广、组成复杂，C/N 比不稳定，通常不处于 20～30 的适宜范围内，因此常联合农林废物、秸秆等提高 C/N 比。

微生物除需要 C、H、O、N、P 外，还需要 S、Mg、Fe、Ca、K 等元素，以及 Mn、Zn、Co、Ni、Cu、Mo、V、I、Br、B 等微量元素。

5.3.6　盐分

餐厨垃圾中盐分含量较高，在厌氧发酵的过程中产甲烷菌对盐类较为敏感，尤其是当钠盐的浓度突然增加时会使厌氧发酵的正常运行受到冲击。低浓度的无机盐表现为促进微生物的生长，但是浓度过高则会对其产生抑制作用。无机盐对微生物的生长抑制作用主要表现在微生物外界渗透压较高时会造成微生物代谢酶活性降低，严重时会引起细胞壁分离，甚至造成细胞死亡。

5.3.7　接种菌种

接种厌氧微生物能够加快有机物质稳定化的速度，减少有机废物稳定化的时间，由于各种微生物生长繁殖的最佳温度、最适 pH 值各不相同，因此接种菌种不同，所需的最佳反应条件也会有所不同。另外，单一菌种接种与混合菌种接种又有很大的不同。研究发现，混合微生物发酵能够进行许多单一菌种所不能进行的生产。

5.3.8　搅拌

发酵底物能否搅拌均匀是影响厌氧消化的重要因素。厌氧罐内的发酵液通常自然分成四层，从上到下依次为浮渣层、上清液层、活性层和沉渣层。在这种情况下，厌氧微生物活动较为旺盛的场所只局限于活性层内，而其他各层或因原料缺乏或因不适宜微生物活动，使厌氧发酵难以进行。搅拌能使发酵底物与微生物充分接触，进而提高发酵速率。同时搅拌也能使发酵系统的温度和微生物均匀分布，有利于发酵反应的进行，提高产气率。

发酵池内需保持良好的传质条件以及厌氧微生物生存的适宜环境才能使厌氧发酵过程顺利进行。适当的搅拌可使发酵池内温度分布趋于均匀，防止局部酸积累。同时使生化反应生成的 H_2S、CH_4 等对厌氧菌活动有阻碍的气体迅速排出，加速物料与微生物的混合，破碎浮渣，加速传质过程。目前根据工程实际规模等条件的不同，主要采用机械搅拌、液体搅拌和气体搅拌三种。

5.3.9　Fe 类添加剂

外加微量元素添加剂是另外一种能够有效提高沼气产量的方法，主要通过提高厌氧微生物代谢活性或者降低抑制剂浓度来发挥作用。Fe 由于价格低廉、不易造成环境生态毒性、导电良好的优点，已经成为提高厌氧反应最具应用前景的添加剂。

Fe 的作用包括：a. 降低厌氧消化媒介的氧化还原电位，从而提供更有利的厌氧消化环境；b. 作为几种关键的酶活动的辅因子，不同价态的 Fe 均可促进有机固体废物的厌氧消化，其中，Fe^{3+} 还原有利于直接氧化有机物为简单的化合物，Fe^{3+} 还原也可以抑制有机物转化为甲烷，而零价铁（Fe^0）则可以作为电子供体来加速水解和发酵阶段。

5.4　发酵产物提纯与利用

沼气中的硫化物主要成分为 H_2S，此外还有少量 CS_2、COS、硫醇、硫醚等有机硫，其含量因产地及原料不同存在较大差异。沼气脱硫可通过生物方法或物理化学方法，达到脱除沼气中 H_2S 的目的。

沼气中杂质具有剧毒性和强腐蚀性，故无论是用于沼气发电或直接燃烧发电，都必须对沼气进行必要的脱碳、脱水、脱硫、除尘等处理。脱硫是很多化工生产中一个重要的环节，经过几十年来不断地发展和完善，已开发出多种脱硫方法，常用方法有湿法脱硫、干法脱硫（脱硫剂）、生物脱硫，以及以上方法的结合，具体方法的选用需要根据工程规模和工艺要求确定。

5.4.1　干法脱硫

干法脱除沼气中 H_2S 是指利用某种物质对 H_2S 进行固定，生成硫或硫氧化物的一种方法。根据原理不同，干法脱硫可分为物理吸附、化学吸附及催化加氢法等。干法设备的结构以容器为主体，在容器中放置由活性炭、氧化铁等构成的填料层。气体控制以较低流速经过填料层一端，其中 H_2S 经氧化成硫或硫氧化物被填料层吸附滞留，剩余气体经填料层另一端排出。干法脱硫系统主要特征如下：a. 设备结构简单，操作过程便捷；b. 工作过程实现自动化，系统可自动定期换料，同时设备一用一备，依据使用状况交替运行；c. 运行费用低；脱硫率较高，脱硫剂可再生利用，节约成本。

5.4.1.1　固定床吸附法

固定床吸附法常用于低浓度硫的脱除，方法经济有效，脱硫剂能够再生循环使用，但也存在着诸如再生效率不高、场地要求严格等缺点。吸附剂主要有氧化铁、氧化锌、铁锰锌混合氧化物及活性炭等，因氧化铁价格便宜，应用最为广泛。方法原理是将 H_2S 气体与水合氧化铁/水合氧化锌反应生成硫化铁/硫化锌，从而达到去除 H_2S 的效果。

（1）氧化铁法吸附

利用氧化铁脱除燃气中的 H_2S 是最传统的脱硫技术，并随着城市煤气工业的进程而发展。研究表明，氧化铁常温条件下脱硫率可达 99% 以上，高温（200～400℃和600～700℃）条件下脱硫效果更好，处理后 H_2S 体积分数可降至 0.1×10^{-6}。常温氧化铁脱硫以含有助催化作用的碱及水分的氧化铁脱除气体中的 H_2S，其反应式为：

脱硫：$Fe_2O_3+3H_2S=\!=\!=Fe_2S_3+3H_2O$

$\qquad Fe_2O_3+3H_2S=\!=\!=2FeS+S+3H_2O$

$\qquad Fe_2O_3+FeS=\!=\!=3FeO+S$

再生：$3Fe_2S_3+3O_2=\!=\!=2Fe_2O_3+6S$

$\qquad 4FeS+3O_2=\!=\!=2Fe_2O_3+4S$

结合以上反应，总反应为：$H_2S+1/2O_2=\!=\!=H_2O+S$

在氧化铁的多种形态中，只有 $\alpha\text{-}Fe_2O_3\cdot H_2O$ 和 $\gamma\text{-}Fe_2O_3\cdot H_2O$ 两种形态可作为脱硫剂。氧化铁吸附 H_2S 的反应速率随其与氧化铁表面的接触程度而变化。其中，脱硫剂的空隙率应不小于 50%。在氧化铁脱硫过程中，H_2S 在固体氧化铁的表面进行反应，沼气的流速越小，接触时间越长，脱硫效果越好。而当脱硫剂中的 FeS 含量达到 30% 时，脱硫效果明显变差，脱硫剂需要更换再生。

氧化铁脱硫装置如图 5-17 所示。

在图 5-17 中，塔内装有中央为圆孔的吊筐，叠置起来的吊筐在脱硫塔中心形成圆柱形沼气通道，如箭头所示的方向。沼气由脱硫塔底部进入中心通道，并均匀分布进入各个吊筐中，通过脱硫剂层后进入吊筐与塔壁形成的空隙内，由塔侧壁排出。

（2）活性炭吸附

活性炭脱硫法诞生于 20 世纪 20 年代，由德国染料工业公司提出。活性炭是一种常用的固体脱硫剂，在常温下可加速 H_2S 氧化为 S，并使液硫被吸附从而完成沼

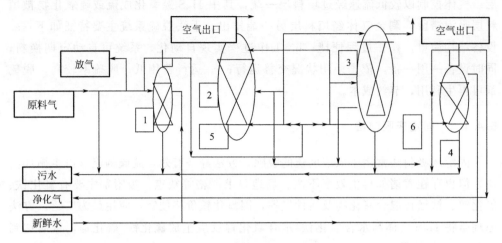

图 5-17　氧化铁脱硫示意
1—原料气饱和气；2—脱硫塔 1/A；3—脱硫塔 1/B；4—净化器过滤分离器；5,6—空气出口

气脱硫。其化学反应为：

$$2H_2S+O_2 \longrightarrow 2H_2O+2S \qquad \Delta H^{\circ}_{298}=434.0kJ/mol$$

由焓变判断活性炭吸附为放热反应，在一般条件下反应速率较慢，该反应属于多相反应，H_2S 与 O_2 在活性炭表面的反应分两步：首先活性炭表面氧化，形成以活性炭为中心的表面氧化物；随后气体中的 H_2S 分子与化学吸附的 O_2 发生反应，生产的硫沉积在活性炭发达的微孔中，而活性炭在干燥的气体中脱硫效果差，要求被净化气体的相对湿度为 70%～100%。

活性炭是常用的固体脱硫剂，低温条件（5～60℃）下使用较广。由于其微孔结构发达、比表面积大，且具有抗酸耐碱、化学稳定性好、解吸容易、热稳定性好等优点，在较高温度下解吸再生其晶体结构没有什么变化，经多次吸附和解吸操作，仍保持原有的吸附性能。脱除气体中硫化物所用的活性炭，需要一定的孔径。适于分离无机硫化物（H_2S）的活性炭，其微孔和大孔数量是大致相同的，平均孔径为 8～20nm。用活性炭吸附脱除硫化物时，活性炭中含有一定的水分，其吸附效果可改进，在实践中可用蒸汽活化的方法来达到。为了提高活性炭的脱硫能力，必须将一般的活性炭改性，常用的改性剂为金属氧化物及其盐，如 ZnO、CuO、Cu-SO$_4$、Na_2CO_3、Fe_2O_3 等。根据脱硫机理，可将活性炭分为吸附法、氧化法和催化法三种。由于脱硫反应，活性炭表面上逐渐地沉积单体硫，积累至一定的硫容量即需进行活性炭的再生。

5.4.1.2　膜分离法

20 世纪 70 年代，科学家们成功研制出中空纤维气体渗透膜来进行气体分离。当今，就如何运用膜分离法去除沼气中的 H_2S 气体已经形成沼气处理领域的热门话题。膜分离以浓度差为驱动，利用 H_2S、CO_2 等气体相对渗透率大于 CH_4 的特点，设置膜分离器过滤沼气，使 H_2S、CO_2 等气体通过渗透膜，CH_4 气体留在渗透膜的另一侧，双膜分离流程如图 5-18 所示。膜分离相较于传统吸收技术，不仅传质速率快、气液接触面积大，而且操作条件温和、无雾沫夹带，受到国内外许多学者的关注。有研究人员改进膜吸收装置，发现膜两侧压差为 $50\sim500kPa$ 即可实现脱硫效果。通过膜分离技术，控制过滤后沼气的硫含量在 $5mg/m^3$ 以内，具有良好的处理效果。

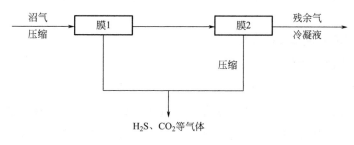

图 5-18　双膜分离法流程

5.4.1.3　其他干法脱硫技术

除固定床吸附法、膜分离法以外，干法脱硫还包括微波法、离子交换树脂法、变压吸附法（PSA）、变温吸附法（TSA）等。微波法通过微波能量激发等离子化学反应，分解 H_2S 为单质硫和氢气。离子交换树脂法利用大网状离子交换树脂吸着 H_2S，且吸着能力随压力增大而提高。变压吸附法利用沼气中 CO_2、H_2S 和 CH_4 沸点的不同控制加压（CO_2、H_2S 沸点高，易被吸附床层吸附，CH_4 沸点低，不易被吸附）达到脱硫效果，同时控制降压实现吸附床层与气体分离，循环使用。变温吸附法利用一定温度下吸附床层对 CO_2 和 CH_4 的吸附程度不同，常温吸附 CO_2，升温脱附 CO_2，实现 CH_4 的净化。这些方法虽各有优点，但距广泛的工业化应用还有一定距离。

5.4.2　湿法脱硫

湿法脱硫的主要原理是通过沼气与某种溶剂的逆流接触去除 H_2S，同时溶剂再生利用的脱硫方法。湿法脱硫可分为湿式氧化法、物理吸收法和化学吸收法三种方法。由于湿法脱硫工艺简单、操作连续、处理气量大且对于 H_2S 浓度高的沼气处理效果好，因此在工业上应用很广泛。

5.4.2.1　物理吸收法

物理吸收法的特点是，利用特定溶剂中沼气不同组分的溶解度差异去除 H_2S，结合降压等措施使 H_2S 解析脱离，使沼气重生。常用溶剂主要有甲醇、碳酸丙烯酯、聚乙二醇二甲醚等。

5.4.2.2 化学吸收法

化学吸收法是工业上主要的沼气脱硫工艺之一，主要利用特定溶剂与 H_2S 的酸碱可逆反应来去除 H_2S。它的主要特点如下：设备能够长期运行，连续脱硫且 pH 值可保持稳定、运行费用低、技术成熟、操作条件温和、脱硫效率高，适宜处理含硫浓度较高的尾气。鉴于以上特点，一般大型的沼气工程都用化学吸收法来进行预处理。

化学吸收法的常用方法有以下几种。

（1）碳酸钠吸收法

吸收液呈碱性，可用于吸收酸性气体，且由于弱酸具有缓冲作用，因此在吸收酸性气体时，pH 值不会发生剧烈变化，保证了系统的操作稳定性。此外，碳酸钠溶液吸收 H_2S 比吸收 CO_2 快，由于在沼气中这两种酸性气体同时存在，所以可以部分地选择吸收 H_2S。此溶液对 H_2S 吸收的化学反应方程为：

$$Na_2CO_3 + H_2S \Longrightarrow NaHCO_3 + NaHS$$

碳酸钠吸收法设备简单、经济，但也存在一部分碳酸钠变成了重碳酸钠而吸收效率降低，一部分变成硫酸盐而被消耗的缺点。

（2）氨水法

硫化氢为酸性气体，当用碱性的氨水吸收硫化氢时发生中和反应，反应方程式为：

$$H_2S + NH_4OH \Longrightarrow NH_4HS + H_2O$$

气体中硫化氢溶解于氨水，之后与氢氧化铵发生反应。再生方法是往含硫氢化铵的溶液中吹入空气，以产生吸收反应的逆过程，使硫化氢气体解吸出来。解吸后的氢氧化铵溶液经补充新鲜氨水后，继续用于吸收。再生时产生的硫化氢必须二次加工，以避免造成环境污染。

（3）醇胺吸收法

胺法脱硫由于其过程简单可靠、溶剂价廉易得、净化度高的优点，成为气体净化工业应用最广的方法。主要使用的胺类有一乙醇胺、二乙醇胺、三乙醇胺（TEA）、甲基二乙醇胺（MDEA）、二甘醇胺和二异丙醇胺六种。

主要反应式为（以一乙醇胺为例）：

$$2RNH_2 + H_2S \Longrightarrow (RNH_3)_2S$$

$$(RNH_3)_2S + H_2S \Longrightarrow 2RNH_3HS$$

以上是可逆反应，在较低温度下（20~40℃），向右进行（吸收）；在较高温度下（105℃以上），则向左进行（解吸）。经典醇胺溶液是吸收硫化氢较好的溶剂，具有价格低、反应能力强、稳定性好且易回收等优点。同时也有部分缺点，如易气泡、腐蚀、对硫化氢与二氧化碳无选择性、在有机硫存在下会发生降解、蒸气压高、溶液损失大等。

5.4.2.3　湿式氧化法

这类方法的研究始于 20 世纪 20 年代，至今已发展到百余种，其中有工业应用价值的就有二十多种。湿式氧化法具有如下特点：脱硫效率高，可使净化后的气体含硫量低于 10×10^{-6}（$13.3 \mathrm{mg/m^3}$），甚至可低于 $(1 \sim 2) \times 10^{-6}$（$1.33 \sim 2.66 \mathrm{mg/m^3}$）。可将硫化氢进一步转化为单质硫，无二次污染。湿法氧化既可在常温下操作，又可在加压下操作，所用的大多数脱硫剂可以再生，运行成本低。但当原料气中 CO_2 含量过高时，会由于溶液 pH 值下降而使液相中 H_2S/HS^- 反应迅速减慢，从而影响 H_2S 吸收的传质速率和装置的经济性。

（1）砷基工艺

砷基工艺于 20 世纪 50 年代由美国 KOPPERS 公司实现工业化，其洗液由 K_2CO_3 或 Na_2CO_3 和 As_2O_3 组成，硫氧化剂主要成分为 $Na_4As_2S_5O_2$。

其脱硫及再生过程反应原理为：

$$Na_4As_2S_5O_2 + H_2S \xrightarrow{\quad\quad} Na_4As_2S_6O + H_2O$$

$$Na_4As_2S_6O + H_2S \xrightarrow{\quad\quad} Na_4As_2S_7 + H_2O$$

$$Na_4As_2S_7 + 1/2O_2 \xrightarrow{\quad\quad} Na_4As_2S_6O + S$$

$$Na_4As_2S_6O + 1/2O_2 \xrightarrow{\quad\quad} Na_4As_2S_5O_2 + S$$

但由于所用吸收剂呈剧毒、脱硫效率低、操作复杂，目前砷基工艺已基本不用。G. V-Sulphur 工艺是在砷基工艺的基础上改进发展的新型脱硫工艺，其洗液由钾或钠的砷酸盐组成，根据气体中 H_2S 和 CO_2 浓度及 CO_2 的用途，可分为低 pH 值（pH=7.5）、高 pH 值（pH=9.0）两种流程。H_2S 与亚砷酸盐反应生成硫代硫酸盐，再被砷酸盐氧化，同时得到硫代砷酸盐，氧化反应催化剂是氢醌。由于反应过程中有亚砷酸盐生成，因此需进行后处理将其去除。该法应用范围较广，吸收温度从常温到 150℃，压力从常压到 7.4MPa，可用于处理 CO_2 浓度较高的气体。净化后气体中的硫化物含量（标）<1mg/m³，溶液的硫容量高（$0.5 \sim 8 \mathrm{kg/m^3}$）。

（2）钒基与铁基工艺

钒基工艺的特点是以钒作为催化剂，以蒽醌-2,7-二酸钠（ADA）作为还原态钒的再生氧载体，以碳酸盐作为吸收液。为了达到环保标准以及防止人意外中毒，钒基脱硫法目前已基本不再使用或受到限制。

铁基工艺的特点是被载氧体配合铁盐催化，氧化 H_2S 为单质硫，催化剂在空气中 Fe^{2+} 可重新被氧化为 Fe^{3+}。与钒基工艺相比，铁基工艺脱硫效率高、脱硫能力强、成本低，具有较大优势，因此铁基脱硫法更适合未来的发展应用，今后需要在其稳定性和再生等方面进一步发展。

（3）HPAS 工艺

HPAS 工艺的特点是以杂多化合物（HPC）为氧化剂，可以将 H_2S 氧化为单质硫，实现硫的回收。常用的 HPC 为磷钼酸钠（$Na_3PMo_{12}O_{40}$，简记为 HPAS）。

HPAS 脱硫和氧化再生的反应式如下：

$$HPAS(ox)+H_2S \longrightarrow HPAS(re)+S$$
$$HPAS(re)+O_2 \longrightarrow HPAS(ox)+H_2O$$

HPAS 工艺的脱硫效率较高，平均可达 95%，最高可达 99%，且回收的单质硫产量较高。Wang 等发现整个工艺的过程几乎在常温下就可以进行，吸收速率和再生速率良好。但此工艺也存在着吸收剂流失严重的问题，目前离工业应用仍有一段距离。

5.4.3 生物脱硫

生物脱硫利用微生物代谢活动分解 H_2S 为硫酸盐或单质硫，生物脱硫技术包括滴滤法、过滤法和吸附法，运行环境均属于开放系统，环境变化时刻影响微生物的种群变化。该过程主要分为 3 个阶段：a. H_2S 气体在水中溶解形成酸液；b. H_2S 溶液被微生物吸收于体内；c. 微生物以 H_2S 为营养物质，对 H_2S 进行分解、转化、利用，同时沼气中的 CO_2、H_2 可以为微生物的脱硫活动提供碳源和能量。研究表明，生物脱硫具有效率高、无二次污染等优点。生物滴滤池工艺流程如图 5-19 所示。

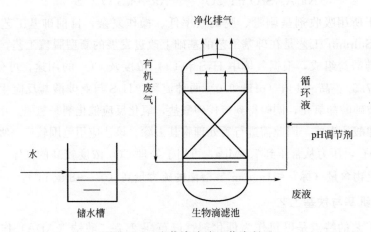

图 5-19　生物滴滤池工艺流程

（1）光能自养型

光合细菌为光能自养细菌，在自然环境中分布广泛，能够从光能中获得能量供自身生长。光合细菌大多数为严格厌氧，具有代表性的菌种有绿色硫细菌和紫色硫细菌，在光合作用中以 CO_2 为碳源，以还原性硫化物为供电子体，合成细胞物质的同时，氧化 H_2S 为单质硫或硫酸盐。相关反应式为：

$$2H_2S+CO_2+h\nu \longrightarrow 2S^0+H_2O+(CH_2O)$$
$$H_2S+2CO_2+2H_2O+h\nu \longrightarrow 2(CH_2O)+H_2SO_4$$

国内外许多学者在光合细菌的脱硫应用领域中取得一定研究成果。在光源选择方面，研究表明单色光比多色光更适合作为光源，且光照强度相同时白光比红光的脱硫效率更高。在反应器的选择方面，研究表明固定化增殖的生物膜反应器较活性污泥反应器，光能利用效率和脱硫效率更高。在菌种的培养改进方面，素萍等利用印染废水培养出了紫色硫细菌菌株，具有在微好氧至好氧条件下光同化包括硫化物等多种有机物质的能力。

（2）化能自养、异养型（有氧条件）

化能自养和异养型的脱硫细菌统称为无色硫细菌，以硫杆菌属分布最为广泛。硫杆菌属包括脱氮硫杆菌、氧化硫硫杆菌、排硫硫杆菌以及氧化亚铁硫杆菌等。其中，脱氮硫杆菌选择性好、环境适应能力强。发硫菌属虽然也能转化 H_2S，但它的生长会造成污泥膨胀，给单质硫的分离带来麻烦。相关反应式如下：

$$2H_2S + O_2 \longrightarrow 2H_2O + 2S$$
$$5Na_2S_2O_3 + H_2O + 4O_2 \longrightarrow 5Na_2SO_4 + H_2SO_4 + 4S$$
$$2S + 3O_2 + 2H_2O \longrightarrow 2H_2SO_4$$

在反应条件的研究方面，无色硫细菌脱除 H_2S 时，反应器内进水硫化物容积负荷与溶解氧浓度呈正比，出水 pH 值与单质硫的回收率呈正比。同时，设置反应条件时需要对杂菌的生长进行限制，以免污泥膨胀影响硫的回收。

在应用工艺的研究方面，目前典型的工艺为铁盐吸收生物脱硫工艺和谢尔-帕克生物脱硫工艺。铁盐吸收生物脱硫工艺的主要过程为：首先 H_2S 还原 Fe^{3+} 为 Fe^{2+} 并生成单质硫（鉴于 Fe^{3+} 的氧化还原电位，H_2S 可氧化为单质硫，但无法继续氧化为硫酸盐）；其次氧化亚铁硫杆菌在 $pH = 1.2 \sim 1.8$ 条件下氧化 Fe^{2+} 为 Fe^{3+}，使得 Fe^{3+} 再次循环利用，从而实现单质硫的回收利用。谢尔-帕克生物脱硫工艺使含有无色硫细菌的碱性缓冲溶液与沼气接触，沼气中的 H_2S 气体溶解于缓冲液，并在无色硫细菌的生物作用下氧化成单质硫或硫酸盐。该工艺具有操作成本低、维护费用小、操作安全性高、适宜处理的 H_2S 浓度范围广等优点。

（3）化能自养型（无氧条件）

在有氧条件下，化能自养型脱硫细菌以氧气为电子受体，在无氧条件下以硝化物为电子受体。利用这一特点，许多学者将废水脱氮和沼气脱硫工艺耦联，将废水消化液好氧处理后，以 H_2S 为电子供体，以 NO_3^- 或 NO_2^- 为电子受体，与 H_2S 气体混合反应，使硝化物还原为氮气，H_2S 氧化为单质硫或硫酸盐。相关反应式如下：

$$12H^+ + 2NO_3^- + 5S^{2-} \longrightarrow N_2 + 5S + 6H_2$$
$$5S + 6NO_3^- + 8H_2O \longrightarrow 5H_2SO_4 + 6OH^- + 3N_2$$

虽然生物脱硫法具有脱硫效率高、运行成本低、无氧化剂及催化剂（空气除外）、无化学污泥处理、无二次污染等优点，但也存在着许多问题，例如筛选、培养只利用 H_2S 作为生长物质的专性细菌，如何在光合细菌脱硫的过程中保证足够的照明，如何防止污泥膨胀现象的发生等。生物脱硫距离广泛的工业化应用还需要一定的时间。

5.4.4　沼气的利用

（1）作生活燃料

利用沼气作生活燃料，不仅清洁卫生、使用方便，而且热效率高，节约时间。据统计，烧一次饭只需要 0.5h，用 $0.3m^3$ 的沼气，$1m^3$ 的沼气可以满足一家人一天的烧水做饭所需要的燃料。$1m^3$ 的沼气能供一盏沼气灯照明 5～6h，相当于 60～100W 的日光灯光亮度，特别适用于偏远地区，电力不足的地方。一般来说沼气工程规模小的地方，可将制取的沼气供家庭使用。

（2）火炬燃烧

沼气火炬是餐厨垃圾厌氧消化处理工程的必要设施。沼气量较少、富裕或者出现紧急意外事故时，沼气由火炬系统燃烧放空。沼气火炬系统可保证沼气能够及时、安全、可靠地放空燃烧，保证在运行过程中实现低噪声无烟燃烧。

（3）提纯制取压缩天然气（CNG）

餐厨垃圾厌氧消化处理产生的沼气中 CH_4 含量约 55%～70%，可通过水洗提纯、变压吸附、膜分离等技术进行提纯并压缩制成 CNG 压缩天然气出售，CNG 中 CH_4 含量≥97%，产品质量指标应满足《车用压缩天然气》（GB 18047—2000）的要求，见表 5-3。

表 5-3　压缩天然气技术指标

项目	技术指标
高位发热量/(MJ/m^3)	>31.4
总硫(以硫计)/(mg/m^3)	≤200
硫化氢/(mg/m^3)	≤15
二氧化碳摩尔分率 y_{CO_2}/%	≤3.0
氧气 y_{O_2}/%	≤0.5
水露点/℃	在汽车驾驶的特定地理区域内,在最高操作压力下,水露点不应高于 −13℃;当最低气温低于 −8℃时,水露点应比最低气温低 5℃

（4）焚烧发电

沼气作为内燃发动机的燃料，通过燃烧膨胀做功产生原动力使发动机带动发电机发电。发动机主要有双燃料发动机、点火发动机和燃气轮机，其热效率依次降低。在沼气进入内燃机之前，可先将沼气进行简单净化，主要去除硫化氢，同时吸收部分二氧化碳，提高其中甲烷的含量。沼气发电的形式有两种：一种是单独用沼气燃烧；另一种是与汽油或柴油混合燃烧。前者的稳定性较差，但较经济；后者则相反。目前尚无专用沼气发电机，大多是柴油或汽油发电机改装而成，容量 5～120kW，每发 1kW·h 电约消耗 0.6～0.7m^3 沼气，成本略高于火电，但比油料发电便宜得多，考虑环境因素，沼气发电将是一个很好的能源利用途径。

近年来，固体废弃物处理项目越来越多以静脉产业园模式建设，各类固体废弃物处理设施不再是孤立的项目，可与周边项目进行有机衔接。若餐厨垃圾厌氧消化处理工程临近生活垃圾焚烧发电厂，可将富余的沼气通过管道送入焚烧厂，进入焚烧炉与生活垃圾一同进行焚烧处理，产生的热能通过焚烧厂系统进行发电，提高焚烧厂的发电量，最终通过焚烧厂上网线路并入高压电网。

（5）作化工原料

沼气经过净化可得到纯净的甲烷。甲烷是一种重要的化工原料，在高温、高压或者有催化剂的作用下能进行很多反应。在光照条件下，甲烷分子中的氢原子能逐步被卤素原子所取代，生成卤代烃。其中一氯甲烷可用于制取有机硅，二氯甲烷是塑料和醋酸纤维的溶剂，三氯甲烷是合成氟化物的原料，四氯甲烷是溶剂又是灭火剂，也是制造尼龙的原料。

除此之外，在特殊条件下，甲烷可以转化为甲醇、甲醛、甲酸等化工原料。在隔绝空气加强热的条件下，甲烷裂解生成炭黑和氢气。甲烷在 1600℃高温下裂解生成乙炔和氢气，乙炔可以用来制取醋酸、化学纤维和合成橡胶。甲烷在 800～850℃高温，并有催化剂存在的情况下能跟水蒸气反应生成氢气、一氧化碳，是制取尿素、甲醇的原料。

5.5　发酵废弃物资源化技术

5.5.1　沼液资源化利用技术

（1）沼液浸种

采用沼液浸种可促进种子生理代谢，提高发芽率，使芽苗粗壮、根系发达、植株长势旺、抗逆性强、病虫害减少。浸种前将种子充分晒干，以提高其吸水能力，并杀灭种子表面携带的病菌。选择正常使用 2 个月以上的沼气池，待沼气散发后，将晒干的种子装入透水的袋中，扎紧袋口，投入水压间的中层沼液中，适当压以重物，使袋子完全浸没。浸种时间长短随温度高低略有不同，待种子吸饱水后，从沼液中取出，用清水冲洗干净，然后从袋子中倒出摊开，待表面水分晾干后即可播种。种子经沼液浸种后颜色会改变，但不影响其正常发芽。

（2）根外追肥

针对不同蔬菜和不同生长期，可将沼液通过挖穴灌根或开沟浇水作追肥施用。施肥时间以晴天傍晚为好，阴雨天气土壤过湿时不宜施用。沼液作根外追肥，易吸收、起效快、利用率高，还可培育土壤中的有益微生物，疏松间隙，减少盐分积累，改善土壤理化性状，做到种养结合。

（3）叶面追肥

沼液经充分腐熟发酵后，可作为速效水肥，通过叶面喷施，能够及时补充作物生长所需养分，增强光合作用。选择正常产气在 2 个月以上的沼气池，从液面 15cm 以下抽取沼液，用纱布过滤或者用离心机进行固液分离，取上清液露天放置 4～7d，期间多次搅动待用。叶菜类蔬菜可在任何生长时期施用，或者结合防病、灭虫喷施，瓜豆类蔬菜可在现蕾期、花期、果实膨大期施用，喷施时正反面均需喷到，叶背面多喷，利于吸收。

（4）防治病虫害

沼液中含丁酸、菌丝体等活性物质，对病菌有明显的抑制作用，其中含有的氨和铵盐对某些虫害具有杀灭作用。沼液叶面喷施可明显减轻或避免作物枯萎病、白粉病、赤霉病、小叶病、炭疽病等病害的发生，有效减少蚜虫、红蜘蛛、玉米螟、卷叶虫、金龟子、菜青虫、椿象等虫害的发生。现已证实厌氧发酵液对各种农作物如粮食、经济作物、蔬菜、水果等 16 种作物种类中的近 30 种病害具有良好的防治效果（表 5-4）并能防治 18 种作物的 19 种虫害（表 5-5）；能防治 23 种病害和 15 种害虫。

表 5-4　厌氧发酵液防治的病害种类

农作物	病类
水稻	穗颈瘟、纹拓病、白叶枯病、叶斑病、小球菌核病
小麦	赤霉病、全蚀病、根腐病
大麦	叶锈病、黄花叶病
玉米	大斑病、小斑病
蚕豆	枯萎病
花生	病株
棉花	枯萎病、炭疽病
甘薯	软腐病、黑斑病
烟草	花叶病、黑颈病、赤星病、炭疽病、气球斑点病
黄瓜	白粉病、霜霉病、灰霉病
辣椒	白粉病、霜霉病、灰霉病
茄子	白粉病、霜霉病、灰霉病
甜瓜	白粉病、霜霉病、灰霉病
草莓	白粉病、霜霉病、灰霉病
西瓜	枯萎病
葡萄	病株

表 5-5　厌氧发酵液防治的害虫种类

农作物	害虫
水稻	稻纵卷叶螟、灰飞虱、白背飞虱、螟虫、稻蓟马、稻叶蝉
小麦	蚜虫
玉米	螟幼虫

农作物	害虫
黄豆	蚜虫
棉花	棉铃虫
柑橘	红蜘蛛、黄蜘蛛、矢尖蚧、蚜虫、清虫
白菜	蚜虫、菜青虫
莲花白	蚜虫、菜青虫
大芹菜	蚜虫
莴笋	蚜虫
厚皮菜	蚜虫
黄瓜	蚜虫、白蜘蛛、白粉虱
西红柿	蚜虫、白蜘蛛、白粉虱
茄子	红蜘蛛、白粉虱
甜瓜	红蜘蛛、白粉虱
辣椒	红蜘蛛、白粉虱
草莓	红蜘蛛、白粉虱
菊花	蚜虫

（5）做饲料添加剂

厌氧发酵液用作饲料添加剂饲喂家畜效果表现良好，因为厌氧发酵液中含有常量和微量元素，特别是氨基酸的含量十分丰富，而且均为可溶性营养物质，易于吸收发酵，从而满足家畜的生长需要。用厌氧发酵液做饲料添加剂既节省饲料，降低成本，又缩短饲养期。

（6）养鱼

利用厌氧发酵液还可养鱼，厌氧发酵液中营养成分易为浮游生物吸收，促进其繁殖生长，改善水质，避免泛塘现象发生，同时排除了由于施新鲜的畜禽粪肥带来的寄生虫卵及病菌较多而引发的鱼病。

5.5.2　沼渣资源化利用技术

沼渣含有较为全面的养分和丰富的有机物，可作为改良土壤功效的优质肥料。研究表明，施用沼渣的土壤中，有机质与氮磷含量与未使沼渣的土壤相比均有所增加，土壤密度下降，孔隙率增加，土壤的理化性质得到改善，保水保肥能力增强。

（1）配制营养土

沼渣营养全面、质地疏松，完全满足营养土的条件要求，可以广泛用于蔬菜育苗生产中。从沼气池出料口掏取中、下层充分腐熟的沼渣，弃除其中较大的渣滓和柴草，用其较细腻的组分，与田园土按照 1∶3 的比例混合拌匀，达到手捏成团、落地能散即可。沼气池大换料时掏出的大量沼渣，可晾晒成干燥的营养基质存放备用，随用随取。

（2）作基肥施用

沼渣作基肥施用，一般在种植前随耕地施入，均匀撒施于地表，旋耕 30cm 后，根据不同栽培方式打垄做畦；作为温室等保护地作物的基肥，要在扣膜前施入，一般采用条施条播法施用，也可在移栽前穴施，将挖出的园土与沼渣混拌。沼渣作基肥施用时，不宜过早施入土壤，以防止反硝化作用造成氮素损失，降低肥效。

（3）作追肥施用

在作物生长需肥高峰期，用设备从沼气池中抽取中、下层沼渣，在池外露天堆放 5～7d 后结合浇水施入田间。沼渣作追肥时，不能掏出后立即施用，一定要先在沼气池外堆放几天。因为沼气池内是完全厌氧环境，刚掏出的沼渣还原性强，施用后会影响作物根系发育，有可能烧根或导致作物叶片发黄凋萎。尤其是用于大棚蔬菜追肥，更要将沼渣在棚外用塑料薄膜覆盖堆积 10d 左右，使其充分腐熟后再使用。

5.6 工程实例

5.6.1 自动分选-除渣-厌氧消化处理餐厨垃圾

5.6.1.1 引言

餐厨垃圾经自动分选、固液分离及油水分离处理后的固相物质中仍含有较多的可回收利用的有机物质，而且传统的厌氧反应器具有机物利用率低、降解率低和不稳定运行的缺点。因此设计出本工艺，既解决了上述存在的问题又得到很好的餐厨垃圾处理效果。

目前，国内成熟的有机垃圾协同处理技术不多，主管部门在积极寻求解决方案。其中餐厨垃圾和粪便是其重要的一部分，本技术将"二合一"处理该有机物。

5.6.1.2 餐厨垃圾产生现状

某市餐厨垃圾中主要包括水、无机物、油脂、木竹及塑料金属等物质。餐厨垃圾特点主要是：a. 含水量高，水分占到垃圾总量的 85% 左右；b. 有机物含量高，油脂高，盐分含量高；c. 易腐烂变质，易发酵，易发臭；d. 易滋长寄生虫、卵及病原微生物和霉菌毒素等有害物质。本工艺采用在某市其日处理 150t 餐厨垃圾＋200t 粪便。根据类似工程资料及相关经验，该市餐厨垃圾物理性质含量如下：含水率 84.82%、总固体含量 15.18%、灰分 0.70%、有机质 14.48%、易降解有机质 10%、不易降解有机质 2.28%、油分 2.20%、容重 1010kg/m³。

5.6.1.3　餐厨垃圾处理厂工艺设计方案

（1）工艺概况及流程图

工艺流程如图 5-20 所示。

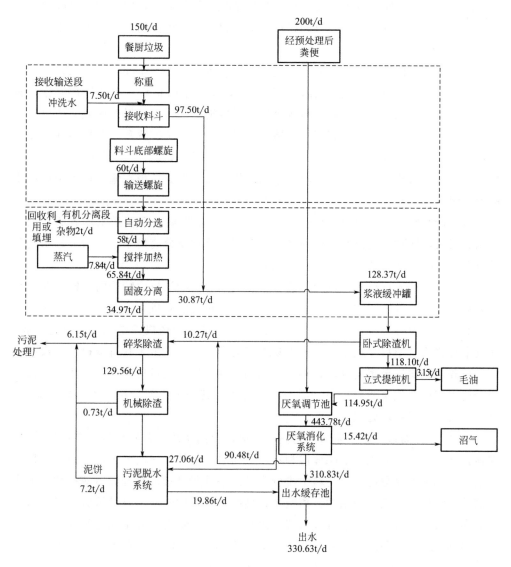

图 5-20　工艺流程

主要工艺流程概述如下。

1）预处理系统　餐厨垃圾车经称重计量后，直接将垃圾倾卸到垃圾接收料斗。在接收料斗底部设置两组双螺旋输送机，对大块垃圾及袋装垃圾有粗破碎功能，后经集料螺旋输送机将物料输送到自动分选机。经过自动分选机的作用，有机物料成为浆液状分离出来，经柱塞泵输送到后续工艺，塑料、纤维类物料及其他没有破碎的异物通过尾部排出，填埋处理或回收利用。

2）餐厨垃圾卸料系统　为尽可能减少卸料产生的气味外溢，废弃物卸料厅设计为双道门结构。在收运车到达时，外门打开，里门关闭；收运车进入卸料厅后，外门关闭，里门打开，收运车进行卸料作业。作业完毕，进行逆向操作。外门打开时，卸料厅通过臭气收集系统保持负压。此外，料斗区域与预处理车间其他区域通过隔离墙分隔，对此区域重点设置臭气收集系统，收集臭气集中处理。接收料斗在卸料工位对应位置设 2 个仓门及卸料口，未卸料时仓门可关闭，可以进一步控制臭气的无组织排放。

餐厨垃圾经称重后卸至进料斗，进料斗位于地下，料斗前设置一个卸料车位，有效斗容满足 1d 物料量的暂存需求，以应对设备的临时检修。料斗底部并排布置两组双螺旋给料机，将餐厨垃圾输送至集料螺旋输送机，再经提升螺旋输送机提升至自动分选机。为防止螺旋底部滤网堵塞，设置热水冲洗装置和人工检修孔，用热水定期清洗，并在极端情况下可通过人工检修孔排除故障。料斗底板采用多孔结构，并在接收料斗底部设置渗滤液收集箱，用于收集餐厨垃圾在输送过程中所产生的渗滤液，并由软管泵输送至油水分离系统。

3）自动分选系统　自动分选系统的主要作用是将输送系统送来的餐厨垃圾破碎制成浆液，同时将餐厨垃圾中的轻物质和部分重物质分离出来。自动分选系统包括自动分选机、杂物螺旋输送器、柱塞泵。

餐厨垃圾进入自动分选机后，其中大的固体有机物被机内特殊的转锤破碎为颗粒并从下部滤网排出。这样，可以有效地将餐厨垃圾的有机物组分与塑料、玻璃和砖石等杂质有效分离。从底部排出的浆液，通过螺旋输送机输送到后续处理设备。而其中轻物质（塑料、纸张等）和不易破碎的金属等杂质由于其特殊设计则没有被完全粉碎，被输送至尾端排出，再通过无轴螺旋汇集至皮带机输送至收集车，此部分分离出来的杂质主要为塑料、纸张等轻物质，其余为少部分小块不易破碎杂质，进行回收利用或填埋处理。

4）固液分离系统　制浆后的物料进入固液分离系统。首先经过搅拌加热装置，向搅拌加热装置中通入 0.2MPa 饱和蒸汽，同时在搅拌加热装置中设置搅拌机以达到蒸汽与物料的充分混合，物料中难分离的固态油脂经过加热升温后液态化，大大提高了后续处理工艺中油脂的分离效率；搅拌加热后的浆料经过挤压脱水机进行固液分离，液相浆液进入油水分离系统，固相浆料则被输送至碎浆除渣系统。

5）碎浆除渣系统　为保证餐厨垃圾中有机质的最大化利用与无机残渣的去除，上述经挤压脱水的固相浆料与油水分离过程中所产生的固相残渣被输送至碎浆除渣系统的高浓碎浆机处理。高浓碎浆机采用间歇式工作方式，碎浆前需向其中加入厌氧出水以增加固相浆料的含水率，碎浆机内部的搅拌叶片可高效地混合固相浆料及厌氧出水，得到均一的处理物。处理物再经废渣分离器进行固渣和液相的分离。

6）油水分离系统　油水分离系统主要包括有机浆液缓冲罐、卧式除渣机、立式提纯机和毛油储池。首先液相物料进入有机浆液缓冲罐，有机浆液缓冲罐设有蒸汽加热装置，便于冬天保温；该缓冲罐总体积 40m³。有机浆液首先被泵送至卧式除渣机进行两相分离，所得固相残渣输送至碎浆除渣系统中，而有机浆液泵送至立式提纯机中进一步处理，在其特殊的内部构造综合作用下可将有机浆液当中的油脂进一步提纯，得到的毛油纯度达 0.5%，送入毛油储罐暂存，可作为工业油脂原料外售，液相泵入厌氧消化系统。

7）厌氧消化系统　经过预处理、油水分离后的餐厨垃圾有机浆液及粪便在厌氧调节池中进行混合调质后进入厌氧消化反应器，进行厌氧消化反应。根据本项目有机垃圾物料性质的分析比较，拟采用中温厌氧消化系统，厌氧罐反应温度在 35℃左右。

厌氧消化反应器整合了上流式厌氧污泥床（UASB）与厌氧滤池（AF）的技术优点，相当于在 UASB 装置上部增设 AF 装置。将滤床（相当于 AF 装置内设填料）置于污泥床（相当于 UASB 装置）的中上部，由底部进料，于上部出水并集气。进料系统采用环形布液系统，在反应池底部设置多个环形布液系统，进料泵进料与厌氧循环泵回流水一起进入环形布液器均匀布液。填料层、上部澄清区以及沼气室相当于 UASB 中的三相分离器进行固、液、气的分离。出水由反应池顶部出水，排泥采用自动控制系统进行控制。底部进液上部出水可增强对底部污泥床层的搅拌作用，使污泥床层内的微生物同进料基质得以充分接触，从而达到更好的处理效率，且有助于颗粒污泥在反应器上部滤床中的形成。

8）锅炉系统　该有机垃圾"二合一"处理项目运行过程中，餐厨垃圾预处理系统当中的搅拌加热装置、油水分离系统和厌氧消化系统需要利用热源进行加热、保温，本方案中的热源为燃油、燃气两用锅炉所产生的 0.2MPa 的蒸汽。综合考虑，备用 1 台 2.5t/h 气/油两用型锅炉设备及辅助设施，用于本系统内预处理系统的搅拌加热装置、油水分离系统和厌氧消化系统提供热量。

（2）主要设计参数

厌氧消化池主要工艺参数有：a. 功能段设计为反应器下部，主要是上流式污泥床；b. 反应器中部，主要是填料床；c. 反应器中上部，主要是澄清区；d. 反应器顶部，主要是沼气室。反应器采用密闭池体的形式，恒温控制采用蒸汽喷射循环加热，通过温度 PID 调节蒸汽自动阀门开启度。水力停留时间 15d，底部污泥床污泥浓度 60g/L，容积负荷 6kgCOD/(m³·d)，实际表面负荷 0.9m³/(m²·h)，沼气产率（标）0.5m³/kgCOD，沼气产量（标）13528.91m³/d，处理效果比较理想。

（3）主要技术工艺特点

该技术解决了传统工艺存在的效能低、适应性低、废油脂回收低等问题。经验表明基于厌氧消化技术基础，该工艺线路简洁、处理效率高。优化的废油脂回收技术工艺流程简捷，成熟可靠、回收率高。碎浆除渣技术将有机质转入液相，实现了有机质的最大化利用以及无机残渣的去除。最后，厌氧消化技术降解效率高、停留时间短，解决了传统完全混合式厌氧消化工艺不可避免的物料短流，有机物降解效率低等问题，具有自净化能力、能耗低的优点。

（4）主要设备设施

① 主要建构筑物名称及参数如表5-6所列。

表 5-6　主要建构筑物一览表

序号	建构筑物名称	结构形式	数量	占地面积/m²	建筑尺寸	备注
1	料斗地坑	钢混凝土结构	1	480	24m×20m×6m	预处理车间内
2	卸料厅	钢结构	1	128	16m×8m×6m	
3	预处理车间	轻钢结构	1	1584	24m×66m×12m	含中控室、配电间
4	杂物外运间	钢结构	1	48	8m×6m×6m	
5	油水分离车间	轻钢结构	1	720	24m×30m×12m	
6	厌氧调节池	钢筋混凝土结构	1	—	12m×10m×4.5m	
7	厌氧反应器	钢筋混凝土结构	2	176	ϕ14m×24m	
8	出水缓存池	钢筋混凝土结构	1	—	9m×4m×4.5m	
9	污泥储池	地下式钢混凝土结构	1	—	4m×2.5m×4.5m	
10	污泥脱水车间	砖混结构	1	144	24m×6m×5.5m	

② 投资及运行成本：本工艺设计范围内预处理系统、油水分离系统、厌氧消化系统及电气、自控系统设备投资估算。其中厌氧消化系统设备投资估算中包括厌氧消化反应器。该工艺设计范围内的设备购置及安装总投资为3896.69万元。且该工艺通过公共辅助设施及相关处理设施的合建、工艺水的循环利用，降低了投资和运行费用。

5.6.1.4　处理效果

（1）污染物去除效果

经物料衡算，日处理餐厨垃圾150t，含水率84.82%，经预处理后的粪便200t/d，含水率95%。在处理过程中，进入系统的物质约15.34t/d（包括冲洗水7.5t/d、蒸汽7.84t/d）。其处理结果为：回收毛油3.15t/d，产沼气量13528.91m³/d（即为15.42t/d），塑料、金属等杂物2t/d，可填埋或回收利用。约有14.08t/d物质输送至污泥处理厂进行处理（包括6.15t/d碎浆除渣、0.73t/d机械除渣、7.20t/d泥饼），外输污水约为330.68t/d（包括污泥脱水清液19.86t/d、厌氧出水310.83t/d），经污水处理系统处理后达标排放。

（2）处理效果与不足

该工艺在某市进行了一年的中试准备和实验工作，成功处理了该市餐厨垃圾处理项目（200t/d），在业内已具有一定的影响力。系统运行稳定、处理效果显著，经监测不同时间的指标见表5-7。

表 5-7　处理后垃圾实测数据

监测时间	有机质回收率/%	沼气产生量(标)/(m³/d)	降解率/%
2012-08-03	75	10143.12	79
2012-12-04	74	10139.88	78
2013-04-03	78	10144.30	82
2013-08-03	74	10143.89	79

其中自动分选技术预分选有机物损失小于 2%，并成功地从餐厨垃圾中充分回收油分，得到的毛油纯度达 0.5%，有机垃圾充分处理并再利用。

但是该工艺在运行过程中仍存在一些不足，在自动分选的过程中必须通入高温饱和蒸汽但物料加热温度不得超过 75℃，避免过度加热带来的能源消耗，条件苛刻。而且该工艺各部分严格按照要求进行，必须要定期进行维护，对专业人员有较高的技术要求。经过上述工艺处理后，原餐厨垃圾分离的塑料、植物纤维、固相残渣等要进行后续处理。另外，该工艺占地面积较大。

5.6.2　北京董村生活垃圾综合处理厂

5.6.2.1　引言

北京市董村分类垃圾综合处理厂是住建部示范工程，也是北京市重点建设工程，已纳入北京市政府《城市生活垃圾治理白皮书》总体规划。项目位于北京市通州区台湖镇董村，占地面积 35 亩，预计总投资额 3.1 亿元。北京市董村分类垃圾综合处理厂总设计处理能力为 650t/d，其中小区分类垃圾分选系统 150t/d，城市生活垃圾处理能力 300t/d，餐厨垃圾处理能力 200t/d。项目总投资 18419 万元，采用 BOT 运营模式。治理效果，200t/d 垃圾进场，分选后约 22t/d 垃圾外运焚烧或填埋，发酵后脱水污泥约 43t/d 堆肥。

5.6.2.2　餐厨垃圾处理厂工艺设计方案

（1）工艺概况及流程图

根据所处理的垃圾性质，泔水及有机垃圾、液态有机垃圾含有大量的水分，主要是固液混合的形式，采用 Biomax 湿式厌氧消化工艺。餐厨垃圾厌氧消化主体工艺流程见图 5-21。

工艺过程描述如下。

1）进料与预处理单元　进料系统分别针对可能处理的不同垃圾种类进行设计。考虑到生物反应器的处理能力，本系统共设有 3 个进料口，分别为泔水进口、有机垃圾进口以及液态有机垃圾进口。

2）厌氧消化单元　湿式发酵反应器是完全混合式圆柱型反应器，采用拱顶，底部是倾斜式。由于本方案所选用的厌氧细菌的温度范围为 33～39℃，故称为中温反应器。

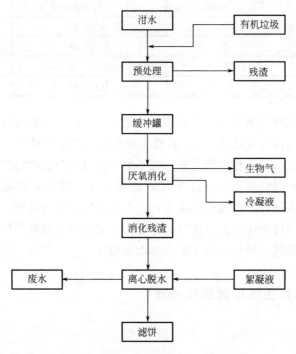

图 5-21　湿式厌氧消化主体工艺流程

3）生物气利用单元　储罐的容积设计为 2000m³，气体储罐的设计是为了调节生物气体系统的波动性。储罐设有高压保护系统，同时还设有冷凝水的收集系统。

4）残渣脱水单元　从消化罐排出的消化浆液由两个离心脱水机进行脱水，其中包括絮凝剂投加设备和计量设备。消化浆液脱水后得到固态产物脱水残渣和液态产物消化液。

5）稳定化处理　湿式厌氧消化的残渣经脱水后每天大约产生 42.5t，考虑 15％峰值，采用高温好氧堆肥处理工艺。稳定后的产物可作为营养土出售或者进行深加工后作为肥料出售。

（2）主要技术工艺特点

① 优点是具有高的有机负荷承担能力，能回收生物质能，较好地实现餐厨垃圾处理的"无害化、减量化及资源化"的要求。

② 缺点是工程投资大，占地较大，设备安装调试相对困难，工艺较复杂，产生的沼液、沼渣量较大，处理难度大，运营成本高。

5.6.3　广州市李坑餐厨垃圾综合处理

5.6.3.1　引言

该项目是目前国内最大的餐厨垃圾处理项目，项目总投资约 4.1 亿元，日处理厨余垃圾 1000t。项目采用的主体工艺路线为"大件分选＋热水解＋压榨制浆＋厌氧消化＋废水处理＋沼气发电"。广州市李坑综合处理厂的顺利建成，能有效解决整个广州市 8% 的生活垃圾出路问题，对完善终端垃圾处理设施、推进垃圾分类工作有着重要意义。

5.6.3.2　餐厨垃圾产生现状

广州市六区（荔湾区、越秀区、海珠区、黄埔区、白云区、天河区）经分类收集后居民生活垃圾中的餐厨垃圾以及农贸市场产生的有机易腐垃圾。

5.6.3.3　餐厨垃圾处理厂工艺设计方案

（1）工艺概况及流程图

餐厨垃圾整体解决方案以餐厨垃圾无害化、减量化为目标，进行最大限度的资源化。基于餐厨垃圾目前的分类状况，选择无阻塞、高效的前处理工艺，采用本公司核心厌氧技术为主工艺。因地制宜地配套除臭系统、沼气存储净化综合利用系统、沼渣处理系统。优化资源配置，达到以人为本、因地制宜、人和环境和谐发展的目标。据介绍，该项目采用"大件分选＋热水解＋压榨制浆＋厌氧消化＋废水处理＋沼气发电"的主体工艺路线，即餐厨垃圾首先通过大件分选和热水解，然后通过压榨制浆技术分离出高浓度有机浆和固体，固体运至厂外焚烧厂处理，高浓度有机浆先通过厌氧发酵处理，发酵生成的沼气净化后进行发电，剩余的沼液通过"MBR＋NF＋RO"工艺进行处理，沼渣和污泥通过离心脱水、热水解和板框过滤后外运焚烧。餐厨垃圾处理工艺流程如图 5-22 所示。

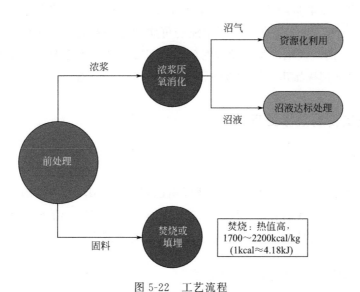

图 5-22　工艺流程

（2）主要技术工艺特点

① 快速无害化、彻底稳定化、减量化率达到 85％以上，固体、液体和气体"三废"均得到有效控制。

② 工艺流程相对简单，系统稳定性强：避免了常规餐厨垃圾预处理过程中的破袋破碎工序受塑料、织物、绳索等软性杂物缠绕，木头、金属卡死等问题，大大缩短了工艺链，降低了设备的故障维修率，提高了系统稳定性。同时也减少了设备投资，对物料无特殊要求，特别适合应用于规模化分类餐厨垃圾终端处理设施建设。

③ 预处理技术完全是针对目前餐厨垃圾特性而自主研发的工艺，残渣含水率低，热值高，易降解性有机物含量低，二次环境污染少，可实现餐厨垃圾中有机物的快速浆化，浆化效果好，厌氧消化性能好、产气量高，有机质降解转化率可达到 90％～95％。

④ 最大限度资源化，产生的沼气作为优质清洁能源利用，沼气产率可达到 $60\sim80m^3/t$。

⑤ 全密闭生产，并采取除臭措施，防止二次污染。

⑥ 废气余热充分回收利用，符合国家节能降耗的政策。

5.6.3.4 处理效果

可实现餐厨垃圾的快速无害化，原料无需破袋，可实现固体 78％～87％的减量化，每吨餐厨垃圾产沼气量为 $60\sim80m^3$。沼气经脱硫、脱水预处理后，一部分送至沼气锅炉，加热软水产生蒸汽，供预处理和厌氧消化使用，剩余沼气通过沼气发电机组发电，发电量约为 $1\times10^5\,kW\cdot h/d$。本技术自身能够实现城市居民餐厨垃圾 80％的减量，再与焚烧发电厂相配套可实现总量超过 95％的餐厨垃圾减量，使原使用 15 年的垃圾填埋场可填埋时间增加了 200 年。本项目为探索城市垃圾处理新思路、彻底解决城市生活垃圾问题开辟了一条新的途径。

5.6.4 重庆餐厨垃圾处理

5.6.4.1 引言

重庆餐厨垃圾处理项目单厂总处理规模达到 1000t/d，是中国的餐厨垃圾处理最大的项目之一。目前前三期 500t/d 已稳定运行，日产沼气 40000m³，发电 80000kW·h。第四期 500t/d 的餐厨项目正在安装调试中。

5.6.4.2 餐厨垃圾处理厂工艺设计方案

该项目工艺全部采用普拉克的 ANAMET ® 高温厌氧消化技术，产生的沼气经后续的生物脱硫等净化工艺后用来发电或提纯或作为车用燃料。整个项目是生物质能转化绿色能源的典型案例，也是目前国内在运行的最大的餐厨垃圾能源利用项目。工艺流程如图 5-23 所示。

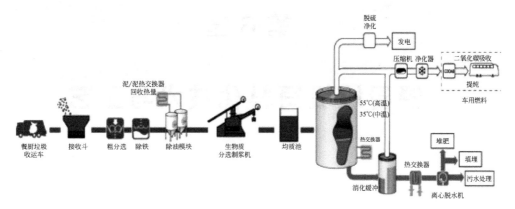

图 5-23　工艺流程

5.6.4.3　处理效果

该项目的处理效果如表 5-8 所列。

表 5-8　处理效果一览表

垃圾类型	处理量	干固体含量	回收绿色能源	沼气用途
餐厨垃圾一期	167t/d	12.5%	沼气 13000m³/d	发电,装机 1MW
餐厨垃圾二、三期	333t/d	12.5%	沼气 26000m³/d	发电,装机 2MW
餐厨垃圾四期	500t/d	12.5%	沼气 39000m³/d	提纯制 CNG
餐厨油回收项目	480t/d	12.5%	含油 97%,油脂 12t/d	

◆ 参考文献 ◆

［1］王暾.油脂和盐分对餐厨垃圾单级厌氧消化影响的试验研究［D］.重庆：重庆大学，2008.

［2］任连海，田媛.城市典型固体废弃物资源化工程［M］.北京：化学工业出版社，2009.

［3］吴云.餐厨垃圾厌氧消化影响因素及动力学研究［D］.重庆：重庆大学，2009.

［4］赵振焕.酵母菌对餐厨垃圾厌氧发酵产乙酸的影响研究［D］.青岛：中国海洋大学，2009.

［5］王睿.沼气工程中湿法脱硫工艺设计及过程优化［D］.杭州：浙江大学，2017.

［6］查罗男，孙岩斌，郭强，等.餐厨垃圾厌氧消化工程中沼气利用方式的选择——以四川某项目为例［J］.绿色环保建材，2020（5）：245-246.

［7］陈锡腾.厨余垃圾干式厌氧发酵酸化失稳调控研究［D］.北京：北京工商大学，2020.

［8］张思梦.经湿热除油后的餐厨垃圾高负荷厌氧消化产甲烷工艺研究［D］.北京：北京工商大学，2019.

［9］任连海.餐厨废弃物资源化处理技术与应用［M］.北京：中国标准出版社，2014.

［10］陈冠益，马文超，钟磊磊，等.餐厨垃圾废物资源综合利用［M］.北京：化学工业出版社，2018.

［11］李来庆，张继琳，许靖平，等.餐厨垃圾资源化技术及设备［M］.北京：化学工业出版社，2013.

第6章

餐厨垃圾饲料化技术与工艺

6.1 饲料化技术概述

6.1.1 技术发展

现代餐厨垃圾饲料化是指利用高温湿热灭菌和好氧发酵技术，在杀灭病原菌、去除同源威胁的基础上，对好氧发酵产物进行相应的后处理，形成饲料添加剂的全过程。

餐厨垃圾作为畜禽饲料在我国有着长远的历史，由于其营养成分丰富、含量高，在粮食缺乏的年代曾为畜牧业的发展做出重大贡献，特别是对于我国早期的养猪业发展。1980年前后，饲喂餐厨垃圾的"泔水猪"曾作为城郊畜牧业的重要发展模式得到大力推广，并帮助部分城郊养猪农户实现发家致富目标。但随着社会经济水平发展和人民物质生活水平的提高，餐厨垃圾的来源日趋复杂、成分越来越复杂，以及人民对于动物产品的要求愈加严格，社会大众逐渐开始关注餐厨垃圾直接饲喂家畜这一生产模式背后的安全隐患问题。

餐厨垃圾因有机质含量丰富，在存放过程中极易腐败变质，产生病毒、致病菌及病原微生物，直接饲喂家畜将会造成疾病的传播、交叉感染等隐患，并易引发新的污染。未经无害化处理的餐厨垃圾直接用作家禽与家畜的饲料喂养，不能保证饲料和养殖过程的安全性，无法满足饲料质量达标要求。英国、法国、爱尔兰、澳大利亚等国均出台政策，明令禁止将餐厨垃圾直接作为动物饲料。我国也于2006年颁布实施《中华人民共和国畜牧法》，其中第四十三条明确规定，饲养户不得使用未经高温处理的餐厨垃圾饲喂家畜。2010年9月，农业部成立餐厨垃圾饲料化利用安全评价专家工作组，并颁布出台《餐厨废弃物饲料化利用安全评价实施方案》，该方案对全国各大城市餐厨垃圾饲料化试点进行工艺考察及产品应用情况调研，明确饲料化过程中有毒有害物质产生情况，为餐厨垃圾制备饲料行业标准化奠定基础。

随着我国养殖业的发展，我国饲料行业正面临着饲料资源尤其是蛋白饲料原料短缺的问题，而餐厨垃圾中含有大量的有机营养成分，如果经过合理处理进行饲料化应用，可以充分利用其中的营养成分，对解决饲料资源短缺的问题具有重要意义。目前餐厨垃圾饲料化技术包括两种，即物理法和生物处理法。

① 物理法中的核心工艺是脱水干燥，可分为高温脱水、发酵脱水和低压油炸脱水。餐厨垃圾发酵过程中，微生物产热加快体系内水的蒸发，从而使水分含量降低。干燥法制饲料的技术实现餐厨垃圾无害化主要是通过高温干燥灭菌，不同加热工艺的加热温度和持续时间不同，湿热法一般略高于干热法。

② 生物处理法，即将餐厨垃圾饲养特定非食性生物，然后进行转化物质的提升应用。生物处理法的技术核心是微生物利用餐厨垃圾中的营养物质，最终把这些物质转变为自身的生长和繁殖所需的能源和物质。其产物一般被认为是由微生物自身及其蛋白分泌物组成的蛋白饲料。

随着人们环境意识的提高，对餐厨垃圾的处理会越来越重视，餐厨垃圾饲料化技术作为其资源化利用的发展方向，在今后的垃圾处理技术中将会占据越来越重要的地位。随着工业化水平的提高，经济结构的战略性调整，我国将继续大力发展与经济社会水平相适应的餐厨垃圾饲料化技术，但是仍然存在一些问题需要人们深入研究。

6.1.2 典型饲料化技术

6.1.2.1 物理法

物理法是利用机械设备对餐厨垃圾脱水后进行干燥消毒，最终粉碎形成饲料的过程。其原理是采用高温消毒的原理，杀灭病毒，经粉碎后加工成饲料。餐厨垃圾处理前需要经过分拣，去除塑料、重金属等不能作为饲料的杂质；然后进行破碎处理，处理到合适的粒径后进行脱水处理。进行预处理后的餐厨垃圾进行烘干、消毒、二次破碎和筛分，最终制成饲料。

餐厨垃圾物理法制饲料的工艺流程如图 6-1 所示。

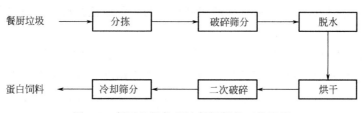

图 6-1 餐厨垃圾物理法制饲料的工艺流程

（1）基于高温脱水的饲料化技术

高温脱水法指在对餐厨垃圾进行分拣、破碎、脱水脱油等过程后，采用加热工艺，将餐厨垃圾加热到一定温度以达到灭菌和干燥的目的，并通过二次破碎、发酵、调质、制粒与烘干过程后获得饲料。根据处理过程水分含量不同，可将高温技术分为湿热处理和干热处理。

① 湿热处理技术是将餐厨垃圾和水共置在密闭容器内加热，在一定压力和温度作用下发生一系列物理化学反应，使难降解的有机物或固体物质分解成小分子有机物或 CO_2、H_2O 等无机物，经过后续处理后转化成为饲料。其特点是能有效杀灭病原体，并通过控制反应条件达到减少营养成分损失的目的，同时降低餐厨垃圾中的油分和盐分，提高饲料的品质。

② 干热技术即高温干化灭菌技术，是在餐厨垃圾进行分拣、破碎、脱水、脱油、脱盐后进行加热干燥，制成饲料。与湿热处理相比，在物料进行预处理后直接进入烘干机烘干，同时达到烘干和灭菌的目的。

近年来，我国众多企业运用国内研究开发的湿热水解处理技术处理餐厨垃圾制备饲料。其方法主要是先将餐厨垃圾装入密闭的容器内，在 180～200℃温度下进行湿解，在水解的过程中同时灭菌并祛除异味。湿解后的物料经过干燥、筛分后制成饲料原料。显然，餐厨垃圾的高含水率有利于通过加热实现湿热环境，利于实现灭杀病菌，并转化成饲料原料。这种湿热处理技术由于具有良好的无害化处理效果得到普遍认同。湿热水解过程中餐厨垃圾中的糖类、蛋白质、脂肪、纤维素等成分也会产生变化，但由于对湿热水解产物缺乏研究，其产物是否需要二次发酵等问题存在争议。

（2）基于发酵脱水的饲料化技术

将餐厨垃圾通过微生物发酵技术制成发酵饲料，发酵过程中微生物产热加快体系水的蒸发，从而使水分含量降低的过程。这种处理工艺一般周期较长、需要对菌种进行选择管理、工艺较复杂。

（3）基于低压油炸脱水的饲料化技术

油炸脱水是以油为热载体，在减压状态下对原料进行脱水。餐厨垃圾经过分选、破碎处理过程后在油炸脱水装置内进行反应，在减压条件下利用1100℃的废油热，生产出脱水饲料。低温油炸技术不仅保证了餐厨垃圾的营养成分，还能同时进行消毒，消灭病菌。油炸脱水后的产品可作为一种绿色饲料，但该技术投资成本较大，还未广泛使用。

物理法的优点在于餐厨垃圾的资源化利用程度高，机械化程度较高，占地较小。由于大部分都采用高温灭菌处理的方法，在高温高压下杀灭有毒有害病菌，能有效降低动物同源性危害。但是由于工艺涉及高温高压条件，存在设备投资高、处理难度大和运营成本增加等方面的不足，且其产品销路存在着很大的问题，相比之下微生物法制得的饲料在市场上备受欢迎。

6.1.2.2　微生物法

餐厨垃圾发酵制蛋白饲料技术是利用生物发酵餐厨垃圾中的有机物，使其转化为高蛋白含量的产物以制成蛋白饲料。与高温干燥工艺相比，微生物发酵生产餐厨垃圾蛋白饲料工艺更为先进。两者之间最主要的区别在于：微生物发酵法在对物料进行干燥粉碎之前，先接种特定的微生物，通过微生物的厌氧发酵作用，达到浓缩物料蛋白类营养成分的目的。餐厨垃圾经过除杂处理后，与其他辅料混合、匀浆、灭菌并接种特定微生物进行发酵，发酵后再进行干燥处理，粉碎打包。微生物法制饲料大体上可分为两类。一类主要是利用微生物的发酵作用改变饲料原料的理化性状，积累有用的中间产物，增加其适口性，提高消化吸收率及其营养价值；此类微生物饲料主要包括乳酸发酵饲料（青储饲料）、畜禽屠宰废弃物发酵饲料、发酵脱毒饲料、微生物发酵生产的饲料添加剂等。另一类微生物法是利用各种废弃物、纤维素类物质、淀粉质原料、矿物质等培养的微生物菌体蛋白、藻类等。一般所说的微生物法处理餐厨垃圾是指第二类。

下面以单细胞蛋白饲料为例介绍基于餐厨垃圾的饲料生产工艺。

单细胞蛋白饲料生产是指以餐厨垃圾为原料，利用微生物活跃的繁殖和代谢来生产、调质的微生物蛋白饲料。由于餐厨垃圾中的有机质被微生物分解代谢，合成自身蛋白类物质，可提高成品饲料中氨基酸、蛋白质和维生素含量，能够代替大豆、鱼粉等蛋白饲料原料。制备出的餐厨饲料具有蛋白消化吸收率高、营养功能多、适口性好等优点。单细胞蛋白饲料连续生产并不受气候、土壤、自然灾害影响，生产工艺稳定。其工艺主要包括预脱水、除杂、破碎、固液分离、油水分离、高温灭菌、混合搅拌、发酵、调质、制粒和烘干，如图6-2所示。

（1）预脱水与除杂

餐厨垃圾在进行分选之前应进行预脱水处理，将餐厨垃圾中游离水分排除能有效提高后续工艺的效率。餐厨垃圾中含有一次性餐具、塑料袋、瓶盖、玻璃等杂质，这些杂质会影响最终产品的质量。在破碎之前进行除杂，可以减少进入破碎机的物料量，提高效率的同时节约能源，而且避免杂质经过破碎工艺后粒径变小，在后续分选工艺中难以与餐厨原料分离。因餐厨垃圾中杂质的尺寸，密度差别比较大，若只采用一种分选方法很难达到理想的分选效果，针对这个问题可以考虑采取两步分选的方法：首先，将餐厨垃圾进行筛选，去除大粒径的杂物；随后将筛选后的餐厨垃圾进行破碎，破碎之后进行二次分选。除采用分选除杂技术对餐厨原料进行除杂外，源头分类往往更具有优势，如果将餐厨垃圾分类投放和分类收运，则可以大大降低处理难度。

（2）破碎

餐厨垃圾中的碎骨、果皮果核等以固形物存在的物质必须先进行粉碎处理，破碎后的残渣粒度要均匀。这样既增强了流动性，便于固液分离，而且残渣破碎后，其相互间空隙变小，密度增加，节约存储空间。破碎方法主要依据待处理废物的类

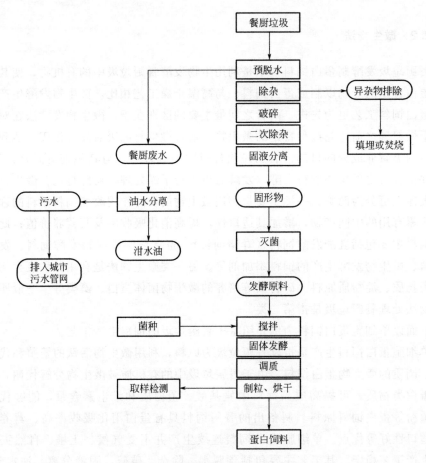

图 6-2 单细胞蛋白饲料生产流程

型和希望得到的终端产品进行选择。按照破碎固体废弃物所采用的外力，即消耗能量的形式可分为机械能破碎和非机械能破碎两种方法。机械能破碎是对固体废弃物施力而将其破碎的，包括冲击破碎、挤压破碎、剪切破碎、摩擦破碎等；非机械能破碎是利用电能、热能等对固体废物进行破碎的新方法，如低温破碎、热力破碎、减压破碎及超声波破碎等方法。根据餐厨垃圾中固形物成分的特殊性，其破碎处理不必使用刀刃切割的方式，可以采用挤压、研磨粉碎等方式。

（3）固液分离

餐厨垃圾含水量大，过高的含水量会影响后续分选和发酵工序的处理效果，虽然前面已经经过预脱水处理，但是预脱水只是除去餐厨垃圾中的游离态的水分，餐厨垃圾中其余形态的水需通过固液分离工艺进行分离。企业若在收集阶段采用具有固液分离装置的专用餐厨垃圾集车辆，其可在工艺流程中减少固液分离装置的配备。

（4）油水分离

由于废油脂在空气中容易氧化酸败，产生异味，餐厨垃圾饲料化产品中油脂含量不宜过高，否则对产品的储存和口味均会产生不良影响。因此，利用餐厨垃圾生产饲料产品时需要尽可能地将废油脂分离出来。

（5）高温灭菌

自然存放的餐厨垃圾极易变质。能引起餐厨垃圾变质和食物中毒的常见细菌有芽孢杆菌属、梭状芽孢杆菌属、埃希氏杆菌属、沙门氏菌属、志贺氏菌属、葡萄球菌属、链球菌属等。芽孢杆菌属为革兰氏阳性菌，其中有些具有毒性，能引起食物中毒。链球菌属中的溶血性链球菌会引起疾病，志贺氏菌属又称痢疾菌属，是主要的肠道病原菌。通过脱水结合加热高温干燥工艺可达到灭菌的目的，从而保证干燥产品的稳定性。物质在绝干状态下可以长期保存而不变质，干燥后的物料不但性质稳定，且不含有害成分，便于储存运输，确保了其作为饲料原料的安全性。此外，基于餐厨垃圾高含水率的特点，可以采用湿热灭菌技术达到无害化处理的目的。在餐厨垃圾高温预处理过程中，产生的湿热蒸汽具极强的穿透能力，易使蛋白质发生凝固，这是导致杂菌微生物死亡的主要原因。

（6）混合搅拌与发酵

将培养好的菌种和经过处理的餐厨垃圾均匀混合，使菌种与物料充分混合接触后进行发酵。发酵分为固体发酵和深层液体发酵。固体发酵工艺是很古老的技术，很久以前人们就利用固体发酵制造食品、干酪和堆肥。与液体发酵相比，固体发酵工艺虽然存在不易机械化、发热、细菌污染、生长估测和底物含水量控制困难等问题，但是它具有高产、简易、低投资、低能耗、高回收、无泡沫、需控参数少、无或少环境污染等突出优点。当生产某一类产品时固体发酵的经济效益大大优于液体发酵产品。从成本考虑，以微生物细胞本身为产品的单细胞蛋白固体发酵产品大大优于液体发酵产品。固体发酵可采取规模生产，可以小规模分散生长，亦可以半机械化或机械化集中生产。生产方式主要为曲盘法、发酵池法、发酵机法。深层液体发酵有分批发酵和连续发酵两种。其中连续发酵是在对数期用恒流法培养菌体细胞，使基质消耗和补充、细胞繁殖与细胞物质抽出率维持相对恒定。该法和分批培养相比，不易染杂，质量稳定。

（7）调质、制粒与烘干

在饲料熟化的过程中对饲料进行调质，使饲料的性能随颗粒质量的改善而得到提高。单细胞蛋白饲料制粒是为了使饲料能够耐受潮湿的环境，在恶劣条件下并能保持原样。饲料原料的制粒特性是指原料压制成颗粒的难易程度，饲料原料的制粒特性很大程度上制约了制粒的效率和质量。单细胞蛋白饲料中蛋白质含量高受热后黏性增加，制粒效率高、质量好。粉碎粒度决定饲料组成的比表面积，粒度越细，比表面积越大，物料吸收蒸汽中水分越快，利于物料调质糊化，也易制粒成形。从制粒角度来讲，粉碎过细，制粒强度高，但所需蒸汽量大，稍不留意会产生堵机问题。且原料粉碎过细，造成粉碎电耗过高，粉碎粒度过粗，则增加环模和压辊磨损，制粒成形困难，尤其是小孔径环模成形更难。此外会造成物料糊化效果差，导致能耗高、产量低、颗粒含粉率高，因此原料粉碎应适度。最后，对产品进行烘干，去除水分，目的是使饲料能长期保存。需要注意的是在调质和烘干的过程中应使温度不高于 60℃，这样蛋白饲料在发酵中形成的酶物质等不会被全部破坏，酶的存在将有助于饲料的消化和吸收。

餐厨垃圾利用益生菌进行发酵，使其中不利于动物体吸收的蛋白及无机氮源转化为菌体蛋白或肽类物质，从而促进饲料被动物消化吸收。微生物发酵法与高温灭菌干燥法的不同点就在于，在餐厨垃圾经过分选、油脂分离、固液分离、灭菌后向其中添加了一定接种量的发酵菌种。这些菌种利用餐厨垃圾中的有机质及无机营养成分进行大量繁殖，形成生物活性蛋白饲料。生物活性蛋白饲料是由益生菌群和发酵培养基残基共同组成的混合物，其最大的优点是富含各种蛋白质、氨基酸、维生素等物质；另外，菌体经过发酵产生各种香味物质，使得其适口性好。餐厨垃圾饲料化产品优越性表现在以下几个方面。

① 生长速度快，蛋白含量高：例如酵母菌繁殖一代的时间是 1～3h；细菌是 0.5～2h；藻类是 2～6h。在同一时间内，微生物合成蛋白质的能力比植物快几倍到几万倍，比动物快几十倍到几十万倍。按其干重计算，微生物菌体蛋白质含量很高，细菌一般为 40%～80%、酵母菌为 40%～60%、霉菌为 15%～50%、藻类为 60%～70%，是一种理想的蛋白质资源。大规模发酵体系在 24h 内甚至可生产数吨蛋白质，其产品蛋白含量高达 40%～80%。

② 原料来源丰富：制备饲料的原料来源极广，淀粉及其生产过程的下脚料、废糖蜜、废酒糟液，某些工业废渣、味精厂废水、纸浆废水、秸秆、餐厨垃圾等均可作原料。

③ 生产过程易控制：较少受气候、土壤和自然环境的影响，可连续生产。它的生产环境可以人为控制，易于实现工业化生产。此外，微生物能在相对小的连续发酵反应器中大量培养，占地面积小。

④ 微生物易于变异：可以通过各种物理、化学方法进行诱变，或采用基因重组技术对单细胞蛋白菌种进行遗传性状的改变，从而获得优质高产的突变株。

⑤ 丰富的营养物质：单细胞蛋白饲料蛋白质含量占 50% 左右，比豆粉约高 25%，而且可利用的氮比大豆约高 20%，在有蛋氨酸添加时可利用氮高达 95% 以上。

6.2　餐厨垃圾饲料化工艺与主要设备

6.2.1　预处理设备

在餐厨垃圾饲料化技术中，为对物料中的有害细菌进行灭菌及解决同源相食的问题，需要对餐厨原料进行高温灭菌处理，这就决定了物料有必要进行预处理。饲料化技术对原料有以下要求：首先尽量减少塑料、玻璃、皮革布料等无机物混杂在物料中，减少物料中杂质含量不仅提高产物品质，还预防搅拌机出现缠绕导致机器不能正常工作的问题；其次，物料粒径大小满足需运输管道的要求，不能出现管道、阀门堵塞的情况；最后，易实现渗滤液的分离与收集，减少进料中油脂的含量。针对餐厨垃圾饲料化工艺的要求，需要对其进行预处理。

　　餐厨垃圾的预处理技术主要是指，在餐厨垃圾主体处理单元之前进行的必要的分选、除杂、破碎等工艺技术，具体处理流程见图 6-3。其目的主要是去除餐厨垃圾中的废钢铁、废玻璃、废陶瓷等无机杂质和废纸、废塑料、废餐盒、筷子等非营养性有机物，为后续处理环节创造有利条件。另外，由于餐厨垃圾是固形物、水和油脂等多元多相体系，一方面，其中含有的废油脂是生产生物柴油、硬脂酸和油酸等化工产品的优质原料，具有很高的再生利用价值；另一方面，这些废油脂的存在对餐厨垃圾的处理过程存在不利影响，易黏附器壁造成管路堵塞、包裹支撑介质、干扰微生物生命活动等，也会对饲料和肥料等资源化产品的品质造成不利影响。如油脂发酵极易产生黄曲霉素等致癌物质，油脂易氧化酸败、易挥发等特性，降低餐厨垃圾饲料化产品品质。因此，餐厨垃圾油水分离和脂类物质的回收是餐厨垃圾处理工艺中的一个重要环节。

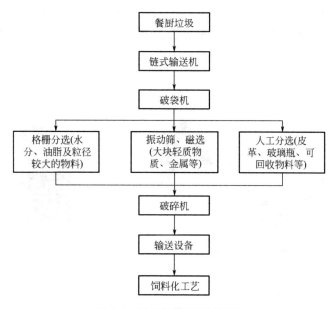

图 6-3　餐厨垃圾预处理流程

6.2.1.1　预分选技术及设备

　　分选是餐厨垃圾预处理的重要环节，其目的是将餐厨垃圾中的塑料袋、玻璃、木块和金属等不可降解或对后续处理工艺产生不良影响的物质预先分离出来。餐厨垃圾分选可分为人工分选和机械分选两种方式。人工分拣的优点在于人的能动分辨能力远优于机械，一个人可以同时完成多种杂质的分离，且分离效果较好、分拣成本较低。机械分选是利用不同垃圾的物理性质，如密度、粒度、磁性及表面润湿等差异，从而采用风力、水力、机械力、电磁力等实现对不同垃圾组分的分离。机械分选的效率高，处理量大，但处理效果不如人工分选理想，所以目前大规模的餐厨垃圾预处理一般采用人工分选和机械分选相结合的处理方法。

（1）破袋

为了保证运输过程中的清洁卫生，一般要求将餐厨垃圾装在具有较大容积和较高强度的塑料袋中，且餐厨垃圾来料中含有部分塑料袋和塑料桌布，这些废塑料作为包装物包裹了大量餐厨垃圾。在餐厨垃圾处理处置中，需要将垃圾中废塑料进行破袋处理。其目的是对餐厨垃圾的包装进行破碎，使垃圾散落出来，同时将尺寸较大的餐厨垃圾破碎，便于后续的分选处理。餐厨垃圾中废塑料的破袋方式主要采用剪切式破碎装置。剪切破碎是靠固定刀和可动刀之间的啮合作用以剪切废物，将固体废料剪切成段或块。其工作流程是垃圾送入破碎筛分机内，在旋转筛筒刮板和螺旋刮板差动转动下对物料进行剪切，同样在刮板的作用下对塑料、编织袋等塑料进行撕裂将垃圾袋割破，垃圾从底部排出。

（2）格栅分选机

格栅分选机的原理与污水处理行业的格栅去污机的原理相似，是用于餐厨垃圾分选和脱水的预处理设备。常用的格栅分选机有静格栅分选机和振动格栅分选机（分别见图 6-4、图 6-5）。

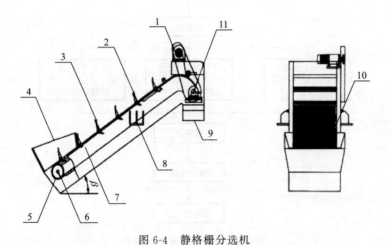

图 6-4　静格栅分选机

1—电机；2—挡料板；3—耙管；4—进料槽；5—链条；6—从动导轮；7—清污耙齿；
8—设备支架；9—出料口；10—滤水格栅；11—主动导轮

① 静格栅分选机的滤水格栅为固定结构，耙齿为活动结构，餐厨垃圾从进料槽进入，在挡斜板的作用下慢慢上升，在上升过程中餐厨垃圾中的水分、油脂等液态物质从栅条间隙沥掉。与此同时，清污耙齿将格栅之间阻塞物的污物清除掉，从而使餐厨垃圾中游离水的脱出效果更佳。餐厨垃圾在到达格栅分选机顶部后从出料口排出。静格栅分选机主要作用是去除餐厨垃圾中的游离水，适合处理含水率较高、成分单一、无机组分较少的垃圾。

② 振动格栅分选机原理与静格栅分选机相同，唯一的区别在于振动格栅分选机的清污耙齿在做回转运动，当清污耙齿在下方时，设备振动可将残留在格栅条上的黏性物质及堵塞物振散振掉。振动格栅分选机主要用于分离餐厨垃圾中无机组

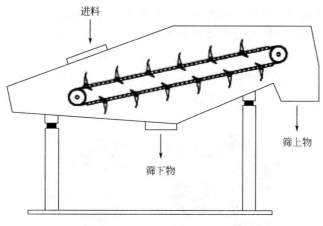

图 6-5　振动栅分选机

分，适合处理成分复杂的餐厨垃圾。

（3）筛分

筛选是利用筛面将大于筛孔尺的物料留在筛面上，小于筛孔尺寸的物料透过筛面来实现粗细物料的分离。该分离过程可看作是由物料分层和细粒透过筛子两个阶段组成的。细粒透过筛子是分离的目的，物料分层是完成分离的前提条件。当筛选设备运行时，筛面与物料之间保持适当的相对运动，使堵在筛孔的物料脱离筛孔，同时松散的流动物料由于小颗粒容易沉降而大颗粒上浮实现分层，大颗粒位于上层，小颗粒位于下层，规则排列透过筛面。粒径小于 3/4 筛孔尺寸的物料容易通过筛面称为"易筛粒"，大于 3/4 筛孔尺寸的物料难通过筛面称为"难筛粒"。理论上，固体废物中小于筛孔的物料颗粒都可以透过筛面成为筛下产品，但在筛选垃圾时，由于受多种因素的影响，垃圾过筛粒径普遍小于筛面筛孔直径。另外，由于小于筛孔尺寸的部分颗粒夹杂在大颗粒物料中而不能透过筛面，未透过的筛孔颗粒越多，筛分效果越差。

常见的筛面有棒条筛面、钢板冲孔筛面和钢丝编制筛网面 3 种，其中棒条筛面的有效面积小，筛分效率低；钢丝编制筛网面的有效面积大，筛分效率高；钢板冲孔筛网面介于二者之间。

筛面宽度影响筛子的处理能力，筛面越宽筛子处理能力越大，筛面越窄筛子处理能力越小。筛面长度和倾角影响筛分的时间，筛面长且倾角小的筛面普遍筛分时间较长、筛分效率较高。根据筛子的运动方式，筛选设备可以分为固定筛、筒形筛、振动筛和摇动筛等。其中应用较多的为固定筛、筒形筛、振动筛。

（4）人工分选

人工分拣是指在餐厨垃圾处理流程中设置分拣皮带，并在分拣两侧设置人工分拣工位，利用人力将餐厨垃圾中塑料瓶、酒瓶、易拉罐、抹布等分拣出来，并装入专门容器运出。人工分选可以防止杂质进入后续分选设备，避免造成设备堵塞、缠绕现象。根据现场需要确定分选人数，一般传送带设置 4~16 分拣位进行分拣，经人工分选后的垃圾以有机食物残渣为主。人工分拣的优点在于人的能动分辨能力远优于机械，一个人可以同时完成多种杂质的分离；人工分拣成本较低，且分离效果较好。但是，由于分拣皮带上餐厨垃圾的暴露，会有大量产生于餐厨垃圾的恶臭气体无组织排放，分拣工人将长期暴露在此恶臭环境中，对身体健康不利。

图 6-6 为餐厨垃圾人工分拣现场。

图 6-6 餐厨垃圾人工分拣现场

6.2.1.2 破碎

餐厨垃圾成分复杂，物料粒径大小不一，为了便于输送和后续处理，同时避免设备堵塞、缠绕的问题，需要对物料进行不同程度的破碎以满足工艺需求。物理破碎技术目的是减小餐厨垃圾的粒径，增加均匀度，为提高发酵、热分解、堆肥等处理效果并提高餐厨垃圾回收利用效率。餐厨垃圾破碎的粒径根据后续处理工艺的不同要求有所差异，如采用湿法厌氧消化，需将餐厨垃圾破碎至较小粒径，以利于提高物料的流动性。而采用干式厌氧工艺或者好氧生物处理工艺，则无需将餐厨垃圾破碎至太小粒径，以节省运行费用。

破碎技术有冲击破碎、剪切破碎、挤压破碎和研磨破碎等。破碎设备根据主要施力可以分为冲击式破碎机、剪切式破碎机、辊式破碎机等。在餐厨垃圾处理中较为常用的是剪切式破碎机。剪切破碎是靠固定刀和可动刀之间的啮合作用以剪切废物，将固体废料剪切成段或块。可动刀又可分为往复刀和回转刀，分别如图 6-7 所示。

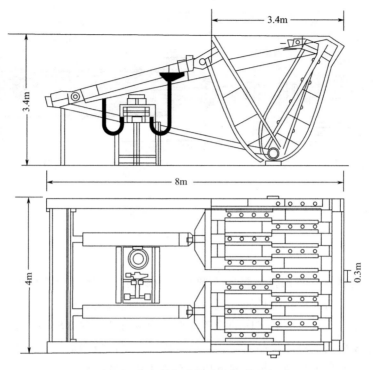

图 6-7　往复剪切式破碎机构造示意

6.2.1.3　脱水

餐厨垃圾脱水可以采用机械脱水、热力烘干和堆肥等方法，考虑到经济性和处理效率，在处理大量餐厨垃圾时通常采用机械脱水的方法。该方法一般与分选、破碎同步进行，首先餐厨垃圾通过设备滚压、剪切和螺旋压榨处理，达到破碎、脱水目的，沥除水分后再利用高速离心机进行高效率的深度脱水，有利于后续餐厨垃圾的分选、发酵技术的应用处理。

脱水设备主要是指脱水机，专用压缩脱水机能够使餐厨废物内的水分充分排出。其材质应选用耐磨、防腐蚀材料，并能调节含水率。常用螺旋挤压式脱水机（见图 6-8）、微波加热脱水机、离心脱水剂等。选用脱水设备时应着重考虑脱水设备的运行费用与操作管理水平。

6.2.2　发酵设备

经过预处理和灭菌过程后的物料被输送到固态发酵器进行发酵。在工业上应用的固态发酵反应器主要分为圆盘式、转鼓式及搅拌式。旋转圆盘式发酵机是目前国内运用最广泛的新型固态发酵设备。其优点体现在密封效果好，不仅杜绝了杂菌污染，更能有效地保持温、湿度，并能方便地进行自动化测温、控温、控湿，为微生

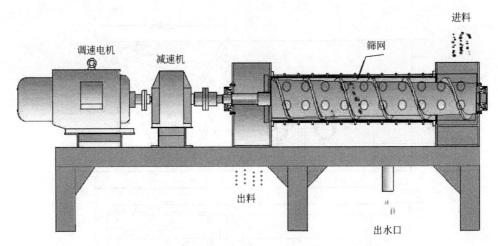

图 6-8　螺旋挤压式脱水机

物生长繁殖提供了有利条件。料床为圆盘动力旋转式，既可以消除发酵"死角"，并能与入料、翻料、出料等机构有机地配合，实现出入料、推平、翻料机械化，极大地方便了生产，且可与后工序的设备配套，形成自动化程度较高的生产线；该生产线可用于发酵周期短的产品生产。转鼓式固态发酵反应器适用于固态发酵，可提供充足的通风和温度控制。搅拌式反应器有立式和卧式之分。

6.2.3　制粒设备

物料发酵后需要经过制粒才能使产品质量提升，且利于保存。制粒机是饲料生产中的关键设备之一。制粒机主要由调速喂料器、调质筒、压粒室和蒸汽系统四部分组成。选型时对其性能的评定主要从结构设计的合理性、操作方便程度、结构参数的选择、加工手段、制造水平、零部件选材、进货渠道及控制功能等几方面来综合考虑。根据设备生产上的适用性原则，主要设备可以选择成套设备，以保证生产能顺利进行。

6.2.4　专用设备选型

设备选型即经过技术经济的分析评价，从多种满足相同需要的不同型号、规格的设备中，选择最佳方案以做出购买决策。合理选择设备可以使有限的资金发挥最大的经济效益。

6.2.4.1　设备选型原则

（1）生产适用性原则

所选购的设备应与本企业扩大生产规模或开发新产品等需求相适应。在生产过程当中，首先需要考虑到选用的设备能否保证产品质量、完成生产任务并且能够在一定范围内应付产量变化，如考虑未来餐厨垃圾的处理量来确定发酵设备的选择；此外设备还要能够满足各工序的处理要求。最后，设备应操作方便、控制灵活，对产量大的设备，机械化、自动化程度要相应提高。

（2）技术先进性原则

技术上先进必须以生产适用为前提。在满足生产需要的前提下，要求其性能指标保持先进性水平，以利于提高产品的质量和延长其技术寿命。

（3）经济合理性原则

经济合理即要求设备价格合理，体现在使用过程中能耗、维护费用低、节约能源，并且回收期较短。选择设备经济性的要求有最初投资少、生产效率高、耐久性长、能耗及原材料损耗少、维修及管理费用少等。

一般情况下，技术先进与经济合理是统一的。因为技术先进的设备不仅具有高的生产效率，而且生产的产品也是高质量的。但是，有时两者也是矛盾的。例如，某台设备效率较高，但可能能源消耗量很大，或者设备的零部件磨损很快，所以根据总的经济效益来衡量就不一定适宜。有些设备技术上很先进，自动化程度很高，适于大批量连续生产，但在生产批量不大的情况下使用往往负荷不足，不能充分发挥设备的能力。而且这类设备通常价格很高，维持费用大，从总的经济效益来看是不合算的，因而也是不可取的。

（4）耐久性原则

耐久性指零部件使用过程中物质磨损允许的自然寿命。很多零部件组成的设备，则以整台设备的主要技术指标（如工作精度、速度、效率、出力等）达到允许的极限数据的时间来衡量耐久性。设备寿命越长每年分摊的购置费用越少，平均每个工时费用中设备投资所占比重越少，生产成本越低。但设备技术水平不断提高，设备可能在自然寿命周期内因技术落后而被淘汰。所以不同类型的设备要求不同的耐久性。

能耗是单位产品能源的消耗量，是一个重要的指标。生产能耗不仅要看消耗量的大小，还要看使用什么样的能源。油、电、煤、煤气等是常用的能源，但经济效果不同。中国能源虽然很丰富，但人均能源少，单位能源产值低，所以生产节能是一个突出的问题。

（5）可靠性原则

可靠性是保持和提高设备生产率的前提条件，是指精度、准确度的保持性、零件耐用性、安全可靠性等。在设备管理中的可靠性是指设备在使用中能达到的准确、安全与可靠运行。可靠性原则一般从 3 个方面考虑：a. 设备能够持续稳定工作，故障率低；b. 设备的性能好，精度高，充分保证了产品质量的可靠；c. 具有良好的售后服务。餐厨垃圾易腐蚀性要求餐厨垃圾能够被及时处理掉，尽量避免积压；另外，饲料有许多相关标准的要求，这些都要求处理设备具有较高的可靠性，能够长时间无故障正常运转，并保证产品的质量。

（6）维修性原则

维修性是指通过修理和维护保养手段来预防和排除系统、设备、零件、部件等故障的难易程度。人们希望投资购置的设备一旦发生故障后能方便地进行维修，即设备的维修性要好。餐厨垃圾具有很强的腐蚀性，极易腐蚀设备、管道，方便维修才能让机器发挥更大的价值。

6.2.4.2 设备选型步骤

在确定设备选型的原则之后，通常设备选型按照以下 3 步进行。

（1）设备市场信息的收集和预选

广泛收集国内外市场上的设备信息，如产品目录、产品样本、产品广告、电视广告、报刊广告等，销售人员上门提供的情况，有关专业人员提供的情报、从产品展销会收集的情报以及网上信息等。将这些情报进行分类汇集、编辑索引，从中挑选出一些可供选择的机型和厂家。这就是为设备选型提供信息的预选过程。

（2）初步选定设备型号和供货单位

对经过预选的机型和厂家，进行联系和调查访问，较详细地了解产品的各种技术参数（处理能力、性能等）、附件情况、价格和供货时间以及产品在用户和市场上的反映情况、制造厂的售后服务质量和信誉等，做好调查记录。在此基础上进分析、比较，从中再选出最有希望的两三个机型和厂家。对于非标准的机型则可采取订做的方式。

（3）选型评价决策

向初步选定的制造厂提出具体订货要求，内容包括订货设备的机型、主要规格、自动化程度和随机附件的初步意见、要求的交货期以及包装和运输情况，并附产品零件图（或若干典型零件图）及预期的年需量。

制造厂按上述订货要求进行工艺分析，提出报价书，内容包括详细技术规格、设备结构特点说明、供货范围、质量验收标准、价格及交货期、随机备件、技术文件、技术服务等。在接到几个制造厂的报价书后，必要时再到制造厂和用户进行深入了解，与制造厂磋商，按产品零件进行性能试验。将需要了解的情况调查清楚，详细记录作为最后选型决策的依据。在调查研究之后，由工艺、设备、使用等部门对几个厂家的产品对比分析，进行技术经济评价，选出最理想的机型和厂家，作为第一方案。同时如果可能的话，也要准备第二、第三方案，以便适应可能出现的订货情况的变化。

6.3 餐厨垃圾饲料化的影响因素

餐厨垃圾饲料化产品受诸多因素的影响，包括无机氮源种类、含水量、发酵时间、发酵温度、菌种与接种量等。

6.3.1 氮源

氮元素作为微生物生长繁殖过程中必不可少的元素之一，餐厨原料氮源的形式和多少成为了饲料化过程（特别是微生物法）中的重要影响因素。氮源的作用是提供细胞新陈代谢中所需的氮素合成材料，在一定情况下也可为微生物提供生命活动所需要的能量。微生物细胞中氮含量约占 5%～15%，作为微生物细胞蛋白质和核酸的重要组成部分，微生物利用氮元素在体内合成氨基酸，进一步合成蛋白质、核酸等细胞组分。氮源根据存在形式可分为有机氮源和无机氮源。氮源的选择直接影响菌体蛋白的合成，在等量氮的条件下加入不同氮源时发酵产物粗蛋白含量存在一定差别。由于餐厨垃圾中本来就含有大量有机氮源，所以在饲料化的过程中，需要根据餐厨垃圾资源禀赋适当考虑加入一些无机氮源。无机氮源包括氨盐、硝酸盐和氨水，微生物能够快速吸收利用，用于自身生命活动，但无机氮源被迅速利用常常会引起饲料化体系 pH 值的变化。因此，氮源对微生物的生长繁殖具有重要的意义。

6.3.2 含水量

在饲料化工艺中，经预处理后餐厨垃圾需要进行发酵才能制得粗蛋白饲料，而水是发酵的主要媒质，基质含水量影响固态发酵的效率。水是微生物体内最重要的组分之一，是不可缺少的化学组成。它不仅是细胞内外的营养物质和代谢产物进行输送、传递活动的介质，而且参与生物体内几乎所有生化反应，作为反应产物的溶剂，同时还具有维持和调节有机体温度的作用。含水量对于微生物的生长十分重要，若含水量过低，则会造成基质膨胀程度低，抑制微生物生长，发酵后期由于微生物生长和蒸发造成含水量减少，微生物难以生长，产量降低；而含水量过高，会使基质多孔性降低，发酵物黏度过大，基质内气体的体积和气体交换量减少，从而难以通风、降温，会明显降低产品粗蛋白含量，并且增加了杂菌污染的危险；含水量适中时底物颗粒均匀，其致密度较佳，透气性较好，有利于水及空气在固体物内部交互流动，使溶解氧能够进行正常的传递。

6.3.3 发酵时间

发酵时间是提高产物的产量的关键因素之一。在发酵过程中产物的浓度是变化的，一般产物与发酵时间在一定范围内呈正相关，此范围内发酵时间越长，发酵产物越多。但发酵超过范围时间，发酵产物增长缓慢，因此无论是获得菌体还是发酵产物，微生物发酵都有一段最佳时段。时间过短，产量不能满足要求；时间过长，由于环境不利于菌体生长，往往会造成自溶现象，会大幅降低饲料化工艺效率，导致工艺经济效益受损。

6.3.4　发酵温度

温度及其调节控制是影响微生物生长繁殖最重要的因素之一。温度上升，酶促反应加快，细胞生长代谢率和繁殖速率加快；但当温度过高时，酶活性迅速下降甚至丧失，微生物提前衰亡，发酵过程中断。通常，发酵产物中粗蛋白的含量会随着发酵温度的升高而逐渐增加，然而，当到达一定温度后继续加热则会抑制微生物的生长，反而会使粗蛋白含量降低。微生物在发酵前期生长和代谢过程会释放大量的热量，如果这些热量不能及时排除，菌体的生长和代谢会受到严重的影响，甚至会出现"烧曲"现象，菌体大量死亡，发酵失败。所以，控制温度使生产菌处于最佳成长条件下才能取得优质高产的效果。由于发酵涉及多种微生物的共同生长，因而选择合适的发酵温度，平衡各个微生物之间的生长繁殖条件，将会对发酵产物的质量产生十分重要的影响。

6.3.5　菌种与接种量

菌种与接种量是影响发酵的重要因素之一。选取菌种时，首先应遵循安全原则，选取的菌种自身不会产生有毒有害物质，不会破坏发酵罐内微生物之间的平衡；其次是持续有效原则，菌体有较强的生长代谢能力，能长期有效分解有机大分子物质。例如，酵母菌可以提高粗蛋白饲料的产量，改善适口性；乳酸菌能将碳水化合物发酵成乳酸；霉菌能分解餐厨垃圾中的纤维素等高分子化合物。

不同的接种量对发酵产物中的粗蛋白含量都会产生一定的影响。一般发酵产物中粗蛋白的含量会随接种量的增加而增加，而接种量增加到一定程度后发酵产物中粗蛋白的含量便不再增加。原因是培养基中营养物质含量是有限的，接种量增加，所需的营养物质相应增加，在微生物生长到一定程度后无法满足其正常生长。这就使接种菌之间的协同作用变为竞争作用，相互争夺营养资源，使整体生长繁殖速率受到影响，直接减少了粗蛋白的生产。由于接种量增多，微生物的生长过早进入衰亡期，出现自溶现象，也使菌株的正常生长繁殖受到抑制，导致可溶性蛋白及粗蛋白含量减少。面对不同的发酵原料，不能机械地照搬照用接种量，应根据发酵物料的特性进行菌种的选择。

6.4　饲料化产品质量控制

饲料化产品质量控制关系到饲料产品能否被农户接受和使用，由餐厨垃圾固态发酵制饲料是一种刚兴起的技术，其产品需要通过专业的标准评判才能使用。

6.4.1 安全性

餐厨垃圾制得的饲料作为新型动物饲料，其安全性必须进行严格评价。联合国粮农组织（FAO）、世界卫生组织（WHO）、国际标准化组织（ISO）等有关国际组织建立了单细胞蛋白委员会，对其进行专门的评价工作。

安全性评价是关系到单细胞蛋白能否作为饲料的首要问题。联合国蛋白质咨询组（PAG）对其安全性评价做出规定为：生产用菌株不能是病原菌、不产生毒素；对生产用资源也提出一定要求，例如农产品来源的原料中重金属和农药残留含量不能超过要求；在培养条件和产品处理中要求无污染、无溶剂残留和热损害；最终产品应无病菌、无活细胞、无原料和溶剂残留。对最终产品还必须进行小动物毒性试验（小白鼠和大白鼠）。美国食品药物管理局（FDA）同时规定，必须对致癌性多环芳香族化合物、重金属、真菌毒素及菌的病源性、感染性、遗传性等进行充分评估。我国制定了多项关于饲料的行业标准，对饲料产品进行严格要求。首先《饲料标签》是我国饲料工业最重要的标准之一，对规范饲料行业健康发展起到了重要作用。其次还有针对饲料产品、饲料原料中可能存在的有毒有害物质进行测定，《饲料卫生标准》（GB 10378—2017）、《实验动物配合饲料卫生标准》（GB/T 14924.2—2001）、《无公害食品渔用配合饲料安全限量》（NY 5072—2002）、《饲料中锌的允许量》（NY 929—2005）等都规定了饲料行业的卫生标准；其中《饲料卫生标准》（GB 10378—2017）是最重要的，其对保障养殖动物安全、食品安全和环境安全做出了重要贡献，是政府监管的重要依据。

由餐厨垃圾制备的饲料具有非常广阔的市场，饲料行业还需制定完善的关于餐厨垃圾固态发酵制得的饲料的产品质量标准、卫生标准、标签标准和相关检测方法标准。

6.4.2 存在问题

由餐厨垃圾制得的饲料作为一种新型的蛋白饲料资源，虽然其营养丰富，但也存在许多问题。问题主要表现在以下几个方面。

（1）核酸含量过高

细菌蛋白和酵母菌蛋白中 RNA 含量分别为 $13\%\sim22\%$ 和 $6\%\sim41\%$，核酸在家畜体内消化后形成尿酸。因家畜体内无尿酸酶，尿酸不能分解，随血液循环在家畜体内的关节处沉淀或结晶，从而引起痛风症或风湿性关节炎症；同时由于形成尿酸过程中肝脏中嘌呤的代谢率增高，容易导致代谢失衡和尿结石。此种情况下，必须限制单细胞蛋白在日粮中的用量不超过总蛋白补给量的 15%。另外，还应大力发展脱核酸技术，生产脱核酸技术单细胞蛋白。

（2）含盐量过多

餐厨垃圾来源复杂，其中含有大量盐分，家畜吃了这种饲料后会产生盐分中毒，导致肉质变差，生长迟缓。用这种饲料喂猪，导致其在发肥后期脂肪比例高；用普通饲料喂养的鸭子能在 45d 后出栏，而用餐厨垃圾饲料饲养则需 90d 才能出栏。

（3）缺乏微量元素

微量元素对家畜成长影响极大，餐厨垃圾中由于缺少微量元素而导致家畜生长延迟，给农户带来经济损失。所以，应加大对单细胞蛋白饲料成分的研究才能做到有控制地添加微量元素，有针对性地获得适合不同家畜的饲料。

（4）家畜排粪量增多

由于单细胞蛋白中含有有毒菌肽，能与饲料蛋白质结合，阻碍蛋白质的消化，导致含单细胞蛋白的饲料，其消化率比常规蛋白质低 10%～15%。同时，单细胞蛋白中还含有一些不能被消化的物质如甘露聚糖，对于饲料物质的消化起副作用。结果就是家畜排粪量增加，粪便处理费用增加。

（5）威胁禽畜产品安全

某些单细胞蛋白含有对动物身体有害的物质，尤其是细菌蛋白。由于家畜最终将进入人类食物链，不健康的禽畜产品可能会威胁民众健康，所以近年来禽畜养殖饲料的安全性和可靠性问题受到了人们广泛关注。对于生产单细胞蛋白的微生物基质需要慎重选择。

6.5 工程实例

6.5.1 西宁餐厨垃圾处理厂

（1）引言

随着国民经济的快速发展，居民收入水平越来越高，餐饮消费需求日益旺盛。餐饮业的分布状况与诸多因素有关，如人口密度、交通状况及商业密集度等，餐厨垃圾作为居民在生活消费过程中形成的生活废弃物，其分布状况与餐饮业的分布情况密切相关，也受到这些因素的影响。餐厨垃圾营养丰富，是宝贵的可再生资源，但由于处置方法不当，餐厨垃圾成为影响食品安全和生态安全的潜在危险源，如影响恶劣的地沟油就是其产物之一。

我国对餐厨垃圾的回收及深度利用非常重视，从中央到地方政府均相继颁布了关于餐厨垃圾处理的相关规定。《餐厨垃圾资源利用技术要求》为中国第一个餐厨垃圾国家标准，该标准已上报国务院，其实施将结束"地沟油"收运过程混乱无章的局面，并与正在计划制定中的《国家餐厨垃圾管理条例》一起，构建一套对餐厨垃圾进行无害化、再利用和资源化处理的政策体系。许多城市也已经制定出针对餐厨垃圾的管理办法，并纷纷探索餐厨垃圾资源化利用的新模式，初步形成了北京模式、上海模式、宁波模式及西宁模式等餐厨垃圾资源化利用模式。

（2）餐厨垃圾产生现状

1）垃圾的来源　公司与全市三区两县所有餐饮单位签订《餐厨垃圾收集运输协议书》，每天中午和晚上分两次准时上门收集。

2）垃圾的产量　日处理规模 200t/d；日收运规模 150t/d。

（3）餐厨垃圾处理厂工艺设计方案

1）工艺方案　工艺概况与工艺流程如图 6-9 所示。

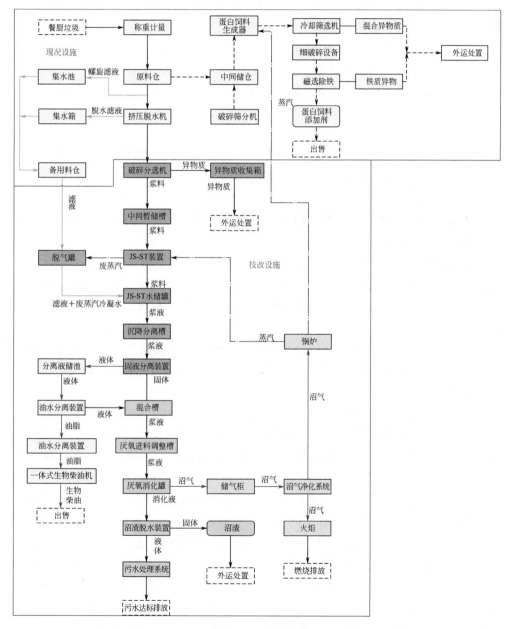

图 6-9　工艺流程

本工程餐厨垃圾处理工艺采用 JS-ST＋中温湿式厌氧消化处理工艺。处理工艺流程如下。

① 餐厨垃圾经收集后，经专用收集车辆收集运输至餐厨垃圾处理厂，经称重后倒入餐厨垃圾原料仓。原料仓中的餐厨垃圾通过三级螺旋输送机输送至破碎分选机，原料仓及输送机具有固液分离（滤水）功能，可滤出大部分的滤液，剩余的固渣在破碎分选机中进行异物质分选。经过破碎分选后物料进入 JS-ST 装置，在高温高压下进行有机物水解、液化，生成高浓度的有机废液。JS-ST 处理产生的废蒸汽进入脱气罐，直接加热原料固液分离的滤液，加热后的滤液进入 JS-ST 分离液储池，与 JS-ST 处理的有机废液混合。

② 混合后的物料进入除油系统的离心式固液分离机进行一次固液分离，分离出来的液相油水混合物通过格栅分离机进行二次固液分离，去除悬浮和漂浮的异物后，进入油水分离系统，分离油水混合物中的油脂。经过油脂分离后的脱脂液与一次固液分离的固相残渣混合进入厌氧消化系统。

③ 进入厌氧消化系统的物料在厌氧微生物的作用下，大部分有机物被分解生成沼气，剩余的消化液进行沼渣脱水，固相沼渣外运处置；液相污水与饲料化生产线产生的滤液一并进入污水处理系统处理达标排放。

2）工艺的特点

① 建立全新的观念，将餐厨垃圾视为资源，全方位、多层次、多功能、快速的开发餐厨垃圾资源。

② 系统以餐厨垃圾处理、沼气供热、生物柴油提纯、饲料生成为一体，以沼气能源开发为纽带，实现餐厨垃圾处理过程中的"零排放"，生产过程的少排放，从而达到废弃物处理与资源综合利用两大目标。技术改造路线是建立和实现沼气能源、饲料共生体系。

③ 本工程技术特色是优化组合国内外成功的、先进的实用技术，将餐厨垃圾蕴含的燃料等多种物质充分开发出来，最大限度地调动物料的能流与物流潜力，并不断开发出高新产品。

④ 本工程建立的以 JS-ST＋厌氧消化技术为主，饲料化生成技术为辅的处理系统，能够积极面对未来的挑战，使城市餐厨垃圾走向资源大循环，建设以市场经济为导向，具有生态、环保、无害化、资源化、商品化和经济回报率高的"西宁模式"。

3）工艺的先进性　本工程采用的厌氧消化产沼气的处理工艺是在吸收国内实践经验的基础上，利用沼气制热回供于厌氧系统，使消化原料达到恒温（35～38℃）的消化条件；利用 JS-ST 系统对餐厨垃圾中固体物质进行水解和增溶，改善物料特性，提高厌氧处理系统的稳定性；利用 JS-ST 系统对改善餐厨垃圾中的油脂分离性能，最大限度将油脂从餐厨垃圾中回收，降低油脂对厌氧处理系统的影响的同时，提高资源化利用率；厌氧处理采取动态监控消化反应等新工艺，确保了厌氧处理工段稳定的恒温发酵条件，提高沼气的产气效率，并促进消化反应速度，缩短发酵周期。实现了投资少、效益高的目的。

系统中JS-ST装置是青海洁神公司的一项专有技术，将JS-ST技术运用到餐厨垃圾处理中，其可大大提高有机固形物质的分解，更好地实现油水分离，降低硬物质对后续厌氧处理的影响。目前，JS-ST技术在国内同类工程属首创，处于领先水平。

在本工程的结构用料上总结了其他项目用钢板制作的厌氧消化罐易腐蚀、寿命短和混凝土消化罐易渗气且造价高等缺点，因此本工程厌氧消化罐采用搪瓷拼装罐，沼气柜采用高强纤维材料制作，脱硫塔采用不锈钢材质制作，污水处理混合槽采用防腐处理后的碳钢制作，系统所有的诸如泵体等辅助设备均采用不锈钢材质。这些措施既确保了系统使用寿命，又减少了维护费用。

4）主要设备及设备功能

① 储料罐：将收运的餐厨垃圾储存到密封型设施内（阻止恶臭气体泄漏）。

② 自动筛选/破碎机：自动筛选异物质，并均匀破碎。

③ 脱水机：提高干燥生成效率，脱除水分。

④ 预备储料罐：设有自动定量供应装置，定量供应脱水后的原料给原料生成器。

⑤ 原料生成器：使用间接加热方式DISK DRYER，保持营养成分。

⑥ 冷却筛选机：常温冷却以确保产品质量，磁力搅拌机二次筛选异物。

⑦ 打包机：将饲料打包以供应出售。

（4）处理效果

① 生物沼气，产量（标）约 $6500m^3/d$，目前生物沼气主要用于厂内工艺用热以及冬季采暖用热使用，剩余沼气燃烧排放。远期考虑进行沼气的高附加值利用，初步考虑进行沼气提纯生产CNG，并建设小型加气站，供处理厂的车辆以及社会车辆使用。

② 粗油脂 $3.95t/d$，目前出售给有资质的油脂工业利用单位。后期考虑采用一体式生物柴油装置，进行生物柴油的生产，提高产品的附加值。

③ 蛋白饲料添加剂，外售。以餐厨废弃物处理、沼气供热、生物柴油提纯、饲料生成为一体，以沼气能源开发为纽带，建立和实现沼气能源、饲料共生体系。

（5）环境保护措施

1）臭气控制措施 西宁市餐厨垃圾处理厂采用封闭设计，预处理车间产生的臭气由除臭系统生物滤池处理后集中排放。厌氧消化及污水处理系统均采用封闭性罐体（池体）处理。

2）污水控制措施 餐厨垃圾处理厂运行过程中产生的污水包括生产污水和生活污水两部分。

生产污水包括餐厨垃圾高油脂污水、厂地冲洗污水和地面冲洗污水三个部分。生产污水经收集后排入污水处理系统处理，达标后排放至市政污水管网中。生活污水排放至市政污水管网。

3）大气控制措施 餐厨垃圾消化过程产生的主要大气污染物有粉尘、甲烷（CH_4）、氨（NH_3）、硫化氢（H_2S）、甲硫醇（RSH）等，将会对大气造成一定的不良影响，影响周围群众的生活，必须采取相应的措施减少其对周围环境的影响。

处理厂内设置除臭系统，将餐厨垃圾产生的臭气收集并进行除臭处理后达标排放；为防止投料仓内的臭气外溢，设有电动卸料门，卸料时开启仓卸料后及时关闭，室内采引风机抽气至净化系统，形成微负压环境。

4）噪声控制措施 处理厂作业过程产生的噪声控制应符合《声环境质量标准》（GB 3096—2008）规定。对于车辆产生的噪声主要通过限速、禁止鸣喇叭等控制措施。生产设备产生的噪声通过减震、隔声、吸声等措施控制。作业车间为封闭设计，减少噪声对周围环境的影响。通过以上措施，将厂区中心区域的噪声峰值控制在 85dB 以下，厂区周边噪声昼间低于 55dB，夜间低于 45dB。处理厂周边植有绿化带，可有效地屏蔽灰尘及噪声。

5）蚊蝇害虫控制措施

① 对厂外带进或厂内产生的蚊、蝇、鼠类带菌体，一方面组织人员定期喷药消毒，另一方面加强各工序管理及时清扫散落垃圾。

② 对餐厨垃圾预处理及厌氧消化各设备进行定时清洗。

（6）项目长效运行机制

1）保证垃圾收运数量和质量 政府予以高度重视并相应出台政策给予支持和严格执法。保质保量地进行收运管理是餐厨垃圾无害化处理和资源化利用项目中最重要的环节。项目运营的对象是全市各餐饮门店，而处置收运企业本身就没有执法权，因此需要政府出台相关法规并加大执法力度，对偷拉私运餐厨垃圾行为进行打击；对餐厨垃圾掺和生活垃圾的行为进行有效管理。保证收运顺利进行。另外，加强收运企业的内部管理，收运人员对餐厨垃圾的质量进行管控，配合城管部门共同参与和管理就能保证保质保量地完成收运工作。

2）保证垃圾处理项目单位的效益 餐厨垃圾无害化处理和资源化利用项目是个公益性质的项目，因此政府购买服务的处置费用是整个项目运行最大的收入来源，也是处理项目效益的根本保证。西宁市政府于 2013 年明确规定了对产出收运处置进行财政补贴，出台了长效运行保障机制文件，另外收运处置企业加强内部管理，包括"增量增收""开源节流""降低成本""高效运行"等提高收运企业的效益。

3）保证降低收运、处理和处置等环节对周边环境的影响 餐厨垃圾毕竟是垃圾，特别是夏天也容易产生恶臭气体，也会对周边环境产生影响。在实际操作中应用专业的环保设备对气体、污水等进行有效处理，西宁餐厨项目对此投入 1000 多万元采购了先进的设备，用可靠先进的处理工艺对气体、污水等进行更新改造，从而保障了周边的环境。

6.5.2　银川餐厨垃圾处理厂

6.5.2.1　引言

2011 年 8 月，为了提高国内餐厨垃圾的无害化处理范围，国家发展与改革委员会联合多个部门制定了《关于同意北京市朝阳区等 33 个城市（区）餐厨垃圾资源化利用和无害化处理试点实施方案并确定为试点城市（区）的通知》，银川市也位列其中。该通知完善了餐厨垃圾的完整处理体系，从收集到处理利用制定了一系列的解决方案，探索了餐厨垃圾的无害化处理方法。

银川市餐厨垃圾无害化回收处理与东部大中城市相比差距较大，但是银川市政府积极响应国家号召，支持民间资本进入餐厨垃圾处理行业，于 2005 年就委托相关技术公司负责市辖行政区餐厨垃圾的收运和处理。随后出台了《银川市餐厨垃圾处置和管理办法》和《银川市餐厨垃圾管理条例》，明确了餐厨垃圾收集、处理的特许经营范围。2011 年银川市与其他多个城市一同被确认为第一批试点城市，对餐厨垃圾进行无害化处理与资源化回收利用，得到了自治区及市委多级领导的认可与重视，并将该项目作为市食品安全目标任务。因此如何发挥餐厨垃圾特许经营的优势，提升特许经营绩效，改善城市市容环境，确保从根源上阻断"地沟油"产业链发展，成为摆在政府面前的一道难题。而确立一种科学实用的综合评价方法，衡量银川市餐厨垃圾特许经营实施绩效，对促进银川市餐厨垃圾特许经营经济管理水平和效率、增强行业活力有着极为重要的意义。

6.5.2.2　餐厨垃圾产生现状

（1）垃圾的来源

银川市三区一县的 11000 多家餐馆和食堂。

（2）垃圾的产量

日处理规模 240t/d；日收运规模 150t/d。

（3）垃圾特征分析

餐厨垃圾 76.91％；贝壳 2.7％；塑料 7.4％；纸类 4.4％；金属 0.46％；陶瓷 2.18％；玻璃 3.14％；抹布 1.68％；筷子 0.45％；其余 0.68％。

总有机固体含量 90％；粗蛋白 16％；粗脂肪 24％；总淀粉 25％；粗纤维 3.3％；磷 0.35％；C/N 比 16％。

6.5.2.3　餐厨垃圾处理厂工艺设计方案

（1）工艺方案

1）工艺概况及流程图　餐厨垃圾经过分选筛选，实现固液分离，再把一些浓浆进行加热，最后再用离心机进行三项分离。沼液会进入厌氧发酵罐进行厌氧发酵，产生大量的沼气；沼气再进行综合利用，带动沼气发电机或者沼气锅炉，为全厂供热、供电。三项分离分出来的尾渣富含营养物，可以堆肥，也可以进行生物养殖，最终实现所有餐厨垃圾无害化处理。

餐厨垃圾饲料化的几种流程如图 6-10 所示，其中银川市采用的为流程②。

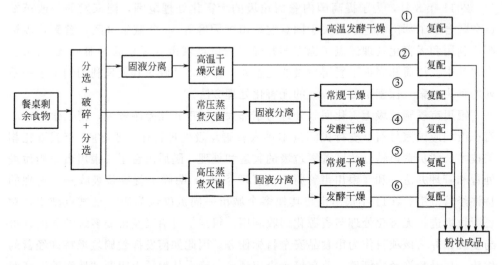

图 6-10　餐厨垃圾饲料化的几种流程

2）厂址选择及平面布置　见图 6-11。

厂址在银川市金凤区丰登镇永丰村。

图 6-11　银川市厨余废弃物资源化利用和无害化处理项目鸟瞰图

3）主要技术工艺特点

① 技术创新，包括：a. 研制的成套处理设备可将餐厨垃圾转化为工业油脂、沼气、生物蛋白饲料、液态有机肥，构建形成包括沼气发生及循环利用、原料分级、饲料化、养殖应用、肥料化、种植应用等子系统；b. 干粉料成分测定对比分析、饲料配方技术、生理生化指标，发酵饲料养殖黑水虻饲喂鱼、寄生物转化技

术，生物转化经济效果分析评价技术的研究；c. 转化生物饲料、有机肥、昆虫高蛋白等全程利用可追溯技术的研究；d. 建立有宁夏餐厨垃圾饲料化利用试点及安全性评价数据库。

② 运行模式创新：研发了网格化信息管理、RFID 身份识别技术、无人值守自动称重、GPS 实时监控定位、预处理分拣系统、高温灭菌、三相（固、液、油）分离、发酵烘干、污水处理系统，形成了独有的"先进技术＋基地建设＋立法保障＋政府支持"新模式。

③ 顶层设计创新：完善基础设施建设、收运处理体系建设、技术体系建设、无害化处理、资源化利用体系建设等，构建了"整体解决方案"顶层设计体系及可在全国同类城市复制的"银川模式"。

（2）主要设备

收集系统—预处理系统—固体物处理系统—沼气发生系统—沼气储存系统—粗油脂生产系统—生物柴油生产系统—污水处理系统—除臭系统—自动化控制系统—资源化综合利用系统。

（3）投资及运行成本

银川市餐厨垃圾资源化利用和无害化处理项目，设计能力 400t/d，可发酵产生沼气 12000m³，生产生物柴油 30t，及利用沼渣进行生物堆肥等。项目预计总投资 1.48 亿元。2015 年完成一期工程建设，即管理区、预处理系统（含湿热工段）、收集系统和粗油脂生产储存系统；2018 年前完成二期工程建设，即沼气增压工段、生物柴油制取工段、沼渣堆肥工段等。

银川市每年从特定经费中抽出 20 万元补贴企业。2011 年，银川市入选为全国首批餐厨垃圾资源化利用试点城市，市政府给予了大力支持。列出 200 万元餐厨垃圾管理专项资金，用于支持特许企业扩大企业规模，更新技术设备，提升餐厨垃圾处理能力。

6.5.2.4　处理效果

处理效果如表 6-1 和表 6-2 所列。

表 6-1　餐厨垃圾元素成分含量表　　　　　　　　　单位：%

名称	比例	名称	比例
钠	2.0～3.5	钙	0.25～1.2
镁	0.1～0.2	钛	0.005～0.015
铝	0.03～0.10	铁	0.01～0.08
硅	0.05～0.25	锌	0.002～0.01
磷	0.4～0.7	溴	0.001
硫	0.3～0.5	铷	0.001
氯	2.0～4.5	锶	0.003～0.008
钾	0.5～1.4	有机物	39～60

表 6-2　饲料产品中金属元素含量比例一览表（估算）　　　　单位：%

名称	比例	名称	比例
钠	1.7～3.0	钙	0.3～0.8
镁	0.13～0.20	钛	0.007
铝	0.05～0.09	铁	0.02～0.05
硅	0.09～0.14	锌	0.003～0.006
磷	0.4～0.5	溴	0.008
硫	0.3～0.4	铷	0.008
氯	2.0～3.6	锶	0.003～0.004
钾	0.5～0.8		

产生沼气 16000m^3/d、工业粗油脂约 10m^3/d、有机肥原料和蛋白饲料添加剂约 25m^3/d，其中饲料中含粗蛋白 25.10%、粗脂肪 133g/kg、粗灰分 16.90%。

6.5.2.5　项目长效运行机制

（1）保证垃圾收运数量和质量

政府予以高度重视并出台相应政策给予支持和严格执法。保质保量地进行收运管理是餐厨垃圾无害化处理和资源化利用项目中最重要的环节。项目运营的对象是全市各餐饮门店，而处置收运企业本身就没有执法权，因此需要政府出台相关法规并加大执法力度，对偷拉私运餐厨垃圾行为进行打击；对餐厨垃圾掺和生活垃圾的行为进行有效管理，保证收运顺利进行。另外，加强收运企业的内部管理，收运人员对餐厨垃圾的质量进行管控，配合城管部门共同参与和管理就能保证保质保量地完成收运工作。

（2）保证垃圾处理项目单位的效益

餐厨垃圾无害化处理和资源化利用项目是个公益性质的项目，因此政府购买服务的处置费用是整个项目运行最大的收入来源，也是处理项目效益的根本保证。西宁市政府于 2013 年明确规定了对产出收运处置进行财政补贴，出台了长效运行保障机制文件，另外收运处置企业加强内部管理，包括"增量增收""开源节流""降低成本""高效运行"等提高收运企业的效益。

（3）保证降低收运、处理和处置等环节对周边环境的影响

餐厨垃圾在夏天容易产生恶臭气体，会对周边环境产生影响。在实际操作中应用专业的环保设备对气体、污水等进行有效处理，西宁餐厨项目对此投入 1000 多万元采购了先进的设备，用可靠先进的处理工艺对气体、污水等进行更新改造，从而保障了周边的环境。

◆ 参考文献 ◆

［1］林宋，承中良，张冉，等.餐厨垃圾处理关键技术与设备［M］.北京：机械工业出版社，2003.

［2］任连海，郭启民，赵怀勇，等.餐厨废弃物资源化处理技术与应用［M］.北京：中国标准出版社，2014.

［3］许晓杰，冯向鹏，张锋，等.餐厨垃圾资源化处理技术［M］.北京：化学工业出版社，2015.

［4］李来庆，张继琳，许靖平.餐厨垃圾资源化技术及设备［M］.北京：化学工业出版社，2015.

［5］赵由才，牛冬杰，柴晓利.固体废物处理与资源化［M］.北京：化学工业出版社，2012.

［6］赵文军.餐厨垃圾资源化技术研究［M］.哈尔滨：黑龙江大学出版社，2015.

［7］陈冠益，马文超，钟磊磊，等.餐厨垃圾废物资源综合利用［M］.北京：化学工业出版社，2018.

［8］聂永丰.固体废物处理工程技术手册［M］.北京：化学工业出版社，2013.

［9］刘晓烨，程国玲，李永峰.环境工程微生物研究技术与方法［M］.哈尔滨：哈尔滨工业大学出版社，2011.

［10］潘葳，林虬，宋永康，等.我国水产饲料标准化体系现状、问题及对策［J］.标准科学，2012（1）：33-37.

［11］陈丽华，徐晶，曹福成，等.我国饲料质量标准体系及重点标准解读［J］.饲料博览，2019（6）：88-89.

［12］张瑞霜，单安山.浅析我国饲料安全问题及对策［J］.饲料博览，2009（6）：14-16.

第 7 章

餐厨垃圾肥料化技术

随着我国人口持续增加及经济水平不断提高，生活垃圾产生量逐年增高，截至 2019 年全国生活垃圾产生量达到 2.42 亿吨。餐厨垃圾在生活垃圾中占比极高，如何合理高效地处理餐厨垃圾成为亟待解决的问题。餐厨垃圾是指食品加工及使用过程中产生的食物废弃物及食物残渣的总称，含水率高且富含大量有机物及营养元素。如果作为一般废物直接处理，不仅会对后续处理造成极大负担，而且也是一种资源的浪费。

目前，餐厨垃圾中有机质公认最广阔的出路是经处理后回归土壤进行土地利用。土地利用符合有机质在无人工干扰情况下在自然界中的降解规律，即利用土地微生物将有机质缓慢降解，此种途径符合自然规律，不会加剧全球气候问题。肥料化作为土地利用前的主要处理手段，有着广泛的应用前景。

7.1 好氧堆肥技术

7.1.1 技术概述

餐厨垃圾有机质含量丰富，组分以可降解有机物为主，成分包括淀粉、纤维素、蛋白质、脂肪、单糖、多糖、无机盐等营养物质。同时还有一定量的微量元素，如钙、镁、钾、铁等，且有毒有害物质较少，十分适宜进行肥料化处理。

好氧堆肥是目前最成熟、最主流的肥料化技术，餐厨垃圾好氧堆肥是指在人为干预下，利用自然界广泛分布的微生物，促进餐厨垃圾中有机质降解为稳定腐殖质的生物转化过程。在此过程中有机质被分解，释放能量和二氧化碳，腐熟后成为深棕色、泥土气味的腐殖质有机肥。

（1）好氧堆肥技术发展历程

好氧堆肥技术在我国有着悠久的历史。早在古代，人们将秸秆、落叶等园林废物和人畜粪便等有机废物混合堆放，发酵一段时间后作为肥料应用于农业生产中。目前一些地区仍在使用这种传统的堆肥方法。

20 世纪后，随着城市化和工业化进程加快以及人口的快速增加和聚集，各国开始出现大型城市。这些城市中产生大量的生活垃圾，而如何处理这些垃圾一直困扰着城市的管理者。一些发达国家开始考虑提高好氧堆肥技术的机械化和自动化程度，并考虑将其大规模地应用于处理城市生活垃圾。1920 年，英国人 A. Howard 提出了称为"印多尔法"的堆肥化技术。1925 年，经 Bangalore 改进后，又称为 Bangalore 法。该法是将垃圾、秸秆、杂草和人畜粪便等交替堆置 4～6 个月，在此期间通过多次翻垛以促进好氧发酵。这种方法在印度、非洲和欧美等地均得到了广泛应用。但上述方法存在较大问题，即周期长、有机物分解不完全并且发酵过程中会产生恶臭。

1933 年，在丹麦出现的 Dano 堆肥方法，标志着连续性机械化堆肥工艺的开端。该方法使用一种卧式转筒发酵设备，可将有机废物的发酵周期缩短到 3～4d。1939 年，Earp Thomas 发明的立式多段发酵法是使物料从塔的上部逐层移动到下部，并加强了发酵过程的通风和搅拌条件。该方法具有发酵温度高和周期短的优点，并且在许多国家得到了广泛的应用。至此，堆肥化技术已经初步形成了现代化生产方式与规模，在城市固体废弃物的治理上起到了重要的作用。

随后到 20 世纪 70 年代初期，现代堆肥化技术的发展过程中出现了低谷。由于工业化的高速发展将大量的有毒化学物质和高分子有机物带入城市垃圾中，严重影响了堆肥化产品的质量，日本采用堆肥化技术处理的城市生活垃圾量大幅度减少，导致许多堆肥厂陆续停产倒闭。

在 20 世纪 80 年代，城市规模的不断扩大所导致固体废物产生量逐年增加，世界各国都面临填埋处置场地不足的问题。像日本、瑞士等国土面积狭窄的工业发达国家，其城市生活垃圾的处理逐渐转向焚烧后填埋的方式。但是，焚烧处理也存在明显的弊端，其处理设备价格昂贵；焚烧产生的二次污染，尤其是焚烧尾气中的二噁英问题，使得许多国家对此望而却步，好氧堆肥技术重新进入人们视野。

美国学者 Golueke 将堆肥的发展过程划分为三个阶段：第一阶段是 1930～1940 年，堆肥化处理技术处于起步阶段，因为当时堆肥化主要应用于农业领域，而城市固体废物管理还是相当薄弱，且缺乏系统的理论研究和实践应用经验；第二个阶段是 1950～1960 年，堆肥作为一项固体废物处理技术基本成熟；第三阶段是从 1970 年至今，堆肥已成为城市固体废物处理的重要技术之一。

我国城市生活废物堆肥技术发展也可分为三个阶段。

第一阶段为初始阶段（1950～1970 年）：与上述第一阶段的特点相似，其主要应用于农村。传统堆肥技术从工艺角度来说属于一次性堆肥，堆肥方式为野积式堆垛，用土覆盖保温，主要靠自然风实现通风，没有专用的机械设备，此阶段的工艺较为简单，发展缓慢。

第二阶段为开发研究阶段（1970～1990年）：随着城市的发展、人口的增加，城市生活废物处理已成为各大城市亟待解决的大事。此阶段也是我国城市生活废弃物堆肥技术研究和发展的兴旺时期，新的工艺和技术不断涌现，堆肥专用机械设备得到开发，堆肥机理得到深入研究。

第三阶段为推广应用阶段（1990年至今）：此时，城市固体废弃物堆肥化研究列入国家重点科研计划，使我国城市生活废物堆肥技术提高至国际先进水平。

尽管对于堆肥的研究已经日益成熟，但是仍有一些问题尚未解决。例如堆肥产品肥效较低；产品中含有废塑料、陶瓷、玻璃和金属等不降解物质，会破坏土壤的性能；堆肥中有时会含有未被杀灭的病原微生物，会产生致病作用；堆肥场产生二次污染，例如臭气和污水问题；另外一些难降解的有害物质如PCB、重金属等可能存在于堆肥产品中，施用后可能造成作物、土壤及地下水的污染等。以上问题并不是不可解决的技术问题，其主要原因是我国当前缺乏完整的堆肥化质量控制和检验的程序与标准。堆肥产品市场营销的困难主要是由于其短期肥效不如化肥，无法与化肥产生有力的竞争。

（2）好氧堆肥过程及原理

在好氧条件下，有机废物中的可溶性有机物通过细胞膜被微生物吸收，不溶性的固体和胶体有机物先附着在微生物体外，然后在微生物分泌的胞外酶的作用下分解为可溶性物质，然后渗透到细胞内。微生物通过自身的生命活动，即氧化还原和生物合成过程，将吸收的部分有机物氧化成简单的无机物，并释放出能量供微生物生长活动所需。另一部分有机物被转化为一种新的细胞物质，使微生物能够生长繁殖，产生出更多的有机体。通过该生物过程，可以实现有机废物的分解和稳定化。图7-1为好氧堆肥原理。

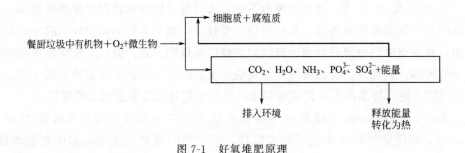

图7-1 好氧堆肥原理

堆肥中有机物的氧化和合成过程如下。

1）有机物氧化过程：

① 非含氮有机物（$C_xH_yO_z$）：

$$C_xH_yO_z + (x+y/2-z/2) O_2 \longrightarrow xCO_2 + y/2H_2O + 能量$$

② 含氮有机物（$C_sH_tN_uO_v \cdot aH_2O$）：

$$C_sH_tN_uO_v \cdot aH_2O + bO_2 \longrightarrow C_wH_xN_yO_z \cdot cH_2O（堆肥）+ dH_2O（水）$$
$$+ eH_2O（气）+ fCO_2 + gNH_3 + 能量$$

2）细胞物质合成过程（包括有机物的氧化，并以 NH_3 为氮源）：

$$nC_xH_yO_z + NH_3 + (nx + ny/4 - nz/2 - 5x)O_2 \longrightarrow$$
$$C_5H_7NO_2（细胞质）+ (nx - 5)CO_2 + 1/2(ny - 4)H_2O + 能量$$

3）细胞质氧化过程

$$C_5H_7NO_2（细胞质）+ 5O_2 \longrightarrow 5CO_2 + 2H_2O + NH_3 + 能量$$

以纤维素为例，好氧堆肥中纤维素的分解反应如下：

$$(C_6H_{12}O_6)_n \longrightarrow n(C_6H_{12}O_6)　（葡萄糖）$$
$$nC_6H_{12}O_6 + 6nO_2 \longrightarrow 6nCO_2 + 6nH_2O + 能量$$
$$或　(C_6H_{12}O_6)_n + 6nO_2 \longrightarrow 6nCO_2 + 6nH_2O + 能量$$

由于堆肥温度较高，部分水以蒸汽形态排出。

7.1.2　好氧堆肥过程

好氧堆肥从物料堆积到腐熟的微生物生化过程比较复杂，一般情况下，利用堆肥温度的变化作为堆肥过程（阶段）的评价指标，如图 7-2 所示。完整的堆肥过程由潜伏阶段、中温增长阶段、高温阶段和熟化阶段 4 个阶段组成。各个阶段拥有不同的细菌、放线菌、真菌和原生动物，同时微生物利用有机物和各阶段的产物作为食物和能量的来源，这种过程一直持续到形成稳定的腐殖质为止。

（1）潜伏阶段

此阶段也称为驯化阶段，即微生物接触新鲜的堆料，适应新环境。当微生物适应环境后，即驯化完成时进入中温增长阶段。

（2）中温阶段

此阶段微生物以中温、需氧型为主，通常是一些无芽孢细菌，其中最主要是细菌、真菌和放线菌。细菌特别适应水溶性单糖类，放线菌和真菌对于分解纤维素和半纤维素物质具有特殊功能。由于此阶段嗜温性微生物活动比较活跃，其利用堆肥中可溶性有机物进行大量繁殖，微生物在转换和利用化学能的过程中会产生热能，基于堆料较为稳定的保温作用，温度将不断上升。

（3）高温阶段

当堆肥温度上升至 45℃以上时即进入高温阶段。此阶段不利于嗜温性微生物活动，它们的生长将会受到抑制甚至死亡，嗜热性微生物逐渐代替了嗜温性微生物的活动。堆肥中残留和新形成的可溶性有机物质将会继续被分解和转化，复杂的有机化合物如半纤维素、纤维素和蛋白质等开始被快速分解。通常，在 50℃左右进行活动的主要是嗜热性真菌和放线菌；当温度上升至 60℃时，真菌几乎完全停止活动，仅有嗜热性放线菌与细菌在活动；当温度升至 70℃以上时，已不适宜大多数嗜热性微生物的生存，微生物大量死亡或进入休眠状态。

与细菌的生长繁殖规律一样，可将微生物在高温阶段生长过程细分为 3 个时期，即对数生长期、减速生长期和内源呼吸期。在高温阶段微生物经历了 3 个时期的变化后，堆积层内开始形成腐殖质，此时堆肥物质逐步进入稳定化状态。

（4）腐熟阶段

在内源呼吸后期，只剩下部分较难分解及难分解的有机物和新形成的腐殖质，此时微生物活性下降，发热量减少，温度下降。此阶段有利于嗜温微生物的活动，它们会进一步分解残余较难分解的有机物。腐殖质不断增多且稳定化，此时堆肥即进入腐熟阶段。降温后，需氧量大大减少，含水量也降低，堆肥物孔隙增大，氧扩散能力增强，对通风要求也相应降低，只需自然通风即可。

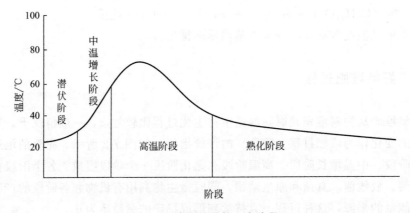

图 7-2　堆肥过程的 4 个阶段

7.1.3　好氧堆肥工艺及设备

7.1.3.1　好氧堆肥工艺流程

一个完整的餐厨垃圾好氧堆肥化工艺通常由餐厨垃圾预处理、一次发酵、二次发酵或熟化、后处理、脱臭和储存 6 道工序组成（见图 7-3）；其中一次发酵和二次发酵最为重要，它们是整个堆肥过程成功与否的关键。

（1）餐厨垃圾预处理

餐厨垃圾组分较为复杂，其中可能包含筷子、贝壳、塑料、金属等杂物。为保证好氧堆肥顺利进行，预处理就显得尤为重要。预处理过程包括破碎、分选、筛分、匀浆以及调整有机质、水分、物理性状等工序。

餐厨垃圾预处理主要有 2 方面作用。

1）去除杂物或不宜堆肥的有害物质　当以城市餐厨垃圾为堆肥原料时，垃圾中往往含有餐馆中产生的其他垃圾，如筷子、骨头、塑料、金属物等。而这些物质

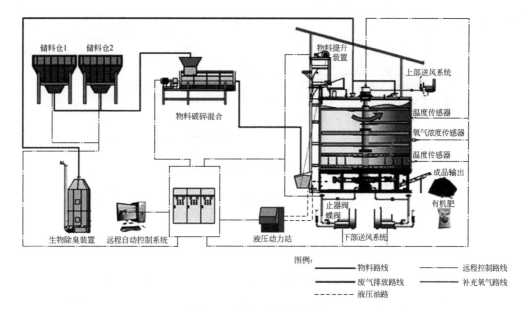

图例：

───── 物料路线　　　───── 远程控制路线

───── 废气排放路线　　───── 补充氧气路线

------- 液压油路

图 7-3　堆肥工艺组成和流程

的存在会影响垃圾处理机械的正常运行，且会占用堆肥发酵仓的容积，影响堆肥效率并降低产品质量。因此，需要在堆肥前对餐厨垃圾原料进行分选除杂。

2）调理原料的营养成分和物理性状　堆肥化处理是利用好氧微生物新陈代谢降解有机质的发酵过程，微生物的生长需要充足且均衡的营养组分及水分，对原料的尺寸、孔隙度、均匀程度等物理性状均有一定的要求。餐厨垃圾成分复杂、部分性质随地域时空变化，一般很难满足这些要求，因此需要通过预处理对物料的有机物含量、含水率、C/N 比、pH 值、孔隙度等因素进行调节，满足生物发酵的要求，获得高质量的堆肥产品。

（2）主发酵（一次发酵）

好氧堆肥一次发酵是指堆肥中温、高温两个阶段的微生物活动，即从堆肥开始，经中温、高温，并保持预期温度的整个过程。一次发酵的主要目的是使餐厨垃圾达到初步稳定，是好氧堆肥工艺实现无害化的核心。一次发酵可在露天或发酵反应器内进行，通风条件可分为翻堆或强制通风两种方式向堆积层或发酵装置内供给氧气。根据温度区别可将一次发酵分为四个阶段，分别为升温阶段、高温阶段、降温阶段、后发酵（二次发酵）阶段，如图 7-4 所示。

（3）后发酵（二次发酵）

在一次发酵工序中有机物被初步降解，但有机组分并未被完全分解且分解产物并未达到稳定状态。因此，经过一次发酵后的堆肥产品还属于半成品，并未达到商业化标准，还需经过后发酵工艺熟化，即二次发酵。二次发酵能够进一步降解餐厨垃圾有机物，转化成为稳定的腐殖质，最终完全腐熟成为堆肥成品。在二次发酵阶段，有机质降解速度降低，耗氧量下降，熟化时间较长。二次发酵主要采用条堆或

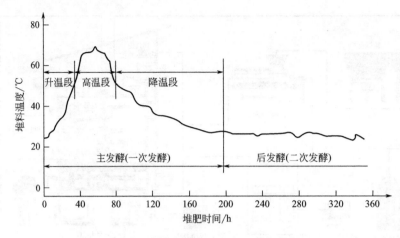

图 7-4　堆料在堆肥过程中温度的变化

静态堆肥的方式在开放的场地、料仓内进行，少部分工艺在封闭的反应器内进行。餐厨垃圾堆体高度一般为 1～2m，露天时需要防雨设施避免雨水流入。此外，根据堆肥情况考虑是否需要进行翻堆或通风，并可通过接种微生物提高熟化堆肥的发酵效率，使堆肥充分腐熟并加快腐熟过程。

二次发酵熟化时间主要取决于堆肥产品的出路去向。例如，对休耕时间较长的土地和温床（能够利用堆肥的分解热），施用的堆肥产品可不进行二次发酵，直接施用一次发酵后的堆肥。对与持续耕种作物的土地，则要求施用进土地的堆肥产品不能发生夺取土壤氮的情况，对于产品 C/N 比有一定要求，且熟化时间最好在 20d 以上。

（4）后处理

经过一次、二次发酵后，餐厨垃圾物料的物理性质、化学组分发生极大改变，物料粒径持续减小且质量体积减量化明显。但堆体中仍然存在预分选后未去除掉的小粒径塑料、玻璃、陶瓷、金属、小石块杂物，需要添加后处理工艺去除，以保证产品品质和可用性。此外，为了使堆肥产品的质量满足商业化要求，可在后处理过程中加入 N、P 和 K 等养分增加肥效，并通过研磨、造粒和打包装袋等工序，使得堆肥产品能够出厂售卖或施用。

后处理设备包括分选、研磨、打包装袋、压实造粒等设备，在实际工艺中根据当地需要来选择组合后处理设备。

（5）脱臭

在整个堆肥过程中，由于餐厨垃圾原料性质和微生物对有机质的分解过程均会产生刺激性气体，也就是通常所说的臭气，为保护环境需要对产生的臭气进行脱臭处理。常见的臭味气体有脂类、挥发性有机化合物、氨、硫化氢、甲基硫醇、胺类等。目前常用的去除臭气方法有投加化学除臭剂、生物除臭、熟堆肥或活性炭吸附过滤等。在好氧堆肥时，可在堆肥表面覆盖熟堆肥以防止臭气逸散。对于散逸出的臭气采用堆肥过滤器去除，其原理是将臭气通过熟化后的堆肥，当臭气通过该装置，恶臭成分被堆肥吸附，进而被其中好氧微生物分解而脱臭，也可用特种土壤代替堆肥使用，这种过滤器叫土壤脱臭过滤器。对于整个好氧堆肥工艺车间，一般采取负压抽吸防止车间内的臭气散出。

（6）储存

堆肥产品由于农业生产规律，一般在春播、秋种两个季节使用较多。冬、夏两季生产的堆肥出路不足，常需要储存一段时间。因此，堆肥厂需要建立一个可储存几个月生产量的仓库或调整堆肥产量。堆肥可直接储存在二次发酵仓中，也可经过后处理包装储存在包装袋中。堆肥要求储存在干燥、通风的地方，密闭或受潮会影响堆肥产品的质量。

7.1.3.2　典型好氧堆肥工艺

好氧堆肥工艺可根据餐厨垃圾匀浆手段、通风方式、工艺系统的差异进行分类。目前一般将好氧堆肥技术分为条垛式系统、静态通气垛式系统、发酵仓式系统（或称反应器系统）。

（1）条垛式系统

条垛式堆肥是较为古老、传统，系统最为简单的堆肥模式。一般是将餐厨原料在露天或棚架下，以条垛状或者条堆堆置，通过定期翻堆方式给堆体通风，从而满足堆体内好氧微生物降对氧气的需求。翻堆方式包括人工翻堆和基于机械设备对堆肥物料进行翻堆的翻转和重堆。在解决通风问题的同时，也能使所有的物料在堆肥内部高温区域停留一定时间，满足堆体内全部物料无害化的需求。

条垛系统主要工艺可分为预处理、建堆、翻堆和储存四道工序。建堆方法需要考虑城市气候、餐厨垃圾物料特性以及是否添加改良剂等具体条件而异。堆体形状主要取决于气候、通风方式、频率以及翻堆设备的类型。堆体尺寸方面首先需要考虑发酵条件，其次是对于堆肥场地面积的有效利用以及餐厨垃圾物料主要成分及结构强度等。目前，条垛式堆肥最普遍的条垛是 $3\sim5m$ 宽、$2\sim3m$ 高的梯形条垛。梯形条垛是最普通的垛型，此外还有不规则四边形或三角形条垛。一般来说条垛式堆肥一次发酵周期为 $1\sim3$ 个月。此外，场地选择对于堆肥十分重要，考虑到便于操作和维持堆体形状以及为了周围环境和渗漏问题，条垛式堆肥场地都应该满足空间充足，而且堆肥摆放的地面材料应为沥青、水泥等坚固的地面，地面应有坡度，便于积水快速流走。图 7-5 所示为搅拌翻堆条垛式系统工艺流程。

条垛式堆肥结构简单、技术门槛较低、设备投资成本低，翻堆频繁导致堆体水分散逸较快，堆体易于干燥、减量化效果较好，由于腐熟时间较长使得产出的堆肥产品稳定。此外，工艺中添加的填充剂易于分离回用。但条垛式堆肥的工艺耗时较长，需要的堆肥场地面积大。因为技术限制，条垛式堆肥自动化程度低，无法实现堆肥指标的自动化检测，导致堆肥系统需要人工频繁监测指标，以保证堆体通风和温度处于适宜范围。人工翻堆不可避免地造成了堆体臭气组分逸散，工人工作条件

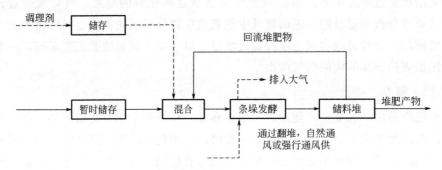

图 7-5 搅拌翻堆条垛式系统工艺流程

恶劣。最后，不利气候也在一定程度上会对堆肥进程造成阻碍，如冬季寒冷天气或雨季高湿度等不利天气。

（2）静态通气垛式系统

静态通气垛与条垛式系统的差异主要在于通风方式不同，静态通气垛在堆肥过程中不需要对堆体进行翻堆来保持好氧状态，而是在条垛式系统的基础上采用通风系统为体系提供氧气。工艺流程见图 7-6。

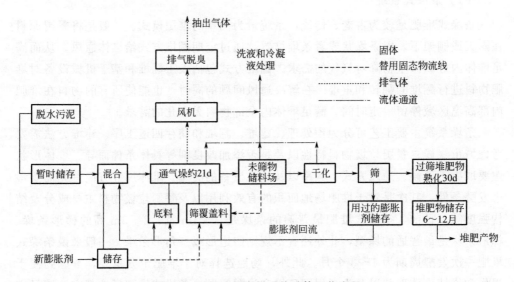

图 7-6 通风式固定垛系统总体工艺流程

通气静态垛堆肥技术的特色在于通气系统（包括鼓风机和通气管路）。此种工艺下，在堆体下铺设了用于通风曝气的气体管路，与风机连接。按照通气管路是否固定，可以分为固定式通气与移动式通气系统。固定式通气系统中通气管路一般放入水泥沟槽中或者直接平铺于地面上，在管路上方可以铺一些大孔隙物料作为填充料，如秸秆、稻壳、木屑等，使管路上方堆体能够形成多孔隙气流通路，保证通风效果。移动式通气系统将通风管道直接放在地面上，这种通气系统相比固定式通风易于调整，设计更加灵活，成本也低，应用更为广泛。此外，通气静态垛堆肥技术相比传统条垛式堆肥自动化程度更高，控制系统根据堆体温度与通风时间，自动控制通风开关与通风量。例如，当堆体内部温度超过 55℃ 时鼓风机自动开始工作，辅助系统散热；或是对鼓风机的工作时间进行规定，每间隔 30min 工作 5min 等。

通气静态垛系统大多应用了自动化控制系统，自动化程度更高，控制更加精准，能够有效地杀灭病原菌和控制臭味，占地也相对较小，所用的填充料用量少，堆腐时间较短，同时得到稳定产品，当然经济性好、操作运行费用低也是通气静态垛系统应用广泛的一个很重要原因。同条垛式堆肥系统一样，通气静态垛系统整个堆体应在沥青或水泥等坚固有坡度的地面上进行，利于迅速排出积水和渗滤液。同样，通气静态垛系统的缺点也和条垛式堆肥近似，受恶劣天气影响，如雨天、寒天等，需要通过加盖棚顶、保温除湿等手段进行弥补，但这无疑会增加投资。

（3）发酵仓式系统

发酵仓式系统是将餐厨垃圾在部分或全部封闭的反应器内（如发酵仓、塔等），通过控制水分和通气条件，使物料在微生物的作用下于发酵仓内进行生物反应，降解和转化，也被称为装置式堆肥系统。发酵系统与前两种系统的最大区别在于该系统并非是在开放体系中进行堆肥，而是采用一个或几个密闭反应器进行反应。整个堆肥过程高度自动化、机械化，工艺中利用自动监测控制系统对水分、通风、温度进行控制，保证堆肥的无害化及堆肥的腐熟程度等。发酵仓式系统可按物料的流向，分为水平或倾斜流向反应器、竖直流向反应器以及静止式反应器，根据餐厨原料的流态可分为推流式和动态混合式。推流式堆肥反应器大多以圆筒形、长方形以及沟槽式反应器为主，后续发展出长方形发酵塔和环形发酵塔。

发酵仓式堆肥反应过程中产生的污染物被统一收集后，经由厂区内部污染物处理工艺处理达标后排放，极大限度地降低了对环境的二次污染。堆肥过程参数均由自动监测设备监测，并通过控制系统控制。整个堆肥过程密闭进行，不受自然气候条件的影响。堆肥过程中产生的额外热量能够被换热系统回收，减少能源浪费。但发酵仓系统也存在缺点，由于系统自动化、机械化程度高，若想维持整个发酵系统供氧充足，则需要较高的建设投资和运行维护费。此外，可能发生机器故障成为发酵仓堆肥过程的潜在隐患。由于堆肥周期相对较短，短时间的腐熟处理不足以得到一个稳定的、无臭味、完全腐熟的产品，会使出厂的堆肥产品有潜在的不稳定性，需要适当延长堆肥腐熟期的发酵时间。

7.1.3.3　好氧堆肥主要设备

参照好氧堆肥主流工艺，可将餐厨垃圾堆肥设备分为预处理设备、发酵反应设备及后处理设备

（1）预处理设备

在预处理工序中，主要目的是将餐厨垃圾中的杂质组分通过分选设备进行分离去除。物料的粗分选主要通过旋转筛分机、振动筛分机、圆盘筛分机、干燥型比重

风选机、多级比重分选机、半湿式分选破碎机、风选机、磁选机、铝选机等设备实现。主要的预分选设备见表 7-1。

表 7-1　预分选设备及主要分选物

预分选设备	主要分选物	预分选设备	主要分选物
旋转筛分机	可堆肥物、炉渣、塑料、尼龙、木头纤维、纸（可燃物）	半湿式分选破碎机	可堆肥物、不可燃物、塑料、纸类（可燃物）、重金属类
振动筛分机		风选机	
圆盘筛分机		磁选机	金属铁类
比重分选机	可堆肥物、轻物质、整块金属	铝选机	金属铝类

1）旋转筛分机　旋转筛分机通过回转运动将物料按粒度分级，从而提高物料中可堆肥物质的比例。由于转动缓慢，设备能耗较低，运行费用较低，广泛地应用于各种大粒度物料的粗分选上。旋转筛最大的缺点是筛网堵塞，清筛困难。

2）振动筛分机　振动筛分机是利用不平衡重块的激振使振箱振动的筛分机。筛网可以由筛孔或筛条及筛杆组成，振动筛结构简单，生产能力大，可用作垃圾的粗筛。由于筛面振动强烈，一定程度上消除了筛孔堵塞问题。

3）圆盘筛分机　圆盘筛分机也称滚动筛，筛面由多个圆盘的转轴合拼而成。原理与旋转筛近似，运行能耗低，应用广泛。

4）干燥型比重风选机　干燥型比重风选机常用于除去垃圾堆肥物质中具有特定密度的物体，如玻璃、陶瓷等。这种机型既利用了振动筛又利用了风能。

5）多级比重分选机　多级比重分选机用于处理破碎后的垃圾，通过两个分选阶段，将垃圾按密度大小分类。

6）半湿式分选破碎机　半湿式分选破碎机的原理是利用加水改变垃圾物料脆性，兼顾分选与破碎功能。应用于餐厨垃圾时，由于餐厨垃圾含水率较高，一般不用额外添加水。

7）风选机　风选机是以空气为分选介质，垃圾组分在气流作用下依据粒径、密度差异进行分离的设备。通常用于去除混在垃圾中的纸和塑料，利用空气压缩机和供风装置将空气送入旋风分离器中，可以通过调整风力的大小控制分选的效果。

8）磁选机　磁选机是利用垃圾组分磁性差异，在不均匀磁场中进行分离的分选设备。主要用于从垃圾中分离空罐头盒、铁屑，干电池等铁杂质。依据磁选器位置不同，磁选机大致分为悬置式和皮带轮式两类；前者主要用于垃圾破碎前后的一级磁选，后者往往用于一级磁选粗分离后，从破碎的垃圾中去除铁质的二级磁选。

9）铝选机　铝选机是用来从垃圾中选出有色金属如铝、铜等，类型有很多。

在预处理工艺中，破碎设备可以分为粗分选机和精分选机。粗分选机包括破碎机和两轴剪切撕包机等类型；精分选机包括常温型、低温型、湿型以及半湿型破碎机。

破碎机结构和功能较为简单，仅把垃圾撕开而非破碎，两轴剪切撕包机主要负责撕包、破袋并不会撕碎内部的垃圾。湿型破碎机是将垃圾倒入水中，通过水的浸湿作用将餐厨垃圾混合成为浆状，通过添加水分对餐厨垃圾进行充分混合，搅拌。

同时靠水中破碎机的叶片对其中物料进行破碎，破碎后的物料随匀浆在后续处理中被分别分选出来，这类破碎机由于运行过程中添加大量水，产生的大量废水需要配套污水处理设施，在实际中应用较少。半湿式破碎机是利用水增大各种物料脆性的差别，从而利用这种差别来进行破碎及分选。低温破碎机利用低温增加物料脆性，使得物料可被破碎到更小粒径。常用于破碎那些坚硬或者废料中不易收集组分，但这种方法成本极高，需要考虑成本问题。目前垃圾破碎最常用的设备是常温破碎机，常温破碎机依据破碎原理可分为剪切式破碎机和撞击/剪切旋转破碎机，两种设备功能互补。剪切式破碎机用于破碎纤维物料、草席、塑料、轮胎等，不适用于破碎坚硬的物料，如金属和水泥块等。撞击/剪切旋转破碎机是通过高速旋转的轴和固定在箱体上的撞击杆和板的相互作用实现的。旋转轴上安有锤头，同时它还具有剪切和破碎作用。这种类型的破碎机能够破碎脆性物、煤、金属和水泥块，但它不适合处理纤维物、草席等。

预处理系统中除去分选、破碎设备，还需配有调节、混合设备来保证堆肥物料有机质含量、水分、孔隙、C/N 比等诸因素的最佳组成，堆肥前的物料必须经过充分的混合搅拌。混合设备一般多采用双螺旋搅拌机、圆盘给料机等。混合设备除了起到混合物料作用以外，在必要时可用来暂时储存堆肥物料。调节设备大致可分为固定调节设备与旋转调节设备，其功能是保持运行衔接，有些类型的调节设备还具有预发酵的功能。

（2）发酵装置

1）立式堆肥发酵塔　立式堆肥发酵塔是常见的多层堆肥塔，通常由 5～8 层组成，主要分为多层移动床式发酵塔和多层搅拌式发酵塔，如图 7-7 所示。分选后的堆肥物料由塔顶进入塔内，在塔内的堆肥物通过不同形式的机械翻堆运动，由塔顶逐层地向塔底移动。一般经过 5～8d 的好氧发酵，堆肥物即由塔顶移动至塔底，完成一次发酵。塔内温度分布从上层到下层逐渐升高，塔底温度最高。发酵塔内供氧通常以风机强制通风，以满足微生物对氧的需要。由于立式堆肥发酵塔通常为密闭结构，堆肥过程产生的污染物不易外泄，能够集中收集处理。此外，由于采用塔式发酵，该工艺占地面积小、处理量大，但建造成本较高。

2）卧式堆肥发酵滚筒　卧式堆肥发酵滚筒又称达诺式滚筒（Danot），在全球范围广泛应用。该设备在齿轮带动下缓慢转动，堆肥物料在滚筒滚动方向上上升到一定高度后，

图 7-7　立式堆肥发酵塔

因自身重力作用下落，通过如此反复升落，物料被均匀地翻倒充分与供入的空气接触，并通过微生物的作用进行发酵。此外，由于筒体斜置，当堆体在发酵过程中会逐渐向筒体出口一端移动，因此回转滚筒可自动稳定地供应，传送，排出堆肥物。该设备结构简单、便于管理，对于堆肥物料适应性强，堆肥发酵速率高，一次发酵时间只需 2d，若完全腐熟停留时间约为 2～5d。当以此装置做全过程发酵时，发酵过程中堆肥物的平均温度为 50～60℃；当以此装置做一次发酵时，则平均温度为 35～45℃，最高温度可达 60℃左右。图 7-8 为卧式堆肥发酵滚筒。

图 7-8　卧式堆肥发酵滚筒

3）斗翻倒式发酵池　斗翻式发酵池一般呈水平固定，发酵池内设有翻倒机对餐厨堆肥原料进行搅拌，使其湿度均匀并与空气充分接触，促进堆体中有机质迅速分解。同时良好的通风条件也防止堆肥过程产生臭气，斗翻式工艺在通常情况下停留时间为 7～10d，翻堆频率以一天一次为标准。该发酵装置在运行中具有几个特点：

① 发酵池设有搅拌机及安置于车式输送机上的翻倒车，翻倒废物时，翻倒车在发酵池上运行；当完成翻倒操作后，翻倒车返回到活动车上；

② 根据处理厂设计处理量，可以考虑不安装具有行吊结构的车式运输机；

③ 当池内物料被翻倒完毕后，搅拌机由绳索牵引或机械活塞式倾倒装置提升。翻倒结束后，可放下搅拌机开始搅拌；

④ 为方便翻倒车从一个发酵池移到另一个发酵池，可采用轨道传送式活动车和吊车刮出运输机，皮带运输机或摆动运输机。堆肥经搅拌机搅拌，采用发酵池末端的车式传送机传送，最后由安装在活动车上的刮出输送机刮出池外；

⑤ 发酵过程的几个特定阶段由一台空气压缩机控制，将所需空气从发酵池底部吹入。

4）筒仓式堆肥发酵仓　筒仓式堆肥发酵仓的主反应器多采用钢筋混凝土结构筑成单层圆筒状（或矩形），深度一般为 4～5m。发酵仓内氧分均采用高压离心风机进行强制供气，以维持仓内堆肥好氧发酵。堆肥原料从仓顶加入，堆肥产品通过出料机从仓底出料，而空气一般从仓底进入并向上扩散，经过大约 6～12d 的好氧堆肥可得到初步腐熟的堆肥。

根据堆体在发酵仓内的运动形式，筒仓式发酵仓可分为静态和动态两种。

① 静态发酵仓中堆肥物料在仓顶经布料机进入仓内，经过 10～12d 的好氧发酵后，在仓底经由螺杆出料机进行出料。由于其结构简单，静态发酵仓在我国应用较广。

② 动态发酵仓运行工艺主要是将经预处理分选破碎的餐厨原料，采用输料机传送至池顶中部，然后由布料机均匀地向池内布料，利用位于旋转层的螺旋钻的转动来搅拌池内废物，防止形成沟槽。腐熟后的堆肥产品从池底排出，好氧发酵所需的空气从池底的布气孔强制通入。

筒仓式堆肥发酵仓如图 7-9 所示。

图 7-9　筒仓式堆肥发酵仓

5）辅助设备　好氧堆肥工艺中通风与翻堆需要机械设备参与，以提高堆肥效率。通风设备包括鼓风机、引风机、曝气管和控制阀。翻动设备是将垃圾和空气充分接触并保持一定的空隙，翻动设备有螺旋钻、短螺旋桨，翻动有刮板式、靶子式以及铲车翻动、滚筒滚动等方式。

（3）后处理

由于餐厨垃圾经过二次发酵后的堆肥产品中仍然含有部分惰性杂质，为保证最终堆肥产品质量达标，还需对堆肥中的细小杂质进行去除。去除细小杂质后的散装堆肥产品，可以根据后续出路要求直接施用到农田、菜园、果园或作土壤改良剂；或根据农户要求及土壤状况，向散装堆肥中加入 N、P、K 添加剂后制成有机、无机复混肥，做成袋装产品，既便于运输又便于储存，而且肥效更佳。此外，考虑到季节对堆肥产品出路影响，有些地方根据当地实际情况把散装堆肥压实固化填埋，有的固化成粒储存到堆肥销售旺季时再使用。

后处理设备包括分选、研磨、压实造粒、打包装袋等设备，在实际工艺过程中根据当地的需要来选择组合后处理设备。

1）分选设备　后处理工艺中的分选设备不同于预处理，由于餐厨垃圾已经过预处理、一次发酵、二次发酵，物料粒度已经显著降低。因此，后处理工艺中所用的分选设备需要比分选阶段更加精密。而且由于堆肥产品物料性质、化学组分已基本达到最终堆肥标准要求，所以对于分选手段也有了一定限制，多采用弛张筛、弹性分选机、静电分选机等。图 7-10 为静电分选机。

图 7-10　静电分选机

2）造粒精化设备　粒化后的堆肥产品有利于产品的储存、运输并能满足各季节对于堆肥产品的不同需求，需要造粒精化设备用于堆肥物料的压实及粒化。此外，造粒机还需具有处理一定大小粒度比和大量的堆肥的能力，粒度比指的是堆肥未压缩的粒度体积与压缩后的粒度体积比，可通过筛选测量。

造粒机的成型机理与注入造粒机的肥料性质有紧密关系，例如肥料的湿度和水分会影响表面张力和毛细作用，此外物料的表面密度、压力比以及附着力等物料性质也会影响造粒过程中颗粒的形成。所以在使用设备时要充分注意到这些因素，以便得到理想的效果。

3）打包机　餐厨堆肥产品由于需要涉及运输、管理和保存，根据最后需要包装的堆肥数量、运输条件、包装材料及规格等因素选定适宜的包装机和包装袋进行包装工作。

（4）污染物处理

好氧堆肥工艺无论是生产过程还是设备运转过程中不可避免地产生污染，排放的污染物不仅污染自然环境，严重者会影响人们的正常生活。产生的污染形式包括臭气、污水、噪声、振动、重金属等。在好氧堆肥工艺设备的设计选型过程中，必须考虑并设置对生产过程中产生的二次污染物的防治措施。

1) 除臭技术与设备 好氧堆肥过程产生的臭气主要包括氨、硫化氢、甲基硫醇、胺等，此类废气大多有刺激性味道且影响人体健康，需要通过废气净化技术及设备进行去除。一般可根据人们的嗅觉为标准而相应地采取除臭措施。除臭主要采用以下几种技术。

① 清洁气体法：清洁气体法即采用吸收液将排出的臭气溶解、反应进液态中进行富集处理。使用此种方法通常是在清洁塔中进行，常用吸收液如水、海水、酸性液体、碱性液体等。清洁气体法主要包括喷射塔系统、密封塔系统等。

② 臭氧氧化方法：这种方法是利用了臭氧的强氧化能力及屏蔽作用，将臭气组分氧化为无害小分子物质。但这种方法需要设置臭氧发生器、臭氧反应塔，成本造价及运行费用较高。

③ 堆肥氧化吸附法：堆肥氧化吸附法也称土壤除臭法，一般是采用熟堆肥或施用熟堆肥的土壤吸附产生的臭气组分。这种方法及设施都比较简单，熟堆肥原料来源于堆肥产品。

2) 振动与噪声的防治 在好氧堆肥工艺过程中，振动主要产生在破碎和筛分过程中。一般当破碎机中的物料撞击或旋转滚筒转动不平衡时振动较为强烈。振动控制标准值：白天为 $65\sim70dB$，夜间为 $60\sim65dB$。

厂区控制振动的常规方法是在设备和基地之间安装隔振板。一般控制振动需要事先对地质概况做了解后再安装机器。如果振动是在设备运行时才发生的，就很难采取措施来解决振动问题，因此事先应妥善考虑。

而堆肥厂区的噪声源主要来自空气压缩机和鼓风机，常见的供氧设备功率通常超过 $7.5kW$，常产生超标噪声，可采用隔声、吸声等减噪声措施进行防治。

3) 污水处理 这里指的污水处理设备主要是指处理来自储料发酵仓、处理设备运转过程中以及附属建筑的生活污水等。好氧堆肥过程中产生的污水由于有机质含量高，必须处理达标后才能排放。相对其他垃圾处理工艺相比，好氧堆肥工艺产生的污水量比较少。

7.1.4 好氧堆肥影响因素

7.1.4.1 有机质含量

有机物为堆肥微生物生长繁殖提供必要的碳源、氮源及其他营养元素，是好氧堆肥的重要影响因素。当有机质含量过低时会造成发酵过程底物不足，反应产生的热量不足以提高堆肥所需温度，对堆肥产品质量和高温灭菌效果产生负面影响，同时抑制堆体中嗜热菌降解有机物，进而导致无害化、资源化效果不理想。但过高的有机质含量也不利于堆肥，当堆体中有机物含量过高时，好氧堆肥体系对于通风供氧量的需求变大，若实际供氧量无法满足有机质需氧量，则会使得堆体处于部分厌氧状态，进而产生恶臭气体同时影响堆肥稳定进行。目前好氧堆肥技术较为公认的有机质含量为 $30\%\sim60\%$。

7.1.4.2　通风量及通风方式

由于好氧堆肥要求体系持续处于氧气充足状态，通风量及通风方式成为好氧堆肥氧气的主要来源，也决定着好氧堆肥的成功与否。通风的作用主要有以下 3 个方面。

① 为堆体提供氧气，保证体系处于好氧状态。充足的氧气可以促进微生物的发酵过程，微生物利用氧气氧化有机物并产生能量，产生的能量以热量形式使堆体升温，进一步促进嗜热菌降解有机物释放能量，形成一个对好氧堆肥有利的正反馈体系。同样充足的氧气可使微生物避免因氧气不足导致降解速度减缓、产生恶臭气体破坏堆肥系统。

② 调节堆体温度，通过对通风量的控制，调控微生物反应强度，同时调节气流带走的热量多少，以达到调节温度的作用。

③ 调整堆肥体系含水率，在堆体温度较为稳定的情况下，可以通过加大通风量达到去除水分，完成减量化的目的。

在好氧堆肥不同阶段调整通风量的目的也不尽相同，一般在堆肥初期，由于有机质充足、降解反应剧烈，堆肥体系对于氧气需求大，此时需要加大通风量为微生物提供充足氧气。激烈的微生物活动使得体系温度快速升高，过高的温度会使水分快速蒸发，堆体微生物缺乏必要的水分。此时，通风的目的主要是调控温度，带走热量。而在堆肥后期，有机质基本降解完成，需要加大通风量来达到减少堆肥产品水分的目的，以便达到更好的减量化效果及利于肥料储存。

7.1.4.3　含水率

餐厨垃圾具有高含水率的特点，一般餐厨垃圾的含水率为 90% 左右。在好氧堆肥过程中，含水率作为一个重要物理指标，主要起两点作用：一是为微生物生长代谢提供必需的水分，并且起到溶解有机物，增强传质的效果；二是利用水分蒸发带走多余的热量，调节堆体温度，避免过高温度影响堆肥。好氧堆肥对于堆体的含水率一般要求保持在 40%～60%，如果含水率过高，则会导致堆肥体系温度上升缓慢，有机质降解速率低。此外，过多的水分会填补物料间的缝隙进而阻碍堆体通风，严重者可能造成堆肥局部处于厌氧状态，不利于好氧微生物的生长并产生恶臭气体。过低的含水率则会导致微生物缺水，活性降低、有机质传质受阻、分解缓慢，若含水率过低则会导致微生物停止生长。

餐厨垃圾在堆肥前需要脱水预处理，一般采用离心机对破碎后的餐厨垃圾进行离心，将含水率降至 60% 左右，也可采用添加秸秆、稻壳等改良剂调节含水率和孔隙率等堆肥物理条件。在工艺生产中也会采用将工艺后端经过腐熟的堆肥成品回流至前端，以达到调节含水率的目的。

7.1.4.4　温度

温度是影响堆肥进程的重要因素之一，其作用主要是影响微生物的生长。目前行业普遍认为，嗜热菌对堆体中有机物的降解速率高于中温菌，在堆肥初期，由于温度与周围环境温度基本一致，主要是中温菌分解有机物并使得堆体温度缓慢上升。随着温度不断升高，嗜热菌的活性升高，有机质开始被快速分解，堆体温度能够达到 50～65℃。堆体处于高温状态 1 周左右即可杀灭其中的寄生虫、病原菌和杂草种子，完成无害化处理。此外，高温有利于减短堆肥腐熟所需时间，提高处理效率，但发酵温度不宜高过 70℃，否则过高的温度会大量消耗有机质，从而降低堆肥质量。

好氧堆肥工艺中温度的调节主要是通过调控通风量来实现。堆体中不同种类的微生物对温度要求有所差异，中温菌种一般的最适温度范围为 30～40℃；嗜热菌则要更高，一般为 45～60℃。过高的温度会使堆体中的微生物进入孢子形成阶段，由于孢子状态的微生物不进行活动，会大幅减缓有机质的降解过程，对堆肥十分不利。在堆肥过程中若温度持续升高超过 65℃，则需要人工调节降温，手段主要是添加木屑、秸秆、稻壳一类填充料，达到增加强堆体通风性能，强化蒸发散热。此外，适当剂量的填充料还能改善堆体传质，避免物料结块。

7.1.4.5　C/N 比及 C/P 比

合理的 C/N 比、C/P 比是好氧堆肥成功的基础，C、N、P 是微生物生长所需的必要元素。C 元素在微生物体内主要负责提供能量和合成细胞内 50% 的物质，N 元素则负责构成蛋白质、核酸、氨基酸、酶等一系列微生物生长必需物质，P 元素属于典型的能量元素，参与细胞体内能量传递过程。餐厨垃圾好氧堆肥过程中，餐厨垃圾负责向微生物提供所需的 C、N、P 及其他供微生物利用的营养物质。其中的碳源物质被微生物消耗，转化为二氧化碳和腐殖质，N 元素部分以 NH_3 形式散失，其余部分生成硝酸盐、亚硝酸盐以及用于合成微生物体内物质，C、N 元素形态的转变随好氧堆肥进程不断持续循环。

通常采用堆肥体系的 C/N 比来反映 C、N 元素的作用，好氧堆肥中 C/N 比直接影响堆体温度和其中有机质降解速率。C/N 比越高，说明 C 元素充裕、N 元素相对匮乏，在这种条件下微生物的生长发育受限，进而使得有机物降解速率缓慢，不利于堆肥。此外，原料中过高的 C/N 比易使堆肥产品中的 C/N 比过高，高 C/N 比的肥料进入土壤环境中，可能会争夺土壤中的有效氮，使土壤 N 元素评级下降，影响土地作物生长，不利于土地种植。原料以中过低的 C/N 比表明可供堆肥微生物消耗的碳源不足，氮源相对过剩，多余的 N 元素以氨气形式散溢，导致 N 元素大量损失，产品肥效不足。目前认为，好氧堆肥原料的 C/N 比适宜范围在 25～35 之间，C/N 比高于 35 时堆肥体系需要依靠微生物经过多次生命循环消耗多余的 C 元素，直到堆肥体系 C/N 比处于适宜微生物新陈代谢范围之内，或通过掺杂低 C/N 比物料（如粪便、污泥等）进行调节。若出现原始物料 C/N 比过低时，则可通过掺杂高 C/N 比物料（如秸秆、稻壳、木屑等）进行调节。此外值得注意的是，餐厨垃圾中的 N 元素易被微生物利用，而其中的 C 元素由于形式不一，部分物质中的 C 元素难以被降解，如木质素、纤维素由于结构稳定、不易分解，其中的 C 元素基本不会被微生物利用。如果餐厨垃圾中此类物质较多时，可以考虑适当增大 C/N 比。

7.1.4.6　pH 值

pH 值作为常见的环境因子，对堆肥微生物的生长有重大影响。好氧堆肥中微生物最适 pH 值一般为 6.5～8.5，属于中性或弱碱性。如果体系处于过酸或过碱都会对堆肥产生不利影响，通常堆肥体系有较强的缓冲能力，但如果 pH 值低于 4 则会抑制大部分微生物的生长繁殖，进而中断堆肥进程，一般考虑加入较为温和的碱性物质或加大通风的方式来缓解体系酸化现象。

在堆肥不同阶段，堆体 pH 值一般随温度、时间变化。在堆肥初期，由于餐厨垃圾降解生成大量有机酸，致使体系 pH 值迅速下降至 5 左右。较低的 pH 值能够促进真菌类微生物生长，在真菌微生物的作用下，纤维素、木质素、有机酸被分解，pH 值开始逐渐回升，到堆肥后期 pH 值普遍为 8 左右。此外，pH 值也会影响 N 元素的存在形式，在不利于堆肥的酸度条件下会使 N 元素向 NH_3 方向转化，不利于堆肥产品积累 N 元素，影响产品肥力。

7.1.4.7　孔隙度

良好的堆体孔隙度是保证堆肥体系处于好氧状态的基础。好氧堆肥通风供给的氧气需要通过堆体的孔隙进入堆体内部，从而使整个体系氧气充足，而堆体物料的孔隙度则决定了体系的通风供氧情况。因此，好氧堆肥对于堆肥原料孔隙结构和粒径有一定要求，一般堆肥原料的粒径范围为 12～60mm，不同结构、特性的物料最佳粒径范围不尽相同，纸张类最佳粒径为 3.8～5cm，较为坚硬的原料则为 0.5～1cm。对于餐厨垃圾而言，则需避免破碎成浆状，过度破碎不仅会减小孔隙度，不利于通风供氧，而且过度破碎还会消耗额外的能源，导致运行费用负担加重。

7.1.4.8　接种微生物

好氧堆肥是由群落演替迅速的多种微生物群体共同作用而实现的动态过程，在该过程中有机质生化降解会产生热量，如果这部分热量大于堆肥向环境的散热，堆肥物料的温度则会上升，短期内可达到 60～70℃ 甚至 80℃，然后逐渐降温而达腐熟。在此过程中，堆内的有机物、无机物发生着复杂的分解与合成的变化，微生物的组成也发生着相应的变化。每种微生物都存在短暂时间的最适生长和繁殖的环境条件，并对某一种或某一类有机物质的分解起作用。

堆肥过程中的微生物主要有如下几种。

（1）细菌

细菌凭借其大的比表面积，可快速利用可溶性物质，在数量上通常要比体积更大的微生物（如真菌）多得多。有些细菌，例如芽孢杆菌，能形成很厚的孢子壁以抵抗高温、辐射和化学腐蚀等不良环境。芽孢杆菌的一些种，如枯草芽孢杆菌（*B. subtilis*）、地衣芽孢杆菌和环状芽孢杆菌是堆肥高温阶段的代表性细菌。

（2）真菌

真菌可以利用堆肥底物中所有的木质纤维素。嗜温性真菌地霉菌和嗜热性真菌烟曲霉是堆肥生料中的优势种群，其他一些真菌，如担子菌、子囊菌、橙色嗜热子囊菌也具有较强的分解木质纤维素的能力。但随着堆肥温度的升高，真菌的菌落数开始减少，在64℃时所有的嗜热性真菌几乎全部消失。当温度降到60℃以下时，嗜温性真菌和嗜热性真菌又都会重新出现在堆肥中。研究表明，酵母菌和丝状真菌的数量在堆肥进入高温期时开始下降，经历一段时间高温期后在高温末期则显著降低。

（3）放线菌

放线菌可以分解一些纤维素、溶解木质素，比真菌能够忍受更高的温度和 pH 值。放线菌降解纤维素和木质素的能力并没有真菌强，但它们在堆肥高温期是分解木质纤维素的优势菌群。在恶劣条件下，放线菌则以孢子的形式存活。诺卡氏菌链霉菌、高温放线菌和单孢子菌等都是在堆肥中占优势的嗜热性放线菌，它们不仅出现在堆肥过程中的高温阶段，同样也在降温阶段和熟化阶段出现。

7.1.5　好氧堆肥产品评价体系

7.1.5.1　堆肥产品腐熟度判定

餐厨垃圾通过微生物的降解作用使其中的病原菌无害化、有机物腐殖质化、稳定化，最终达到腐熟，进一步加工为复合肥料。堆肥产品在使用过程中不应给作物生长和土壤微生物活动造成不利影响，因此堆肥腐熟度成为一个重要的评价指标。土壤中如果施加未腐熟的堆肥产品，一方面容易造成植物根部的厌氧环境，影响植物的生长；另一方面根系即使生长也会产生大量臭气，从而抑制种子发芽，所以腐熟的判定有很重要的意义。

为建立一个统一合理的腐熟度评价标准，科研人员对堆肥过程中的生物降解有机质的机理进行了大量研究。根据分析方法不同，堆肥的腐熟度的判断方法可分为物理指标法、化学分析法、生物活性法、波谱分析法和植物毒性分析法。

（1）物理指标法

1）温度　温度与堆肥中微生物活性密切相关，有机物质被微生物氧化分解越快，释热越多，堆肥温度就越高。当趋近于环境温度时，表明可降解有机质的分解接近完全，堆肥可被认为已达稳定。接近环境温度时，温度易于检测，但由于堆体为非均相体系，其各个区域的温度分布不均衡，限制了温度作为腐熟度定量指标的应用。

2）颜色与气味　腐熟堆肥的颜色呈褐色或黑色，并带有湿润的泥土气息。泥土气息是由真菌和放线菌产生的土臭味素和 2-甲基异冰片两种物质引起，当堆肥中存在这两种物质时，表明堆肥已达稳定。气味和色度判别方法较为直观，但难以建立统一标准以判别各种堆肥的腐熟程度。

3）残余浊度和水电导率　将堆肥按比例与土壤混合，在 30℃ 下好氧培养，分析堆肥对土壤结构的改进程度以评价堆肥的腐熟度，堆肥时间为 7～14d 的堆肥产物在改进土壤残余浊度和水电导率方面具有显著的影响。但该指标尚未成熟，需与植物毒性指标和化学指标结合进行综合研究。

（2）化学指标

1）pH 值　堆肥原料或发酵初期，多为弱酸性到中性，pH 值一般为 6.5～7.5。腐熟的堆肥一般呈弱碱性，pH 值在 9 左右，但 pH 值易受堆肥原料的影响，故只能作为堆肥腐熟度的一项参考指标。

2）C/N 比　堆肥起始的 C/N 比一般控制在 25～30，有利于堆肥微生物正常生长繁殖及有机物的快速降解。随着堆肥的进行，当 C/N 比减少到 20 以下时堆肥达到腐熟。但不同物料的初始和终点 C/N 比的差异较大，并且许多堆肥原料的 C/N 值较低，因而影响了这一参数的广泛应用。有研究人员建议采用 $T=$（终点 C/N 比）/（初始 C/N 比）来评价堆肥的腐熟度，并提出当 T 值小于 0.6 时堆肥达到腐熟。不同物料堆肥的 T 值变化不大，在 0.5～0.7 之间，因而 T 值适用于不同物料堆肥的腐熟度评价。

3）阳离子交换量（CEC）　CEC 随着腐殖化过程的进行而逐渐增高，CEC 与 C/N 比之间呈显著负相关，当 CEC＞60cmol/kg（有机物质）时，表明堆肥已达腐熟。由于物料不同，腐熟堆肥的 CEC 值变化很大，而且对某些堆肥原料，初始 CEC 值就大于 60cmol/kg（有机物质），但所有堆肥的 CEC/水溶性有机碳的比值均在 1.7～1.9 之间，因此当 CEC/水溶性有机碳的比值大于 1.7 时，表示堆肥已达腐熟。

4）水溶性含氮化合物　堆肥过程中氨氮一部分转化为 NH_3 挥发损失，另一部分通过硝化作用转化为硝态氮。因此，氨氮的减少及硝态氮的增加是堆肥腐熟度评价的常用指标。也有人提出以氨氮/硝态氮的比值作为堆肥腐熟度的评价指标，当堆肥中氨氮/硝态氮的比值小于 0.16 时表明堆肥达到腐熟，但 N 浓度变化受许多因素影响，因此这类参数通常只作为堆肥腐熟度的参考指标。

5）生化需氧量（BOD）　堆肥经过高温阶段后全碳量降低，有机物质的微生物降解能力下降，BOD 值在堆肥初期上升，当堆肥达到腐熟时降低。由于堆肥初期有机质以糖和酸为主，糖被降解后，腐殖质不易被生物氧化。59d 堆肥的 BOD 值与 40d 的 BOD 值很接近，与起始 BOD 值差异很大，因此 BOD 也可作为堆肥腐熟的一项参考指标。

6）腐殖质　新鲜堆肥含有较低含量的胡敏酸（HA）和较高含量的富里酸（FA），而随着堆肥化的进行，HA 含量显著增加，FA 含量则无大变化，这种变化可表征堆肥的腐熟化过程。但也有学者认为有机物的腐殖化程度不适于描述堆肥腐熟度，因为其总含量有时在堆肥过程中变化不明显，新腐殖质形成同时，原有腐殖质会发生矿化作用。因此，在应用中需参照其他指标综合评价。

（3）生物学指标

1）呼吸作用　新鲜堆肥中，由于微生物活动促使有机物质氧化分解而产生大量 CO_2，并消耗大量 O_2。随着堆肥过程的进行，易降解利用的有机物质减少，微生物活动减缓，释放出的 CO_2 和消耗的 O_2 也随之减少。当堆肥中每 100g 有机物质能降解放出 CO_2 的有机物质小于 500mg 时表明堆肥已达稳定，小于 200mg 时达到腐熟；当堆肥中每降解 100g 有机物质的 O_2 消耗量小于 100mg 时，表明堆肥已达稳定。

2）发芽实验　由于堆肥产品最终都要作为有机肥用于农业生产中，因而种子发芽系数被认为是最有效、最能反映堆肥产品植物毒性大小的腐熟度评价指标。未腐熟的堆肥会抑制植物生长，而腐熟的堆肥可以促进植物生长。发芽系数（GI）用于堆肥腐熟度评价能更有效地反映堆肥的植物毒性大小，它不仅考虑了种子的发芽率，还考虑了植物毒性物质对种子生根的影响。植物生长实验应是评价堆肥腐熟度的最终和最具说服力的方法；不同植物对植物毒性的承受能力和适应性有差异。

3）病原微生物含量　新鲜的餐厨垃圾中含有大量病原微生物，如大肠杆菌、病毒及寄生虫等，这些致病微生物对温度非常敏感，当堆肥的温度高于 55℃，并保持 4d 以上时，即可杀死大部分病原菌。无论何种物料，堆肥高温阶段一般都在 7d 以上，所以腐熟堆肥检测不到大肠杆菌。1g 堆肥干样中含有少于 1 个沙门氏菌和 0.1~0.25 个病毒嗜菌斑，表明堆肥已达稳定。

4）酶活性分析　堆肥过程中，多种酶与 C、N、P 等基础物质代谢密切相关，分析其活力可间接反映微生物的代谢活性，一定程度上反映堆肥的腐熟程度。转化酶活性在堆肥发酵初期有一快速下降过程，在堆肥发酵 20d 内，酶活性可降至初始值的 3% 以下，且随堆肥发酵时间延长维持在较低水平。因此认为，转化酶活性下降 95% 以上，脲酶、纤维素酶活性下降 70% 以上，可作为判定堆肥腐熟度的指标。

7.1.5.2　堆肥产品质量标准判定

堆肥产品最终应用于土壤，既涉及废弃物处理又涉及肥料产品的利用，作为餐厨垃圾资源化利用的一种方式，堆肥产品的质量需要受到环境和肥料两方面标准的影响。为防止城镇垃圾还田对土壤、农作物和水体造成污染，保护农业生态环境，保证农作物正常生长，城镇垃圾农用控制标准需满足表 7-2 的规定要求。该标准适用于供农田施用的各种腐熟的城镇生活垃圾和城镇垃圾堆肥厂的产品，且不准混入工业垃圾及其他废物。

土壤中的微生物在分解有机物的同时，还需要吸收氨氮或硝态氮作为自身的营养元素以维持繁殖增生，C/N 比过高会导致氮量相对过少，进而影响肥效。成品堆肥中的 C/N 比应低于 20。

表 7-2 堆肥化产品的质量标准

项目	杂质	粒度	蛔虫卵死亡率	大肠杆菌	有机质 （以 C 计）	总氮 （以 N 计）	总钾 （以 K_2O 计）
标准取值	≤3%	≤12mm	95%～100%	10^{-2}～10^{-1}	≥10%	≥0.5%	≥0.1%

项目	pH 值	水分	总汞 （以 Hg 计）	总镉 （以 Cd 计）	总铬 （以 Cr 计）	总铅 （以 Pb 计）	肥料温度
标准取值	6.5～8.5	25%～35%	≤5ppm	≤3ppm	≤300ppm	≤100ppm	>55℃

注：1. 表中"ppm"的标准单位为"mg/kg"；2. 表中出粒度、蛔虫卵死亡率和大肠杆菌值外，其余各项均以干基计算；3. 杂质含塑料、玻璃、金属、橡胶等。

堆肥化产品应达到完全腐熟才能施用，完全腐熟以后的堆肥呈现茶褐色至黑色，没有有机物腐烂的恶臭，便于运输、保管和施用。

7.1.5.3 堆肥产品质量和卫生要求

对于堆肥产品，其质量和卫生要求如表 7-3 所列。

表 7-3 堆肥产品质量卫生要求（以干基计算）

序号	项目	标准限值	
		农作物用堆肥	山林、果园用堆肥
1	粒度	≤12mm	≤50mm
2	含水率	≤30%，袋装堆肥的含水率应小于 20%	
3	pH 值	6.5～8.5	
4	含氮	≥0.5%	
5	含磷（P_2O_3）	≥0.3%	
6	总钾（K_2O）	≥1.0%	
7	有机质（C）	≥35%，其中 N、P、K 的含量分别为 2%、0.8%、1.5%	
8	肥料温度	（静态堆肥工艺）>55℃，5d 以上	
9	蛔虫卵死亡率	95%～100%	
10	粪便大肠杆菌值	10^{-2}～10^{-1}	

注：10^{-1} 是指在 0.1（mL 或 g）粪液或肥料中能检验出 1 个粪便大肠杆菌。

在我国《有机产品国家标准》（GB 19630—2005）中规定了矿物肥料中的重金属含量限制如表 7-4 所列，应严格控制矿物肥料的使用量，以防土壤中重金属的积累。

表 7-4 矿物肥料中的重金属含量　　　　单位：mg/kg

重金属	汞(Hg)	镉(Cd)	砷(As)	铅(Pb)	铜(Cu)	铬(Cr)	镍(Ni)	锌(Zn)
标准限值	5	5	75	250	250	250	200	500

（1）堆肥产品分类

堆肥产品按照等级和粒径进行分类如表 7-5、表 7-6 所列。

表 7-5 堆肥产品按等级分类

分类	概况
生堆肥	未经堆肥发酵处理的可堆肥的有机垃圾
初级堆肥	一次好氧发酵处理的有机垃圾剩余物
精致堆肥	全发酵(一次发酵和二次发酵)及机械分选处理后的有机垃圾剩余物
特种堆肥	精致堆肥通过添加无机肥料、黏土和功能微生物等进一步加工处理而制成的具有高肥效和特种用途

表 7-6 堆肥产品按粒径分类 (风干状态下计量)

分类	细粒堆肥	中粒堆肥	粗粒堆肥
粒径(平均粒径)	<8mm,石渣含量小于 5%	8～16mm,石渣含量小于 20%	16～25mm

（2）国外肥料标准

欧洲国家对堆肥中重金属的含量要求更为严格，部分对堆肥产品中重金属含量的限值如表 7-7 所列。

表 7-7 部分欧洲国家对堆肥产品中重金属含量的限值 单位：mg/kg

国家	肥种	Cr	Ni	Cu	Zn	Cd	Hg	Pb
德国	生物和绿色肥料	25～60	10～30	30～50	150～350	0.1～1	0.1～0.5	150～350
	混合垃圾堆肥	70	50	270	1300	4.0	2.5	400
	私人庭院堆肥	40	20	30	250	0.5	0.2	100
	有机垃圾堆肥	100	50	100	400	1.5	1	150
奥地利	优级有机堆肥	70	42	70	75	0.7	0.7	70
丹麦	有机垃圾堆肥	100	30	1000	4000	0.8	0.8	120
荷兰	有机垃圾堆肥	50	10	25	75	0.7	0.2	65
比利时	有机垃圾堆肥	70	20	900	800	1.5	0.7	120

7.2 其他肥料化技术

目前餐厨垃圾肥料化处理应用最广的技术是好氧堆肥，生产出的固体有机肥在农业生产中有广阔的应用前景。好氧堆肥对于堆肥原料含水率一般要求在 60% 左右，但餐厨垃圾含水率极高，在堆肥预处理过程中需要脱掉大量的餐厨废液。餐厨废液属于高浓度有机废液，含有丰富的糖类、蛋白类、无机盐等营养物质，同样具有资源化的潜力。目前餐厨废液的资源化技术同样是进行肥料化处理，即利用餐厨废液中丰富的有机质培养土壤微生物制备生物菌肥。

7.2.1 餐厨废液制备生物菌肥技术概述

随着人口的快速增长、快速的城市化进程、人民生活水平的提高以及居民消费水平的提升，越来越多的餐厨垃圾大量产生。在美国，餐厨垃圾占到生活垃圾的15％左右，美国人平均每人每天有 0.27kg 餐厨垃圾需要处置，且这一数量仍在增加。欧盟 27 国年均餐厨垃圾产生量达到了 8900 万吨。我国 2017 年城镇年均餐厨垃圾的产生量为 8000 万吨左右。餐厨垃圾含水率高，据调查餐厨垃圾含水率高达70％～80％，餐厨垃圾经过填埋会产生大量垃圾渗滤液造成地下水以及土壤被污染。而经过脱水处理后也会产生大量餐厨废液，以韩国为例，据统计餐厨垃圾回收过程所产生的餐厨废液占餐厨垃圾的 70％，大约每天产生 940t 餐厨废液。由于餐厨垃圾产生量逐年增加，因此餐厨废液的产生量也随之增加。餐厨废液中含有大量蛋白质、淀粉、脂肪以及纤维素等有机物，因此其容易腐败，这将成为一些对人健康造成威胁的细菌的温床，且其还会产生恶臭气体对居民的健康带来危害。餐厨废液中氮磷含量较高，因此也会造成水体富营养化。如果不及时对其进行处理，将会对环境和健康产生显著影响。然而餐厨废液当中含有丰富的营养，所含物质基本都是无毒无害的，因此对其进行综合利用将大大减少城市污水处理负荷，同时使其无害化，减少了餐厨废液对健康的危害，对资源节约有重要意义。

餐厨废液有机物含量很高，其 COD 浓度甚至可达到 60000mg/L 以上，氨氮及其他微量元素也比较多。因此是一种良好的可资源化物质。餐厨废液的资源化技术有微生物燃料电池法、人工湿地法、厌氧生物处理法和制备微生物菌肥法等。微生物燃料电池具有降解速率快、无污染以及低能耗的优点，但其发电性能低以及系统复杂、废水处理效果不佳，因此未能大量投入实际应用。人工湿地法主要由湿地中的土壤及微生物共同作用将餐厨废液中的大分子分解使其得到净化，并为植物提供生长必要的营养，Gunes 通过模拟湿地每天处理 400L 餐厨废液，且出水未测出大肠杆菌或粪大肠菌群，同时对废水中污染物质去除率也较高，但是它有占地面积大、受季节影响大、种植植物较为单一等缺点。厌氧生物处理法主要利用厌氧污泥中的微生物通过发酵产生甲烷及氢气等清洁能源，同时降低废水中污染物来处理餐厨废液，但是其同样存在占用土地面积的问题，同时处理后会有大量沼液、沼渣产生，造成二次污染，并且其成本相对较高，出水水质很难达标。制备微生物肥料法是利用餐厨废水中高营养培养特定功能的微生物，得到具有特定功能的生物菌肥产品，这种方法具有无二次污染、成本较低、见效快等优势，因此越来越受到国内外学者的重视。

生物菌肥主要是对土壤有益微生物进行筛选、扩大培养后添加到特定载体中得到的生物制剂。我国的生物菌肥种类有解磷菌类、解钾菌类、固氮菌类、光合细菌类、菌根类、抗生菌类以及复合菌类，其中研究主要集中于解磷菌、固氮菌、解钾菌和复合菌。生物菌肥施加到土壤中，可以有效提升土壤营养物质浓度，促进作物生长，提高土壤酶活性，促进土壤矿物质溶解，增加土壤保温性能，同时起到保肥、保水效果，并且有些还能够增强农作物抗病性，具有低投入、高产出、无污染的特点。

自 1895 年 Noble 制成第一个生物菌肥产品以来，生物菌肥经过了一百多年的发展历史，在全世界有 60 多个国家被推广应用。我国生物肥料从 20 世纪 50 年代开始，尤其在近 20 多年发展下已经初具规模，成为我国农业生物产业重要组成部分。我国已有微生物肥料企业达到 2000 家以上，产能 3000 万吨以上，登记产品 6000 多种。这样的快速发展正好迎合了我国对绿色农业发展的需求，并在可持续农业中起到无可替代的作用。随着化肥过度施用造成污染，对可替代化肥的生物肥料的研究更加受到关注，2015 年农业部制定了《到 2020 年化肥使用量零增长行动方案》，其在技术路径中提到用有机肥代替部分化肥，实现有机无机相结合。美国也有学者在生物菌肥相关讨论会中提出使用生物肥料来减少化肥使用量的倡议。我国有关生物肥料的标准有 21 项，其中国标有 3 项，分别是《肥料中粪大肠菌群的测定》（GB/T 19524.1—2004）、《肥料中蛔虫卵死亡率的测定》（GB/T 19524.2—2004）、《农用微生物菌剂》（GB 20287—2006），这些标准的制定为我国生物菌肥的发展提供了法规支持，让行业不会盲目发展。

我国农田土壤肥力较低，为达到更高的粮食产量需要添加大量化肥，然而化肥的大量施用带来了一系列环境问题。生物菌肥是采用人工方法培养某些有益微生物而制成的生物液态肥料，如固氮菌肥、解磷菌肥、解钾菌肥或复合肥。液体肥料在一些发达国家已经得到普遍的应用，如在美国、英国、澳大利亚、加拿大等国液体肥料在整个肥料施用量中占有相当大的比例。国内生产的液体肥料主要适用于小麦、玉米、油葵、蔬菜等作物，每年施用量约为 30 万～40 万吨。制备生物肥料的原料多为禽畜粪便、有机废物等，通过向其中添加微生物发酵剂，控制适宜温度进行微生物发酵，从而生产微生物肥料。目前国内外研制菌肥多以固体有机物或配制液体培养基来发酵培养微生物，利用餐厨废液进行生物菌肥制备的研究较少。但已有前人成功在餐厨废液中制备出符合国家微生物肥标准的肥料。利用餐厨废液制备液态菌肥具有可行性，用餐厨废水制备生物菌肥能同时将餐厨废液资源化并减少化肥使用量。

餐厨废液营养丰富，是良好的生物菌肥原料。为了节约资源，防止二次污染，节约成本，已有不少研究者对餐厨垃圾废水制备生物菌肥进行了探索。任连海将假单胞菌、解脂假丝酵母、巨大芽孢杆菌以 2% 接种量等比例加入餐厨废液中，然后添加 60% 禽畜粪便，培养 3d 后成功制备生物菌肥。王娅亚等将粘红酵母加入餐厨废液中培养，然后干燥粉碎制备成菌肥，然后使用菌肥测试对大豆生长的影响，结果表明每公顷菌肥用量为 450kg 时对大豆幼苗促进效果最好。胡滢滢等用餐厨废液培养粘红酵母与地衣芽孢杆菌，得到的菌肥符合我国微生物肥料行业标准，将其施用于小油菜，促进了叶绿素含量的积累。郭新愿等利用餐厨废液培养解磷菌巨大芽孢杆菌，发现其在 pH 值为 8、$T=35℃$、转速 80r/min、接种量体积分数 2% 时生长较好，而且能提高土壤有效磷的含量，并对黄豆质量有促进作用。以往有研究者利用餐厨垃圾湿热处理的脱出液为培养基，制备固氮、解钾菌肥，考察了 NaCl 含量、pH 值、温度、接种量等因素对活菌数的影响，发现在优化条件下，固氮菌、解钾菌等数量达到国家标准，即大于 2.0×10^{8} cfu/mL，且发现湿热水解对菌的生长有促进作用。

7.2.2 餐厨废液制备生物菌肥工艺及影响因素

餐厨废液制备生物菌肥工艺一般包括接种微生物的筛选及确定、餐厨废液预处理（湿热处理）、餐厨废液接种微生物、摇床培养。其中微生物种类、预处理条件、摇床转速及接种量、pH 值、培养温度等都会对微生物的培养过程产生影响。

（1）温度

温度作为重要的环境因子影响着餐厨废液制备生物菌肥进程，过高或过低的温度均不利于微生物的生长繁殖。温度对于微生物体内酶活性有显著影响，低温抑制微生物酶活性，高温甚至导致酶活性丧失，导致微生物对营养物质的利用效率变低，并抑制其生长。此外，不同的接种菌种对于温度的要求一般有所区别。例如枯草芽孢杆菌的最适生长温度一般在 35℃左右，在 37℃之后随着温度升高酶活性开始下降。

（2）摇床转速及装液量

摇床转速和装液量会共同影响液体培养基中的溶解氧含量。一般来说装液量越大，瓶底越容易出现厌氧情况，同一装液量下，摇床转速越高，培养基中溶解氧含量越高。若接种菌种为好氧微生物，则含氧量会对微生物生长繁殖产生明显影响。理论上，越高的摇床转速、越少的装液量越利于提高培养基中溶解氧，利于好氧微生物的培养。但过高的摇床转速可能会对菌体产生机械损伤，一般摇床转速在 150r/min 左右。装液量过少可能导致培养基营养物质过少，不利于微生物的大规模培育。

（3）pH 值

微生物培养过程中对于 pH 值有较高要求，需要培养过程中 pH 值处于较为温和的范围内。由于部分微生物在生长过程中会产生酸性物质，所以一般来说中性到弱碱性环境中会比较适宜微生物生长。根据我国现行的微生物菌肥标准要求，微生物菌肥 pH 值范围需控制在 5～8，复合菌肥 pH 值应控制在 5.5～8.5 之间。

（4）接种微生物

虽然在显微镜发明之前人们并不知道微生物的存在，但是很早以前人们就利用微生物来促进植物的生长，例如人们将豆科植物种植到农田中达到促进土壤肥力提升，提高农作物产量的目的。Kloepper 和 Schroth 在研究微生物对萝卜生长时第一次引入根际细菌（rhizobacteria）这一词，而后他们将对土壤有益的根际细菌命名为植物根际促生菌（plant growth promoting rhizobacteria，PGPR）。PGPR 是一类能够定殖于植物根际的微生物，可以通过几种直接或间接机制促进植物生长。例如，PGPR 能够直接将氮、磷等元素转化为植物可吸收利用的营养物质，并分泌吲哚-3-乙酸（IAA）、赤霉素（GA）和细胞分裂素（CTK）等激素直接促进植物生长。此外，PGPR 在植物根际定殖，抑制或减少土壤病虫害，并通过诱导植物抗性提高植物自身的防御能力，从而减少疾病对植物生长、发育和产量的不利影响，从而促进植物生长。因此，PGPR 可以作为餐厨废液制备生物菌肥的优秀菌种应用于农业生产中，抑制病虫害的发生，保证现代农业的可持续发展，同时达到增产及化肥减量化的目的。

PGPR 的研究虽多，但适应性强的菌株却很少。由于 PGPR 的生存环境非常复杂，并且它们对外部因素非常敏感，例如土壤肥力、土壤物理性质、耕作措施、作物品种等。单一品种、单一功能促生菌肥已不能满足现代农业发展的需要，开发多种 PGPR 的组合尤为重要。与单一菌株相比，PGPR 复合菌肥具有潜在的多功能性，提高了对环境的适应性。此外，它们还可以迅速繁殖到植物根际的优势微生物区系中，改善土壤生态环境，增强植物抗病性。此外，PGPR 复合菌肥的应用更符合自然规律，它包含了自然生态环境中各种微生物之间的相互作用和协同作用。

（5）湿热处理

餐厨垃圾由于含水率高，并且其中还有大量油脂存在，这导致其中含有的资源十分难以回收利用。而湿热水解技术是一种将餐厨垃圾置于密闭反应器中通过高温加热使其固液油三相分离的技术，经过湿热处理后的餐厨废液消除了原本含有的有毒有害物质，同时餐厨垃圾里含有的蛋白质、淀粉、脂肪、纤维素等大分子物质，可水解生成可溶性氨基酸、还原糖、脂肪酸等小分子进入废液中，这将更有利于微生物生长，从而为制备生物菌肥提供良好的条件。餐厨垃圾组成十分复杂，既含水又含油，里面各种物质相互转换，是一个较为复杂的生物体系。湿热处理能够在尽量不损失营养的情况下将餐厨废液分离出来，并且相比干热灭菌要求更低、灭菌时间更短，因此在餐厨垃圾资源化中应用广泛。

7.3　工程实例

7.3.1　北京高安屯餐厨垃圾处理厂

7.3.1.1　引言

北京高安屯餐厨垃圾处理厂位于北京市朝阳区金盏乡高安屯垃圾无害化处理中心厂内，整个厂区的占地面积 32.19 亩，建筑面积为 12268.62m^2，负责处理北京东北部城区餐厨垃圾，设计日处理量 400t，是全国最大的餐厨垃圾专业处理厂。图 7-11 和图 7-12 为高安屯餐厨处理厂部分车间图。

7.3.1.2　餐厨垃圾产生现状

（1）餐厨垃圾的来源

北京市东北部城区的餐厨垃圾。

（2）餐厨垃圾的处理量

年消纳餐厨垃圾 13.2 万吨，餐厨垃圾日处理规模 400t/d。

(a) 预处理车间   (b) 后处理车间

图 7-11　高安屯餐厨处理厂预处理车间和后处理车间

(a) 生化处理车间   (b) 中控室

图 7-12　高安屯餐厨处理厂生化处理车间和中控室

7.3.1.3　餐厨垃圾处理厂工艺设计方案

（1）工艺概况及流程图

本餐厨垃圾处理厂主要采用生物法处理餐厨垃圾，应用高温好氧生物发酵堆肥技术，工艺流程如图 7-13～图 7-15 所示。

餐厨垃圾在运至处理厂后，首先由电子汽车衡称重，后将餐厨垃圾卸入预处理间的卸料槽中，经板式破袋给料机破袋后，输送到机械格栅进行分选，陶瓷、竹木、塑料制品等大于 50mm 的杂质被分选剔除，集中收集后送至填埋场进行填埋处置，格栅下物料进入湿料缓冲仓进行生化处理。

进入生化处理机中的餐厨垃圾，在配以一定比例的高温复合微生物原菌后，在生化处理机里经过 10h 左右的发酵及干燥脱水。经灭菌和稳定熟化后的物料，通过生化处理机出料口排出，通过输送装置送至后处理系统。

进入后处理系统的熟化物料经带式输送机和斗式提升机进入半成品仓，经初步筛选去除木块、塑料等杂质，筛上物被直接送去填埋，筛下物料通过磁选技术分离其中铁质金属组分。有机物料则进入成品仓，在成品仓中进一步腐熟，最终演变成

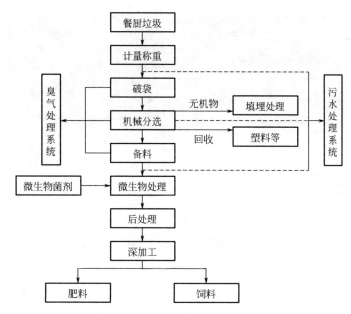

图 7-13　微生物资源循环技术工艺流程

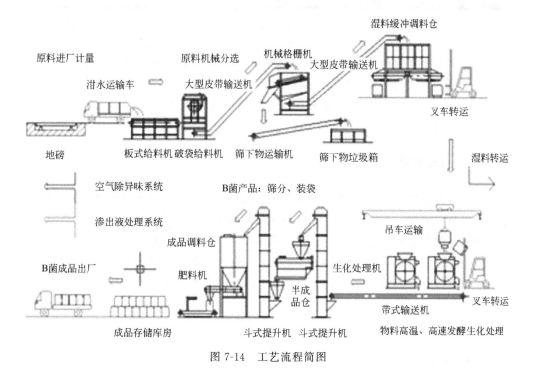

图 7-14　工艺流程简图

无异味、肉松状的生物有机肥，进行外售，实现餐厨垃圾的减量化、无害化、资源化。

（2）工艺优缺点分析

① 优点：处理时间短，无需繁杂分拣；资源利用率高，无二次污染，自动化

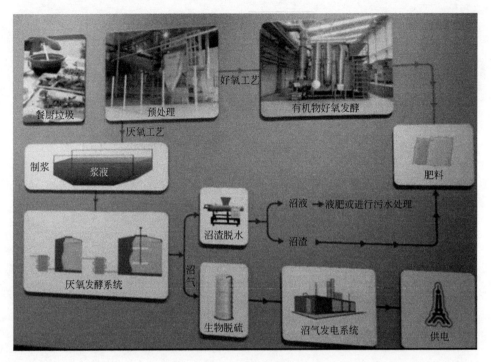

图 7-15 工艺流程

程度高；产品质量较高，产品附加值较高，有市场，销路较好；实现了餐厨垃圾处理的减量化、无害化、资源化。

② 缺点：工程投资较高，能耗偏大；设备单台处理能力偏小，后端农业生产资料应用产业链较长。

7.3.1.4 处理效果

北京高安屯餐厨垃圾处理厂利用北京东北部城区餐厨垃圾通过生物技术，年产生物腐殖酸 8 万吨，加工成环境友好型土壤调理剂肥料产品，并应用于生态农业，改良土壤，缓解农业面源污染；年直接减排 CO_2 15 万吨以上；每年因减少煤炭资源消耗和化肥用量而带动农业 CO_2 减排 91 万吨，产出的土壤调理剂肥料产品应用于昌平地区农产品基地，培育了昌平草莓、昌平苹果等一批优质水果。

7.3.2 南宫堆肥厂

7.3.2.1 引言

南宫堆肥厂位于北京市大兴区瀛海镇，隶属于北京环卫集团二清分公司，占地面积 $6.6hm^2$，与同属二清分公司的马家楼转运站、安定垃圾卫生填埋场共同组成了北京市西南垃圾处理系统。南宫堆肥厂于 1998 年 12 月 8 日正式投入运行，是迄今为止全国连续运转时间最长、规模最大的垃圾堆肥厂。原设计处理能力为每天

400t，经过 2008 年、2009 年、2014 年三次工艺改进，处理能力已经提升至每天 2000t 以上。

同时南宫堆肥厂也是一座国内高自动化、大规模的现代垃圾堆肥厂。南宫堆肥厂采用先进的强制通风隧道式好氧发酵技术处理垃圾，该厂现有堆肥仓 30 个，堆肥仓宽 4m、高 4m、长 27m，夏天无补水，通风方式采用正压鼓风结合负压吸风，通风方式包括发酵仓循环风和新鲜风两种，其比例根据堆肥温度和堆体氧气含量进行调节。经过技术改造，其发酵和熟化时间分别由以前的 17d 和 21d 缩短为 7d 和 10d，最终的堆肥产品也由 12mm 降到 7mm，其工艺水平有了一定的提高。

7.3.2.2　餐厨垃圾产生现状

（1）垃圾的来源

主要为马家楼垃圾转运站运来的粒径 15～80mm、有机物含量在 50％以上的垃圾，及小武基转运站的粒径 15～60mm 的堆肥垃圾。

（2）垃圾的产量

日处理规模超过 2000t。

7.3.2.3　餐厨垃圾处理厂工艺设计方案

（1）工艺概况及流程图

南宫堆肥厂采用好氧式隧道堆肥发酵技术，从转运站运来的可堆肥的餐厨垃圾经称重记录后进入卸料仓，物料首先在卸料池中静置 3d，滤去原生垃圾中的渗滤液并进行收集，由中央传送带送至布料机进行隧道布料。

布料完成后进入隧道发酵阶段，随后垃圾在发酵仓内进行高温发酵，高温环境完成了病菌及植物杂草种子的灭活过程，实现了餐厨垃圾的无害化处理。此阶段由通风系统和喷淋系统来调整发酵所需的不同温度、湿度和氧含量。隧道发酵过程中，适当添加外源微生物促进餐厨垃圾中有机物降解过程。

经过近 7d 隧道发酵后的垃圾由中央传送带传送到后熟化平台，在平台上通过人工检测温度来调整发酵过程中的通风程度。通风在调整堆体温度的同时，不可避免地带走微生物进行分解所需的水分，因此在此发酵过程中必须要对堆肥加湿，确保堆肥中的水分含量适中。经过后熟化区发酵的垃圾在滚筒筛内进行筛分，粒径在 25mm 以上的筛上物经各级传送带直接装箱后运至安定垃圾卫生填埋场进行填埋，粒径在 25mm 筛下物被输送至最终熟化区。在最终熟化区中垃圾经过强制通风发酵，使得垃圾中的有机物得到了进一步降解，实现了垃圾处理的减量化。此阶段产生的堆肥被运送到弹跳筛上筛分成 7mm 以下的细堆肥及 7mm 以上的粗堆肥，这两种产品可作为肥料销售，实现了垃圾处理的资源化。

堆肥工艺流程如图 7-16 所示。

（2）主要技术工艺特点

每个隧道后面均有独立变频控制风机，并装有温度探头、氧气探头，能实时对

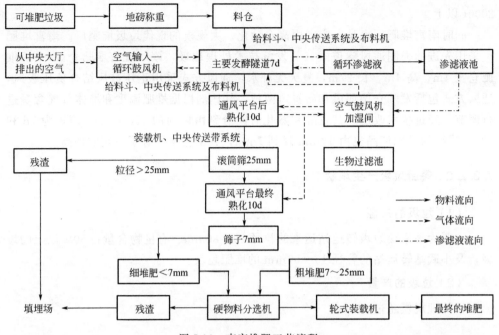

图 7-16　南宫堆肥工艺流程

隧道中垃圾的温度、湿度、氧气浓度等技术参数进行有效监控。餐厨垃圾在隧道中经过高温灭活，实现了无害化处理。

同时采用余热循环技术，将隧道发酵产生的热气通过风管引入到刚填满仓的隧道内，加速了微生物对有机物的降解；将附着在风管上的冷凝水进行收集汇总，以及完善雨水收集系统，将二者循环利用，即起到防汛防火的效果，又能节约大量燃油。

（3）工艺优点分析

包括：a. 自动化程度高，环保系数高；b. 设备相对不易过度磨损，使用寿命长；c. 每个隧道内部工艺均可直接独立控制；d. 生产中的废水循环利用，不外排，防止对地下水的污染。

7.3.2.4　处理效果

（1）污染物去除效果

将由马家楼垃圾转运站运来的粒径为 15～80mm，有机物含量在 50% 以上的垃圾及小武基转运站的粒径为 15～60mm 的堆肥垃圾最终处理转变成 7mm 以上的粗堆肥及 7mm 以下的细堆肥，25mm 以上的物质输送至填埋场进行填埋。

（2）产品概述

① 细堆肥及粗堆肥作为肥料进行外售；

② 发酵产生的余热引入隧道内进行余热利用；

③ 渗滤液及废水处理后用于堆体加湿及产区自用。

◆ 参考文献 ◆

［ 1 ］Thyberg K L, Tonjes D J, Gurevitch J. Quantification of food waste disposal in the United States:
a meta-analysis［J］. Environmental Science & Technology, 2015: acs. est. 5b03880.

［ 2 ］European Commission（DG ENV）. preparatory study on food: waste across EU27［R］. 2010: 1-17.

［ 3 ］中华人民共和国国家统计局. 中国统计年鉴（2020 年）［M］. 北京: 中国统计出版社, 2018.

［ 4 ］张庆芳, 杨林海, 周丹丹. 餐厨垃圾废弃物处理技术概述［J］. 中国沼气, 2012, 30（01）: 22-26, 37.

［ 5 ］Gustavsson J, Cederberg C, Sonesson U, et al. Global food losses and food waste: extent, causes
and prevention［R］. 2011.

［ 6 ］Guo X, Yang X. The economic and environmental benefits analysis for food waste anaerobictreat-
ment: a case study in Beijing［J］. Environmental Science and Pollution Research, 2019, 26（10）:
10374-10386.

［ 7 ］潘丽爱, 张贵林, 石晶, 等. 餐厨垃圾特性的试验研究［J］. 粮油加工, 2009（9）: 154-156.

［ 8 ］王攀, 任连海, 甘筱. 城市餐厨垃圾产生现状调查及影响因素分析［J］. 环境科学与技术, 2013, 36
（03）: 181-185.

［ 9 ］王丹阳, 弓爱君, 张振星, 等. 北京市餐厨垃圾的处理现状及发展趋势［J］. 环境卫生工程, 2010, 18
（01）: 24-26.

［10］S N Misi, C F Forster. Semi-continuous anaerobic co-digestion of agro-waste［J］. Environmental
Technology, 2002, 23（4）: 445-451

［11］曾彩明, 李娴, 陈沛全, 等. 餐厨垃圾管理和处理方法探析［J］. 环境科学与管理, 2010, 35（11）:
31-35.

［12］Shin S G, Han G, Lee J, et al. Characterization of food waste-recycling wastewater as biogasfeed-
stock［J］. Bioresource Technology, 2015, 196: 200-208.

［13］Kim E, Lee J, Han G, et al. Comprehensive analysis of microbial communities in full-scalemeso-
philic and thermophilic anaerobic digesters treating food waste-recycling wastewater［J］. Biore-
souc Technol, 2018, 259: 442-450.

［14］L H Ren, Y F Nie, J G Liu, et al. Impact of hydrothermal process on the nutrient ingredients ofres-
taurant garbage［J］. Journal of Environmental Sciences, 2006, 18（5）: 1012-1019.

［15］Ravindran R, Jaiswal A K. Exploitation of food industry waste for high-value products［J］. Trend-
sin Biotechnology, 2015, 34（1）: 58-69.

［16］李可欣, 苗万强, 陈瑶. 餐厨垃圾无害化过程中渗滤液的处理［J］. 黑龙江环境通报, 2017, 41（01）:
64-66.

［17］Thyberg K L, Tonjes D J. The environmental impacts of alternative food waste treatment technolo-
gies in the U. S［J］. Journal of Cleaner Production, 2017, 158.

［18］Lee J, Han G, Shin S G, et al. Seasonal monitoring of bacteria and archaea in a full-scale thermophi-
lic anaerobic digester treating food waste-recycling wastewater: correlations between microbial
community characteristics and process variables［J］. Chemical Engineering Journal, 2016, 300:
291-299.

［19］王罕, 蒋文化, 顾礼炜, 等. 新型 IC 反应器处理餐厨垃圾废水的实验研究［J］. 工业水处理, 2014, 34
（09）: 47-50.

［20］Tawfik A, El-Qelish M, Salem A. Efficient anaerobic co-digestion of municipal food waste and-
kitchen wastewater for bio-hydrogen production［J］. International Journal of Green Energy, 2015,

12（12）：1301-1308.

[21] Ye Y Y, Ngo H H, Guo W S, et al. Effect of organic loading rate on the recovery of nutrients andenergy in a dual-chamber microbial fuel cell [J]. Bioresource Technology, 2019, 281（12）：367-373.

[22] 樊立萍, 郑钰姣. 生物阴极微生物燃料电池餐饮废水处理与发电性能研究 [J]. 能源与环境, 2015（06）：74-75, 77.

[23] Gunes K. Restaurant wastewater treatmentby constructed wetlands [J]. Clean-Soil Air Water, 2007, 35（6）：571-575.

[24] 任连海, 郭启民, 赵怀勇, 等. 餐厨废弃物资源化处理技术与应用 [M]. 北京：中国标准出版社, 2014.

[25] 陈冠益, 马文超, 钟磊磊, 等. 餐厨垃圾废物资源综合利用 [M]. 北京：化学工业出版社, 2018.

[26] 李来庆, 张继琳, 许靖平, 等. 餐厨垃圾资源化技术及设备 [M]. 北京：化学工业出版社, 2013.

[27] 杨振兵. 基于餐厨废液培养的解磷菌肥制备及植物促生作用研究 [D]. 北京：北京工商大学, 2019.

第 8 章

餐厨垃圾资源化新技术

8.1 餐厨垃圾昆虫消纳技术

昆虫消纳餐厨垃圾作为一种新兴技术，由于其可大幅降低餐厨垃圾中的总氮、总磷和油脂含量，近些年来受到广泛关注。

昆虫消纳餐厨垃圾是指利用食腐昆虫或食尸昆虫如蜣螂、黑水虻、蝇蛆、埋葬甲及皮蠹等高效地将餐厨垃圾转化为高附加值生物质。与其他生物种类相比，昆虫的生长繁殖快，对餐厨垃圾的转化率高，因此适用于处理餐厨垃圾。例如昆虫消纳技术能够提高昆虫幼虫体内虫源蛋白，提取的虫源蛋白可作为蛋白饲料广泛应用于饲养行业。有研究表明，黑水虻幼虫中的粗蛋白含量约为 $40\%\sim47\%$，通过碱提酸沉法能够得到具有较强还原性的蛋白类物质，是卵清蛋白的 1.3 倍左右，可开发为优质的抗氧化产品并产生经济效益。此外，昆虫经诱导后可获得一类碱性多肽物质，即抗菌肽。由于目前抗生素的滥用，导致病原菌产生耐药性和抗性基因，抗性基因和抗生素副产物会在环境中富集并造成危害。大量研究表明，虫体合成的抗菌肽经过提取纯化，能够抵御细菌、真菌、病毒和寄生虫等病原体对生物体的入侵，在免疫中起到重要的作用，是一种高值化学医药品，可以部分代替抗生素，减少抗生素的使用量以及其带来的危害。

8.1.1 黑水虻消纳餐厨垃圾概况

黑水虻（Hermetiaillucens）又称亮斑扁角水虻，是双翅目（Diptera）水虻科（Stratiomyidae）扁角水虻属（*Hermetia*）的一种昆虫，起源于南美洲，目前在全世界广泛分布（南北纬 40°之间），在我国的广东、云南、海南、河北、四川、湖北等省份都有分布。其生活周期要经历卵、幼虫、预蛹、成虫 4 个阶段，作为一种腐食性昆虫，黑水虻幼虫食性杂、食量大、抗逆性强、发育周期适中、饲养门槛低、生态安全性高，可以用于处理餐厨垃圾。与其他处理法相比，利用黑水虻处理餐厨垃圾具有操作成本低、处理效率高、资源化程度高等优点。黑水虻作为一种资源型昆虫，已经被证实其是餐厨垃圾处理领域目前最具有产业化前景的生物之一。

图 8-1 所示为黑水虻幼虫。

图 8-1　黑水虻幼虫

黑水虻可以高效利用餐厨垃圾的主要原因是其体内的肠道微生物。昆虫肠道是微生物分布的一类特殊生境，存在种类繁多、数量庞大的微生物。这些肠道微生物可以与虫体产生互作效应，例如木食性白蚁和蟑螂后肠的共生微生物帮助宿主固氮、转化含氮废弃物尿酸为可利用的氮源，参与纤维素的降解等；按蚊肠道内的肠杆菌产生的活性氧能够抑制疟原虫的动合子发育为卵囊，从而降低了按蚊传播疾病的可能性。肠道微生物在昆虫的食物消化和营养利用、生长发育和生殖调控及抵御病原物和有害物质的过程中发挥着重要的作用，是昆虫身体不可或缺的重要组成部分。

8.1.2　餐厨垃圾饲喂黑水虻作蛋白饲料

饲料行业唯一的动物源蛋白来自鱼粉，而优质的鱼粉大多进口于秘鲁（我国每年进口鱼粉约 200 万～300 万吨）。随着饲料行业的发展，单一的鱼粉配方饲料已经难以满足多样化的养殖需求，特别是在动物免疫力下降的情况下迫切需要除营养价值之外的功能性添加剂。作为鲜活饵料，黑水虻幼虫除了满足动物的营养需要外，还能提供包括多种维生素、抗菌肽、脂肪酸、有机酸及功能性酶等一系列复杂的功能性成分，这种优势特别表现在水产养殖的育苗领域。另外，对于多种以食肉为主的高端养殖品种，黑水虻幼虫以其低廉的价格、鲜活的特性和就地生产的便利性，在石蛙、金鲳、笋壳鱼、甲鱼、南美白对虾等领域已经显现出不可替代的优势。

黑水虻幼虫的干重接近 45％，其中蛋白质的含量远远超过 40％。与豆粕的蛋白含量相近，而且富含钾、钙、镁、铁、铜、锌、锰、磷等物质和微量元素，富含粗纤维、月桂酸、抗菌物质和甲壳素等成分。同时，黑水虻幼虫氨基酸组成均衡，大多数氨基酸含量与鱼粉和豆粕相似，包括精氨酸、异亮氨酸、亮氨酸、赖氨酸、苯丙氨酸、缬氨酸和苏氨酸等，而脯氨酸和酪氨酸的含量高于鱼粉和豆粕，蛋氨酸、半胱氨酸和组氨酸的含量较低，介于鱼粉和豆粕之间。饲喂产出的黑水虻幼虫含有丰富的蛋白质，经过提取纯化后成为高值虫源蛋白原料。由于其蛋白质含量丰富，氨基酸比例均衡，虫源蛋白有成为新型饲料蛋白的潜力，能够缓解饲料蛋白原料不足的现状。

黑水虻饲料如图 8-2 所示。

图 8-2　黑水虻饲料

8.1.3　诱导黑水虻制备抗菌肽

由于抗生素的过度使用，导致致病菌对抗生素的耐药性不断增强，而且抗生素的副作用和产生的抗性基因大量排放到环境中所造成的生态问题已成为世界性难题。昆虫抗菌肽是由昆虫体产生的一类小分子活性肽，其分子量小、热稳定性强、水溶性好、作用机制独特，具有抑菌、抗病毒以及抗肿瘤等作用。因此，抗菌肽可作为抗生素的代替品以缓解抗生素排放到环境中所带来的副作用。值得注意的是，抗菌肽尤其对产生病变的真核细胞和原核细胞具有较强的作用，对正常的真核细胞不产生免疫反应，故抗菌肽具有较大的应用前景。

目前，获取抗菌肽的主要手段是通过化学合成和基因工程技术。但由于许多抗菌肽的结构是长链且包含二硫键桥，导致化学合成的成本过高，不足以达到规模化工业生产，而这就限制了抗菌肽的大量生产及应用。有研究发现黑水虻能在外界病原菌胁迫的条件下，产生抗菌效益，不仅使黑水虻可以降低鸡粪中的致病菌含量，并能在体内消化多种病原微生物。这主要是由于虫体经诱导在体内合成抗菌肽进行免疫，但抗菌肽在昆虫体内含量较低、提取工艺复杂、成本高、不利于大规模生产，限制了虫体合成抗菌肽技术的应用。目前，实现靶向促进虫体合成抗菌活性肽、提高抗菌肽的提取分离纯度是虫体合成抗菌活性肽技术需要解决的关键问题，同时也受到了活性肽药物研发领域的广泛关注。

8.2 餐厨垃圾制备生物塑料

塑料作为一种防水、绝缘、可塑性强、拉伸性能高的材料，广泛存在于人类的生产生活和工业制造中。塑料的主要成分是聚丙烯、聚乙烯等，主要用于各种零部件、器具的加工，同时涉及涂料、纤维合成、保温材料、黏合剂等行业。现代生活高质量的物质供应和技术发展都离不开塑料。目前我国存有塑料垃圾 8 亿吨以上，而回收率较低仅有约 30%。对塑料制品过量使用和回收不及时，造成了大量的塑料垃圾被随意倾倒掩埋，侵占耕地林地，造成河道堵塞和海洋污染。同时废弃塑料在大气、水和土壤之间的迁移转化，严重破坏生态平衡，且对生态环境造成不可逆影响。有资料显示，塑料垃圾的处理费用是其生产成本的 5 倍，若将塑料垃圾置于自然界中腐烂则需要 300 年的时间。塑料在现有技术条件下无法降解，且其造成的污染具有持久性。为应对塑料危机，需要一种生态友好型的材料来代替塑料以满足人类生存。

依照欧洲生物塑料协会和日本生物塑料协会的定义，生物塑料是生物基塑料和生物降解塑料的统称。生物基塑料是从原材料来源角度提出的概念，而生物降解塑料主要是从塑料废弃后从环境的消纳性能角度提出的概念。依据原材料的来源和生物可降解性能不同，生物塑料可分为如下三类：第一类是全生物质来源及部分生物质来源的不可降解的塑料，如将玉米淀粉转化为生物乙醇，再进行加工所得的基于生物乙醇的聚乙烯（PE）、聚苯烯（PP），以及部分基于生物乙醇的聚对苯二甲酸乙二醇酯（PET）等，都属于生物基生物塑料；第二类是生物质来源且可生物降解的塑料，如热塑性淀粉（来源于淀粉，在助剂等作用下使其具有热塑性）、聚乳酸（PLA，由玉米淀粉降解为乳酸，再经过聚合而成）、乙酸纤维素（原料来源于植物纤维素，通过羟基乙酰化而制成）等，它们既属于生物基塑料又属于生物降解塑料；第三类合成原料来源于石油基但可生物降解，如聚丁二酸丁二醇酯（PBS，由丁二酸和丁二醇聚合而成）、聚己内酯（PCL，由 6-羟基己酸缩合而成），属于可生物降解塑料。

8.2.1 PHA 概述

聚羟基脂肪酸酯（PHA）是微生物在外源碳源过量且氮源等营养元素缺乏情况下，于体内合成的具有可再生性、可生物降解性的生物基聚合物。作为微生物能源储备物质的同时维持细胞结构的完整，使菌体在营养物质匮乏时仍能维持细胞正常生长和繁殖等生命活动。PHA 具有多样化的结构特征，可由多种微生物合成，作为体内储存碳源和能源的物质存在，在细胞内以颗粒形式积累。1926 年，Lemoigne 首次在芽孢杆菌中发现聚羟基丁酸酯（poly-3-hydroxybutyrate，PHB）。到目前为止，在 65 个属 300 多种细菌中发现近百种不同的脂肪酸可作为 PHA 单体，这些单体具有脂肪族饱和或不饱和的及芳香族侧链 R 基团，碳原子数目介于 3～16 之间。在 65 个菌属中包括芽孢杆菌属、假单胞菌属、产碱杆菌属、固氮菌属、甲基营养菌属、红螺菌属及肠道杆菌的某些菌属。不同条件下，不同菌属微生物的 PHA 积累量存在一定差异。在聚羟基脂肪酸酯中，最常见的有聚羟基戊酸酯（poly-3-hydroxyvalerate，PHV）、聚 3-羟基丁酸（PHB）以及 PHB 和 PHV 的共聚物（PHBV）。

　　PHA 是由不同的单体聚合形成的，到目前为止，已经发现了超过 150 种不同的 PHA 结构，单体含量及聚合方式的差异对 PHA 的物理化学性质会产生极大的影响。由于单体种类和组成比例的不同，PHA 的聚合物范围可以从硬晶体到软弹性体，因此可以通过调节单体聚合方式和单体含量生产出符合人们生活需要的产品。与传统塑料相比，PHA 具备可生物降解、无毒，具有与传统塑料类似的机械性能，对环境友好、对人类动物没有危害等优势，PHA 最为突出的特性是其可再生性。

　　PHA 可以分为短链 PHA（含单体 $C_3 \sim C_5$）和中长链 PHA（含单体 $C_6 \sim C_{14}$）两大类。PHA 分子通式如图 8-3 所示，其中 n 为聚合物单体数目。

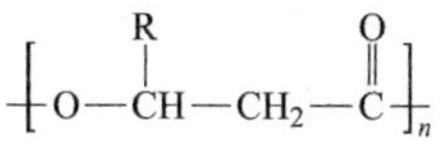

$$\left[O - \overset{\overset{\displaystyle R}{|}}{C}H - CH_2 - \overset{\overset{\displaystyle O}{\|}}{C} \right]_n$$

图 8-3　PHA 分子通式

　　PHA 主要应用于：a. 发酵工业，由于 PHA 由微生物大批量发酵生产，有利于发酵工业的发展；b. 生物能源产业——PHA 生物燃料，在清华大学和汕头大学共同研究下发现，PHA 中的 PHB 和 PHV 在酸化水解催化下可转化 R-3-羟基丁酸甲酯及中链羟基甲酯，在乙醇中加入这二者可提高乙醇的燃烧热；c. 材料工业，PHA 在材料工业中可以作为高分子材料，既可以作为医学植入材料、生物可降解塑料、光学材料和纤维材料，又可作为药物缓释材料；d. 精细化工产业，若细菌在限制碳源的条件下生长，其体内积累的 PHA 会降解为单体，来自 PHA 单体的 RHA 含有手性中心以及两个容易改变的功能团（—OH 和—COOH），可以合成高分子材料；e. 提升微生物适应性，例如可以通过 PHA 来改进某些工业微生物的耐受性。

　　国内外对于微生物合成 PHA 的研究主要有以下两个方面：一方面，利用一些生产生活中的废料或者廉价的原料作为碳源来生产 PHA 以达到降低成本的目的；另一方面，选育 PHA 高产菌种，分别利用不同的碳源作为单一碳源在微生物体内积累 PHA，对于一些特定的菌种，研究不同的培养条件对它们 PHA 产量的影响来提高合成量。

　　PHA 作为碳源或能源的储存物质主要存在于细胞内，是一种理想的可以在自然条件下完全降解的生物塑料。PHA 不仅具有类似于传统合成塑料的物化性质，还具有传统塑料所没有的生物可降解性，它可以在有氧条件下彻底分解为 CO_2 和

H_2O，在无氧条件下被降解为 CH_4。同时，它还具有良好的生物相容性、非线性光学性、压电性、气体相隔性很多高附加值性能。

PHA 作为一种生物有机聚酯，具有生物可降解性、可塑性、压电性及生物相容性等诸多生物、化学、物理特性，具有广阔的运用前景。然而阻碍 PHA 工业化合成的主要因素是较高的碳源成本。目前，在 PHA 的主流合成技术中，碳源的成本占到了总成本的 30%～50%。

8.2.2 餐厨垃圾制备 PHA

8.2.2.1 微生物发酵法合成 PHA

微生物发酵法是通过微生物利用多种碳源如有机酸类（乙酸、丙酸、丁酸、异丁酸、戊酸、异戊酸等）、碳水化合物（葡萄糖、蔗糖、淀粉等）、醇类（甲醇、乙醇、丙醇、异丙醇等）合成 PHA。餐厨垃圾厌氧发酵水解酸化后，可得到挥发性脂肪酸（volatile fatty acid，VFA），利用餐厨垃圾水解酸化液为碳源合成 PHA，可实现餐厨垃圾的减量化和资源化。该方法的优点是 PHA 产量大且纯度高。然而由于需要准备纯度较高的短链有机酸作为碳源，导致工艺成本相对较高，限制了该方法广泛应用。

微生物发酵法合成 PHA 的工艺主要受 pH 值、反应温度、C/N 比、含盐量、接种量和发酵时间几个因素的影响。

（1）pH 值对 PHA 合成量的影响

通过对 pH 值的控制，可以提高 PHA 产量。当 pH 值在 7.5～8.5 时，微生物拥有最佳活性，在此数值区间内 PHA 产量较高。另外，pH 值还影响着聚合物的组成，例如当 pH 值在 5.5～9.5 之间变化时，随着 pH 值升高，作为合成 PHV 单体主要物质的丙酸的吸收利用率会逐渐增高，PHV 单体在共聚物中的比例也会相应提高。Chua 等研究表明，PHA 积累的最适宜 pH 值为 8～9，当 pH 值为 6～7 时 PHA 产量相对较低；当 pH 值为 7～8 时，pH 值对 PHA 的积累影响程度较小。

（2）反应温度对 PHA 产量的影响

温度的变化不仅会影响细胞质膜的流动性，同时对酶的活性及物质的溶解性也有很大的影响。杨姗姗探究了培养温度对 H2-5 菌株合成 PHA 能力的影响，经实验发现随着培养温度的升高，细胞密度和细胞干重都呈下降趋势，当培养温度为 30℃时可获得更多的 PHA。

（3）C/N 比对 PHA 产量的影响

PHA 是微生物在碳源充足、氮源匮乏的情况下合成的作为微生物体内的储能物质而存在，因此 C/N 比是影响 PHA 产量的一个重要因素。在氮源缺乏的条件下，PHA 合成酶活性下降，且细胞内的 PHA 也容易发生降解，不利于 PHA 积累。然而过多的氮源会抑制细菌体内 PHA 的合成，餐厨垃圾合成 PHA 工艺中选取合适的 C/N 比尤为重要。

（4）含盐量对 PHA 产量的影响

盐的存在可能会抑制微生物的生长和 PHA 的积累。由于餐厨垃圾中含有大量盐分，厌氧发酵产生的有机酸中会存在一部分盐。实验结果表明，随着基质中盐分含量的不同，菌类的生长情况变化较大。

（5）接种量对 PHA 产量的影响

菌种接种量对于微生物生长过程有显著影响，尤其对于大规模培养细菌显得更加重要。在用大容积分批式发酵罐培养细菌时，菌种接种过少会导致细菌长期处于迟缓期，需要花费更多时间进入对数期，最终导致发酵时间的整体延长，间接降低了 PHA 产率。若菌种接种量过多，会造成细菌在基质中大量快速地繁殖，使细菌耗氧增加，即基质底层可能会出现厌氧发酵情况，致使发酵失败。

（6）发酵时间对 PHA 产量的影响

由于 PHA 的合成成本昂贵，需提高 PHA 的合成效率，尽量减少微生物的发酵时间。随着微生物发酵的进行，发酵罐中的碳源、氮源等其他营养物质、细菌的量、PHA 的合成量也在不断变化。若发酵时间过短，会使微生物发酵不完全，PHA 产率较低，大量的营养物质无法得到充分利用；若发酵时间过长，会使发酵罐中的营养物质全部消耗殆尽，从而消耗细菌细胞体内合成的 PHA，使得 PHA 产量下降，甚至会导致细菌细胞大量死亡，使生产成本进一步增大。

8.2.2.2 利用转基因植物合成 PHA

植物合成技术是将细菌 PHA 合成途径引入植物后，利用 CO_2 为碳源、太阳能为能源合成目的产物，可以大大降低生产成本。此方法与细菌发酵系统相比，植物具有可利用自身丰富的碳源、不需要昂贵的发酵底物、可对真核蛋白进行正确翻译后加工、形成具有活性的分子和不需要复杂的发酵后加工过程等特点，使人们逐渐看到植物作为生物反应器的巨大潜力。

8.2.2.3 活性污泥法合成 PHA

在适宜的条件下，利用活性污泥进行混合培养、富集 PHA 产生菌，从而生产出 PHA，该方法在获得了最终产物 PHA 的同时还减少了剩余污泥量。由于厌氧底物吸收需要糖原和多聚磷酸盐，因而厌氧-好氧活性污泥中富集了有能力积累糖原或多聚磷酸盐的 PHA 产生菌。

8.3 餐厨垃圾制备化工原料

利用餐厨垃圾生产化工原料可以有效地利用餐厨垃圾，使其变废为宝并产生经济效益。经过多年的研究，先后从餐厨垃圾成功制得乳酸、乙醇、糖化酶等化工原料。石姗姗研究将餐厨垃圾糖化后离心分离，上层糖化液用于制丁醇，下层糖化残渣用于制备有机肥，研究证明餐厨垃圾糖化液发酵制丁醇和糖化残渣堆肥化的组合工艺是可行的，为餐厨垃圾能源化与资源化探索了一条新的途径。赵建伟研究了餐厨垃圾和剩余污泥混合厌氧发酵生产短链脂肪酸。短链脂肪酸可以作为优质碳源应用于污水厂生物脱氮除磷，微生物燃料电池产电及生产生物塑料。餐厨垃圾制备化工原料可以有效地实现餐厨垃圾的"减量化、无害化、资源化"。餐厨垃圾生产化工原料是实现餐厨垃圾高效利用的有效途径，也是代替传统化工路线生产化工原料的重要手段。

8.3.1 同步糖化发酵产燃料酒精

自从 20 世纪 70 年代爆发全球性能源危机以来，生物质能源的开发和利用重新引起了人们的重视，其中燃料酒精的生产尤为引人注目。目前我国酒精生产主要以玉米、小麦等粮食作物为原料，从生产成本以及资源再利用两方面考虑，利用富含淀粉及纤维素类的废弃物作为原料则更具有优势。餐厨垃圾中含有丰富的淀粉、蛋白质和纤维素等物质，这些都是极好的发酵产酒精的原料。利用餐厨垃圾发酵生产酒精，可以解决垃圾的环境污染问题，实现其减量化、无害化与资源化，同时可扩大酒精生产原料来源，降低酒精生产成本。采用同步糖化发酵工艺可以使糖化和发酵同时进行，很大程度上解除了葡萄糖的不断产生对酶反馈的抑制作用，降低了基质浓度，有利于菌体生长及酒精合成。

8.3.1.1 餐厨垃圾产酒精

餐厨垃圾产酒精主要分为如图 8-4 所示的三步。

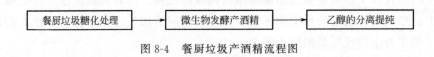

图 8-4　餐厨垃圾产酒精流程图

餐厨垃圾的糖化处理是产乙醇工艺中的关键因素。作为产物的乙醇会对微生物发酵过程造成影响，使得乙醇产量较低。为提高乙醇产量，许多研究通过基因工程等技术改造菌株，以获得能够分泌淀粉酶且具有高乙醇耐受性的菌株。研究表明，利用代谢工程向酵母基因组中引入不饱和脂肪酸基因和过表达去饱和酶基因，能够提高菌株对乙醇的耐受能力。Wong 等利用基因工程手段，获得了同时高效产出淀粉酶和糖化酶的菌株，实现了淀粉向乙醇的直接转化，且很大程度上提高了菌株的发酵效率，降低了生产成本。

目前主要有两种发酵模式，即同步糖化发酵（SSF）和分步糖化发酵（SHF）。SSF 的优点是，微生物能迅速地将形成的糖转化为乙醇，减少了糖在底物中的积累。与 SHF 相比，SSF 产乙醇的速率较快，产量较大，且乙醇浓度较高。但是 SSF 也存在一定问题，例如餐厨垃圾制备乙醇时，淀粉酶和糖化酶在 55～65℃之间活性较高，但是酵母菌适合在 28～35℃ 下生长。微生物作用和水解酶的最佳条件不同，很难控制糖化发酵过程中的运行参数。

8.3.1.2　发酵产酒精的影响因素

以淀粉为例，其颗粒外层的网络结构极为致密，水分子很难进入淀粉分子中。传统酒精生产工艺中，通过糊化作用可破坏淀粉分子间的氢键，切断淀粉链。

（1）酶的种类

糖化酶能将糊化的淀粉从非还原性末端水解 α-1.4 葡萄糖苷键，产生葡萄糖。由于添加糖化酶时生成的还原糖不断被菌体所利用，可有效地缓解产物对糖化过程的抑制作用，酒精生成量不断增多。但随着糖化酶用量增加，释放出来的糖没有被菌体所利用生产酒精，而生成了其他副产物，并且高糖浓度往往会抑制菌体生长代谢，导致了酒精浓度有所降低。蛋白酶的加入增加了餐厨垃圾中可被酵母利用的氨基酸，促进酵母生长繁殖，减轻酵母氨基酸合成代谢负荷及其能量消耗，额外提高发酵速度。随着蛋白酶用量增加，高浓度营养物质的释放会引起菌体竞争，导致菌体过快生长，不利于酒精形成。造成酒精浓度总体较低的原因主要是由于缺少糖化酶，糊化的淀粉没有转化为可供酵母利用的糖。纤维素酶可将餐厨垃圾中的纤维素类物质水解成小分子糖类，且有利于酵母菌生长繁殖。研究发现由于餐厨垃圾组分含量多寡不一，对于餐厨垃圾制酒精影响从大到小依次为糖化酶、蛋白酶和纤维素酶。

（2）初始 pH 值及发酵时间

在同步发酵产燃料酒精的过程中，初始 pH 值和发酵周期都会影响酒精发酵。pH 值对菌体生长、酒精产率以及产物合成方向都有明显的影响。适宜的 pH 能够促进微生物的生长以及酒精的生成，pH 值过高或者过低都将影响到菌体的生命活动，进而影响酒精的产率。同时 pH 值也会影响到菌体内酶的活性。pH 值控制在 5～6 时，酒精浓度较高。另外，发酵在偏酸性的条件下进行，可有效地抑制杂菌的生长，有利于提高酒精产量和纯度。如果发酵时间过短，即葡萄糖在没有被充分利用的情况下，酒精产率较低；而发酵时间过长，酵母的活性开始下降，并且发酵时间的延长将增加染菌的机会，同时增加酒精的生产成本，均不利于餐厨垃圾制备酒精。

8.3.2　资源化产糖

餐厨垃圾中碳水化合物的主要成分是淀粉、纤维素和半纤维素，采用一定的技术方法可以使碳水化合物水解从而获得 50%～70% 的葡萄糖。葡萄糖被认为是化学、生物 H_2 以及乙醇燃料等的前体物。主要的反应方程式如下：

$$C_6H_{12}O_6 + 2H_2O \longrightarrow 2CH_3COOH + 2CO_2 + 4H_2$$

$$C_6H_{12}O_6 \longrightarrow 2C_2H_5OH + 2CO_2$$

8.3.2.1　餐厨垃圾多糖组分产糖情况分析

针对餐厨垃圾中多糖组分淀粉与木质纤维素进行分析。餐厨垃圾中的淀粉主要来自小麦、玉米、甘薯、土豆、豆腐、奶酪等物质。淀粉是餐厨垃圾干物质中含量较高的多糖组分之一，广泛存在于植物的种子、果实以及根部。淀粉颗粒是多晶体体系，主要由结晶区与非结晶区交替组成。相对于纤维素稳定的晶体结构而言，淀粉水解要容易得多，因此淀粉类物质是产糖的良好基质。

餐厨垃圾中的木质纤维素主要来源于蔬菜、水果等。木质纤维素同样也是餐厨垃圾中占比较大的多糖组分，可分为纤维素和半纤维素。不同来源的半纤维素水解产物不同，硬质木材中的半纤维素水解产生较多的木糖，而软质木材中的半纤维素水解产生较多的六碳糖。目前餐厨垃圾资源化产糖的工艺包括酶促法、酸解法、水热法以及其他方法，不同的工艺各具优缺点。

8.3.2.2　餐厨垃圾产糖过程

目前最为常见的餐厨垃圾产糖工艺通过酸解法、酶促法和水热法等将餐厨垃圾转化为单糖或低聚糖。

（1）酸解法

酸解法是通过在反应体系中添加无机酸或有机酸来提高餐厨垃圾中多糖组分水解产糖效率的方法。以淀粉酸解为例，溶液中的水合氢离子对淀粉糖苷键中的氧原子进行亲电攻击，其中一条碳氧键的电子转移到氧原子上而形成不稳定的、高能量的碳正离子，碳正离子很快与水分子反应生成羟基，从而促进淀粉水解产生葡萄糖。酸解法能够显著提高糖的产量，节约能耗，但主要存在的问题是所添加的无机酸回收较为困难，且酸会对设备造成腐蚀以及酸解液的二次环境问题。同时，低温酸解条件下易产生副产物糠醛和 5-羟甲基糠醛（5-HMF）。

（2）酶促法

酶促水解是利用特定酶的催化作用，对餐厨垃圾中多糖组分进行催化降解，使多糖组分的糖苷键断裂产生单糖、双糖等低分子量产物。酶促法的优点是反应条件温和，不发生副反应，产物的选择性较高。纤维素基于其稳定的结构需要多种酶参与降解，即基于内切葡聚糖酶、纤维二糖水解酶和葡萄糖苷酶的共同作用促进纤维素的水解。酶促法的主要缺点是酶的活性易受到外界条件的影响，例如温度、pH值等。此外相对于纤维素，淀粉酶水解的速度要比纤维素酶快 100 多倍，且淀粉酶的使用能够节省 30% 的成本。因此纤维素酶的工业化应用中应考虑如何节约成本，提高糖的产率等问题。

（3）水热法

水热法是在高温、高压的条件下以水为介质的反应过程。根据目标产物的类型或相可以将水热反应分为如图 8-5 所示的 4 个过程。

图 8-5　餐厨垃圾水热产糖流程

在以上反应过程中，水既作为反应物和溶剂，同时在一定的条件下也可以将其作为催化剂。水热法的应用对含水率高、组分复杂的生物质有机物具有较好的效果。它的优点是不需脱水等预处理且生物质废弃物在水中的化学反应速率快，短时间内产物的转化率高。餐厨垃圾中不同的化学组分在水热条件下具有不同的反应活性，水热反应后气相、固相和液相中可以得到不同的有价值的化学品，且水热处理后的餐厨垃圾减量化及无害化处理效果好，有利于餐厨垃圾后续的处理处置。因此，水热法被认为是有效的资源化处理餐厨垃圾技术方法。餐厨垃圾水热液化产糖过程中仍伴随着水热炭化、液相产物转化以及气化等副反应的发生且水热法对设备的要求很高，因此成本也相对较高。

（4）餐厨垃圾产糖的其他方法

餐厨垃圾产糖的其他方法如图 8-6 所示。

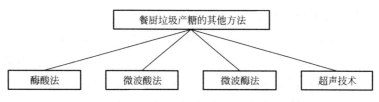

图 8-6　餐厨垃圾产糖的其他方法

其中微波与超声技术作为较为先进的处理方法，在餐厨垃圾前处理、作为辅助技术提高产糖率等方面具有较好的应用前景。微波加热是通过促进电场中极性分子间的相互摩擦，从而使分子间相互运动的动能转化为热量。其特点是快速且高效，能够提高反应的选择性，提高反应速率，缩短反应时间，提高目标产物的产率并减少副产物的产生。目前，微波加热在特定的领域得到成功应用，例如木质纤维素材料的前处理、食品废弃的加工以及有价值产品的提取等。低频超声波通过在液相中产生空化气泡的破裂释放震荡波，产生碎裂分子。这种特殊内破裂能够产生特殊的效应而使化学键断裂。

目前餐厨垃圾资源化产糖工艺发展尚不成熟，常存在糖的产量低、资源化不彻底等缺点。因此，今后对于餐厨垃圾产糖的研究可以集中在分离餐厨垃圾中影响产糖的组分，采用微波、超声等安全、清洁、节能的技术提高糖的选择性。同时如何降低餐厨垃圾中蛋白质、盐分、油脂等其他组分对餐厨垃圾产糖的影响也是相当重要的。

8.3.2.3　餐厨垃圾中其他组分对产糖的影响

餐厨垃圾中除了多糖组分外，其他的有机及无机化合物，例如蛋白质、油脂和盐分等在一定的程度上都会影响餐厨垃圾资源化产糖的产率。

（1）蛋白质对制糖影响

餐厨垃圾中蛋白质主要来源于乳浆及鸡肉、奶酪、鱼肉等肉类，以及蛋类等蛋白质含量丰富的食品。蛋白质在一定的条件下可以降解为氨基酸。氨基酸与还原糖之间能够发生 Maillard 反应，即开链形式的还原糖的羰基碳遭受氨基氮上孤对电子的亲核进攻，会失去水和闭环形成具有香味的物质——葡基胺，从而使还原糖含量降低，不利于糖类物质的积累。

（2）油脂对制糖影响

餐厨垃圾中油脂主要来源于动物油、植物油、乳制品等。餐厨垃圾中油脂的主要成分是由甘油和脂肪酸通过酯化反应形成的，统称为甘油三酯（TGA）。King 等研究黄豆油在亚临界水热条件下水解特征中指出，$330 \sim 340 ℃$ 和 $13.1 MPa$ 的条件下，$90\% \sim 100\%$ 的油脂转化成脂肪酸。而相对稳定的脂肪酸在一定的条件下可以与蔗糖和葡萄糖等形成糖脂类的表面活性剂，从而在一定程度上影响体系中糖的产量。另外，油脂和动植物油在厌氧消化过程中易产生漂浮、堵塞和质量传质的问题。

（3）无机盐对制糖影响

餐厨垃圾中的无机盐主要来源于食品加工过程中的调味剂，其主要包括钙、钠、镁、铁、钾等，其中钠盐的含量最高。无机盐在一定条件下会抑制微生物的活性，但适量金属盐的存在能够在一定程度上促进生物有机质水解速度。餐厨垃圾中的盐分能够增加介质的导电性能和提高加热的速率，尤其是卤素离子能够吸收微波的能量，从而加速生物质的水解。有研究指出，电介质的加入也能够降低纤维素水解所需要的能量。因此，适当的盐分含量对多糖组分的水解具有促进作用。

8.3.3　餐厨垃圾制备聚氨酯用多元醇

聚氨酯用多元醇是在 20 世纪 30 年代由德国化学家 O. Baye 发明的，目前聚氨酯用多元醇已经广泛地应用于家具、建筑行业和汽车制造行业等。在汽车制造方面，聚氨酯泡沫主要应用于座位系统，另外其也可用于软垫、汽车车牌和空调系统。在家具制造方面，聚氨酯泡沫是家具工业所用的最重要的材料。自 20 世纪 50 ~ 60 年代起，聚氨酯工业化生产在我国逐步发展起来，其中在生产硬质泡沫、弹性体、合成革和氨纶纤维方面发展较为迅速。聚氨酯的两种主要原料是异氰酸酯和多元醇，其中多元醇多用于聚氨酯硬质泡沫的制备。在全球范围内，建筑行业对聚氨酯硬质泡沫的市场需求量最大，可达 57%，基本用于屋顶和墙壁绝缘材料。

餐厨垃圾制备聚氨酯用多元醇技术主要采用餐厨废油为原料。由于餐厨废油具有废物和资源二重性，因此餐厨废油的回收利用对环境、人体健康和化工生产都有着重大意义。现有的餐厨废油加工企业，利用餐厨废油生产的最终产品大多数为生物柴油。但是，由于我国中石油、中石化对柴油供应市场形成了垄断，民营企业很难进入国有销售渠道，最后导致民营企业生产的生物柴油只能在极为有限的市场，例如民营的船舶、民营加油站等进行经营。因此，在多重压力之下不少生物柴油企业最终逐渐转产化工原料。目前新的餐厨垃圾再利用方法之一是制备多元醇用于生产聚氨酯，多元醇的价格高于生物柴油，生物柴油的价格在 7000 元/t 左右，多元醇价格在 1 万～6 万元/t 之间，在经济效益上有很大优势。

餐厨垃圾制备聚氨酯用多元醇的主要采用环氧-羟基法。该方法是依靠植物油分子链中的双键在催化剂作用下与氧化剂进行环氧反应，然后再与含活泼氢的开环剂在催化剂作用下进行羟基化反应。该方法制备的多元醇在黏度、分子量及官能度方面都较为理想，且原料易得，生产安全性高，产品得到广泛应用。环氧化工艺有甲酸工艺和乙酸工艺，其中甲酸工艺应用较好；在羟基化阶段可选用硫酸、磷酸等无机酸，对甲苯磺酸等有机酸或酸化黏土作为催化剂。根据环氧化过程中有无羧酸存在，环氧植物油生产工艺可分为过氧羧酸氧化法和无羧酸催化氧化法两大类。

（1）过氧羧酸氧化法

过氧羧酸氧化法是指以 H_2O_2 为供氧剂，有机羧酸为受氧剂，在酸性催化剂作用下反应生成过氧羧酸，过氧羧酸与食用油中不饱和双键反应使其断裂，同时在断裂处引入氧原子形成环氧基的过程。由于所用催化剂不同，过氧羧酸氧化法又分为浓硫酸催化法、硫酸铝催化法、酸性离子交换树脂催化法和杂多酸盐催化法。

浓硫酸催化法工艺较为成熟，并在工业上得到广泛应用，但仍存在一些问题。首先是其反应过程中的过氧羧酸不稳定，极易伴随着大量的热量发生分解，使反应器内温度升高，促使已形成的环氧基发生开环反应，降低产品环氧值；其次，其生产设备会与浓硫酸长时间接触，严重腐蚀设备，导致安全性降低，因此设备更新周期短，增加生产成本。

$Al_2(SO_4)_3$ 作为催化剂的优点是，反应活性高、后续处理容易，且成本较低。但是其缺点是 $Al_2(SO_4)_3$ 中过高的 Fe^{2+} 会促进 H_2O_2 的分解，不仅减缓了有机羧酸的过氧化反应，而且会造成反应系统中温度升高，最终不利于环氧化反应的进行。

使用酸性阳离子交换树脂催化生产环氧油，优点在于能够避免浓硫酸催化法的不足之处，并且阳离子树脂是可再生的，能够重复使用。当酸性阳离子交换树脂明显失活时，用 95% 乙醇回流洗涤，水洗、烘干，得到的树脂进行预处理，恢复其催化活性，从而实现反应物的回收再利用。

杂多酸盐作为常用的催化剂，可促进 HCOOH 和 H_2O_2 反应生成 HCOOOH。该工艺不仅过程简单，反应周期短，且该催化剂不溶于水，经过过滤后也可像阳离子树脂一样重复使用。反应得到的产品具有较多优点，例如环氧值高、酸值低、色泽浅等。

（2）无羧酸催化氧化法

利用过渡金属配合物作催化剂合成环氧大豆油（ESO），该工艺避免使用有机羧酸，有效地解决了过氧羧酸带来的危害，并且产率以及反应速率均得到了显著提高。但该工艺的缺点也比较明显，其使用的溶剂具有易燃易爆性，存在安全隐患。目前，对于该工艺的研究主要集中在开发新型催化剂或催化体系上，例如 Re、Ti、Al、Mo 等的化合物。

目前，酶催化剂主要有植物过氧酶与固定脂肪酶，该工艺具有反应条件较为温和、产物的选择性高、ESO 不易发生开环反应等优点。目前，固定脂肪酶 Novozym435 作为最有效的催化剂被引入 ESO 的合成中。环氧化合成反应分两步进行，成功合成了环氧亚麻仁油、环氧葡萄籽油、环氧葵花油等，具有高达 90% 的产物选择性和原料转化率。

（3）开环羟基化制备多元醇

开环羟基化制备多元醇是指环氧基团在不同的开环剂和催化剂的作用下发生开环反应，同时引入羟基生成含不同支链和羟基的多元醇。其中开环剂有一元醇、羧酸、醇胺类化合物以及羟基化植物油等；催化剂的种类包括有机酸、无机酸、酸化黏土、过渡金属配合物、酶等，可根据需要选择不同的开环剂和催化剂。Wang 等用甲醇对环氧大豆油的环氧基团进行开环生成多元醇，再与甲苯二异氰酸酯（TDI）反应得到聚氨酯泡沫。

随着我国经济的快速发展和居民生活水平的不断提高，餐厨废油的产生量也在不断增加，利用餐厨废油制备聚氨酯用多元醇能够实现餐厨废油的高效、高附加值资源化利用。由于传统多元醇的原料是不可再生资源石油，因此采用环保、可再生和可降解的生物原料替代传统的石油基原料具有较大优势，这也将是整个聚氨酯行业发展的必然趋势。利用餐厨废油制备多元醇在节约资源的同时，还能实现餐厨垃圾的资源化利用并满足环境保护的要求，具有重要的现实意义。

8.4　餐厨垃圾厌氧制氢

氢气作为最理想的能源物质之一，可以替代化石燃料，其燃烧产物是 H_2O，因此可以有效避免大气污染与温室效应等环境问题。但是，如今经济高效地制取氢气的技术处于发展的瓶颈期。

厌氧发酵制氢在降解餐厨垃圾的同时，还可以生产清洁的能源气体，具有较大的发展前景。我国餐厨垃圾固体有机物主要组分包括蛋白质、糖类、油脂和纤维类等，其中糖类和蛋白质含量超过 60%，而木质纤维素类物质含量低于 5%。同时餐厨垃圾含有丰富的氮、磷、钾、钙等元素，重金属含量极少、营养成分丰富、配比均衡，适合厌氧发酵，具有极大的资源化价值。

8.4.1　餐厨垃圾制氢原理

目前，生物制氢的方式主要有光合作用和厌氧发酵两种：光合作用制氢是利用藻类和光合细菌直接将太阳能转化为氢能；厌氧发酵制氢是指发酵细菌在黑暗环境中降解生物质制氢的一种方法。发酵底物在氢化酶的作用下，通过发酵细菌生理代谢释放分子氢的形式平衡反应中的剩余电子来保证代谢过程的顺利进行，主要通过丙酮酸脱羧和辅酶Ⅰ的氧化与还原平衡调节两种途径产氢。光合制氢由于光合产氢细菌生长速度慢、光转化效率低和光发酵设备设计困难等问题，目前仍不易实现工业化应用。相比而言，厌氧发酵过程较光合生物制氢稳定，不需要光源，产氢能力较高，更易于实现规模化应用。

8.4.2　厌氧制氢途径

由于发酵制氢菌种不同，生物质发酵制氢的途径和末端产物有所不同。根据末端产物组成主要分为丙酸型发酵、丁酸型发酵和乙醇型发酵等。主要的反应方程式如下：

$$C_6H_{12}O_6 + 6H_2O \longrightarrow 12H_2 + 6CO_2 \tag{8-1}$$

$$C_6H_{12}O_6 \longrightarrow 4H_2 + 2CO_2 + 2CH_3COOH \tag{8-2}$$

$$C_6H_{12}O_6 \longrightarrow 2H_2 + 2CO_2 + CH_3CH_2CH_2COOH \tag{8-3}$$

根据化学计量反应式（8-1）所示，每摩尔葡萄糖理论产氢为12mol，然而由于生成不同的末端产物，如乙酸、丙酸、丁酸以及甲醇、丁醇或丙酮等，均会降低发酵产氢量。如反应式（8-2）和式（8-3）所示，乙酸的生成能使12mol的理论产氢减少为4mol，而丁酸的生成更使理论氢摩尔数降为2mol。在实际过程中，末端产物通常为不同产物的混合物，因此1mol葡萄糖可生成1.0～2.5mol的氢。复杂碳水化合物经水解后生成单糖，单糖通过丙酮酸途径实现分解，产生氢气的同时伴随挥发酸或醇类物质的生成。

微生物的糖酵解经过丙酮酸途径主要有以下4种，分别是EMP途径（Embden-Meyerhof-Parnas）、HMR途径（Hexosemonophosphate，又称糖酵解途径或二磷酸己糖途径）、ED途径（Entner-Doudoroff，又称2-酮-3-脱氧-6-磷酸葡萄糖裂解途径）和PK途径（Phosphor Ketolase，又称磷酸酮解酶途径）。丙酮酸经发酵后转化为乙酸、丙酸、丁酸、乙醇或乳酸等。丙酮酸是物质代谢中的重要中间产物，在能量代谢中发挥着关键作用。微生物种群的差异会导致丙酮酸的去路不同，因此对于不同的微生物种群，其产氢能力也不同。根据末端发酵产物组成，将厌氧制氢发酵类型分为乙醇型发酵、丁酸型发酵、丙酸型发酵及混合型发酵4种主要类型。

（1）乙醇型发酵制氢

经典的乙醇发酵是碳水化合物经糖酵解生成丙酮酸，而丙酮酸经乙醛生成乙醇的过程。在此过程中，发酵产物为乙醇和CO_2，无H_2产生。任南琪等在厌氧制氢研究中发现一新型发酵类型，其主要末端发酵产物为乙醇、乙酸、H_2、CO_2及少量丁酸。乙醇型发酵制氢的途径主要是葡萄糖经糖酵解后形成丙酮酸，在经丙酮酸脱酸酶的作用下，以焦磷酸硫胺素为辅酶，脱羧变成乙醛，继而在醇脱氢酶作用下形成乙醇。在这个过程中还原型铁氧化还原蛋白在氢化酶的作用下被还原的同时释放出。

（2）丁酸型发酵制氢

可以进行丁酸型发酵制氢的菌类主要是一些厌氧菌和兼性厌氧菌，在发酵过程中的末端产物主要是丁酸、乙酸、H_2、CO_2 和少量丙酸。许多可溶性的碳水化合物（如葡萄糖、蔗糖和淀粉等）主要是以丁酸型发酵为主。这些物质在严格的厌氧细菌或兼性厌氧菌的作用下，经过三羧酸循环形成丙酮酸，丙酮酸在丙酮酸铁氧还蛋白氧化还原酶催化作用下脱酸，羟乙基结合到酶的 TPP（焦磷酸硫胺素）上，生成乙酰辅酶 A，脱下的氢将铁氧化还原蛋白还原，而还原型铁氧化还原蛋白在氢化酶的作用下被还原，同时释放 H_2。

（3）丙酸型发酵制氢

一些碳水化合物在发酵过程中，经 EMP 途径产生的 NADH＋H 通过与一定比例的丙酸、丁酸、乙醇和乳酸等发酵过程氧化为 NAD^+，来保证代谢过程中的 NADH/NAD 的平衡。为了避免 $NADH＋H^+$ 的积累影响代谢的正常进行，发酵细菌可以通过释放 H_2 的方式将过量的 NADH＋H 氧化。该反应是在 NADH-铁氧还蛋白氧化还原酶、铁氧还蛋白氢化酶作用下完成的。该途径的不足在于 H_2 的产量很低。

（4）混合型发酵制氢

在厌氧制氢过程中，常有乳酸、乙酸、CO_2、H_2 和甲酸等末端产物的存在，形成以混合酸为主的厌氧发酵产氢途径。在混合型发酵产氢过程中，经由 EMP 途径产生的丙酮酸会发生脱羧反应形成甲酸和乙酰基，然后甲酸会裂解为 CO_2 和 H_2。以混合型发酵途径产氢的典型微生物主要有埃希氏菌属和志贺氏菌属等。

8.4.3 厌氧制氢影响因素

影响餐厨废弃物发酵产氢效率的因素主要有发酵底物浓度、温度、pH 值和气体压力等。

（1）发酵底物浓度的影响

底物浓度是影响产氢的重要参数，一般情况下，较高的底物浓度容易造成底物转化不完全并增加细胞内总有机酸的含量，使得细胞活性降低，但这并不影响絮凝体颗粒内物质的传质。较低浓度的底物通常可以获得较高的氢产率，而高底物浓度将会导致氢产率的下降。

（2）温度的影响

发酵温度是影响微生物生长和底物转化生成氢的重要因素之一。在厌氧发酵制氢过程中，温度太高或者太低都不利于发酵进行。只有在最适温度条件下，负责发酵产氢的酶活性最高，此温度下能获得最大的产氢量和产氢速率，而最适温度的选择依据发酵微生物的种类不同而有所差异。一般认为，高温更适于底物需要水解的发酵制氢过程，因为高温有利于提高参与水解酶的活性，同时氢气在高温下的溶解度较低，有利于消除高浓度气体对细菌生长的抑制。然而在混菌发酵过程中，高温可能不利于菌群多样性的存在，这对于废水发酵以及富含有机质等不同来源的废弃物发酵十分不利。此外，温度的选择也要考虑过程的经济性，尤其对于高温发酵过程，可能需要额外能量的输入，这会导致投入的成本增加。

（3）　pH 值的影响

pH 值不仅影响微生物的形态和结构，而且对代谢过程中酶活性的影响也较为显著，这与细胞内 NADH/NAD$^+$ 动态平衡和产氢菌的生理条件有关。由于在发酵过程中，伴随产氢产生的有机酸（乙酸、乳酸、丙酸和丁酸）会造成培养基 pH 值下降，导致发酵产氢酶活性降低，因此使发酵制氢过程中的 pH 值稳定维持在最适宜酶活性的范围内十分重要。

（4）气体压力的影响

在厌氧发酵制氢过程中，氢气的分压也是重要的影响因素之一。在酶代谢过程中，氢分压能促进铁还原蛋白的还原反应，不利于底物转化生成氢。氢分压增大，会使得代谢产物中的乳酸、乙醇、丙酮、丁醇等浓度会增加，氢的合成减弱，从而不利于发酵制氢。为了维持高的产氢速率，有必要及时移走生成的氢，其中最简单的方法就是在发酵过程中增大搅拌，这将有利于产氢速率的提高。此外，向发酵液中通入气体也有利于降低氢分压。虽然通入气体能够促进氢产率提高，但氢浓度会被稀释，导致氢回收费用的增加。此外，移出气相也是降低氢分压的有效方法，例如采用真空泵或者膜系统来移走氢，以促进氢产率的提高。

（5）其他影响因素

金属离子作为重要的因子在生物制氢酶促反应中发挥作用。在丙酮酸脱羧产氢和辅酶 I 的氧化还原产氢中，Fe^{2+} 能够促进脱氢酶活性，进而提高产氢能力。Na^+ 可以活化酶蛋白的催化基团或辅酶、底物分子基团，诱导并参与体系的电子或质子传递，催化体系发生氧化还原反应。

此外，有报道称，在污泥生物发酵制氢中加入促进污泥中细胞破裂的化学因子也具有促进作用。如 Wang 等研究了 CaO_2 对污泥发酵制氢的影响，发现当投加的 CaO_2 的浓度增加时最大产氢量也相应增加。这是由于 CaO_2 能够加速污泥细胞的死亡和破裂，增大底物的生物降解性。

在众多因素中，气候变化对发酵产氢也具有不容忽视的影响，其变化周期性会导致活性污泥厌氧发酵产氢发生周期性变化。徐辉研究了气候变化对厌氧发酵生物制氢的影响规律：当污泥为菌源产氢时产氢能力随季节呈现规律性变化。在一年的四季中，由于夏、秋季气温更接近 37℃，发酵产氢所得到的产氢量较高；而春季和冬季的气温较低，发酵产氢所得到的产氢量较低。

8.5 工程实例

8.5.1 处理餐厨废弃物的兰州模式

（1）简介

兰州作为第一批国家试点城市在餐厨废弃物和"地沟油"收运处置方面积极进取、果敢创新，在出台相关配套政策的同时形成了集中收集、统一处置、多方参与，社会共治，被誉为"吃干榨尽"餐厨废弃物的"兰州模式"，构筑了覆盖主城区餐厨废弃物收集处理网络体系，得到了国务院安委会和省委、省政府的充分肯定，在餐厨废弃物资源利用方面走在了全国前列，创造了餐厨废弃物资源化利用和无害化处理的可借鉴、可复制、可推广的成功经验。

（2）餐厨垃圾产生现状

截至目前，"兰州模式"已收集餐厨垃圾 47 万吨，日均收运 300t，生成工业油脂 5000t。

（3）餐厨垃圾处理厂工艺设计方案

餐厨废油具有明显的废物与资源两重性，研究开发餐厨废油利用新技术，可有效解决食品安全、废油污染等问题。利用餐厨废油生产第一代和第二代生物柴油、表面活性剂、洗涤剂、脂肪酸、合成气等化工产品。由于餐厨废油组成复杂多样，净化处理难度大，因此以其作为原料生产化工产品时，工艺条件苛刻，生产规模小，短期难以实现工业化，而以餐厨废油生产生物柴油表现出了明显的优势。其中利用餐厨废油制备的第一代生物柴油存在热值低、抗氧化稳定性差等缺点，而加氢裂化、催化裂化、微波极化脂肪酸皂类脱羧成烃等工艺制备的第二代生物柴油产品性质更加优良，经济优势显著，具有很大的发展潜力。

8.5.2 嘉兴市海盐县餐厨废弃物资源化利用昆虫蛋白转化

8.5.2.1 简介

嘉兴溯源生物科技有限公司现已成功组建并运营海盐县餐厨废弃物资源化利用中试基地，取得了良好的经济效益与社会效益。基地以餐厨废弃物资源化利用技术为手段，构筑了完整的收运体系、资源化利用处理体系和产业化体系，实现了生产的高度组织化，建成无害化、资源化、产业化的餐厨废弃物资源化利用经营模式，并将在全国复制推广。

图 8-7 为盐县餐厨废弃物资源化利用中试基地车间照片。

8.5.2.2 餐厨垃圾处理现状

海盐县武原街道共有餐饮企业和食堂 503 家，餐厨废弃物资源化利用项目现已

图 8-7　盐县餐厨废弃物资源化利用中试基地

覆盖 133 家大型餐饮企业，共发放 246 个 100L 容量的大桶；覆盖小餐馆 47 家，合计发放 47 个 30L 容量的小桶。每天能回收餐厨废弃物 7t，

8.5.2.3　餐厨垃圾处理厂工艺设计方案

（1）工艺概况及流程图

将运来的餐厨废弃物投入车间，经过粉碎、筛选，分选出杂物，并将油和固性物分离出来，固性物经过发酵制成昆虫饲料，油经过炼制，制成生物油脂，产生的废水经过浓缩，制成浓缩液，作为生物发酵的营养液。将餐厨废弃物转化成生物油脂、生物有机肥料、菌体蛋白、昆虫蛋白四种产品，使其得到最大限度的循环利用。资源化过程不产生废水与废物，能做到环保排放，能源消耗只有传统工艺的20％。工艺流程如图 8-8 所示。

（2）投资及运行成本

设备及厂房改造投入成本为 1064 万元，年运行成本为 182 万元，年产 540t 昆虫鲜虫（270 万元）；生物柴油原材料 324t（129.6 万元）；生物有机肥料 540t（32万元）；政府财政补贴 150 元/t，年销售收入 600 万元。

8.5.2.4　处理效果

日处理 30t 餐厨废弃物，年产 540t 昆虫鲜虫；生物柴油原材料 324t；生物有机肥料 540t。

8.5.3　曹县创办国内首家黑水虻养殖基地

（1）简介

黑水虻是一种全世界广泛分布的资源昆虫，幼虫在自然界以动物粪便、腐烂的

预处理阶段

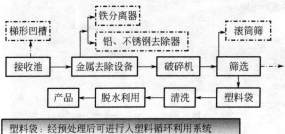

塑料袋：经预处理后可进行入塑料循环利用系统

金属制品：经预处理后可进行入废弃物循环利用系统

餐厨废弃物生物处理

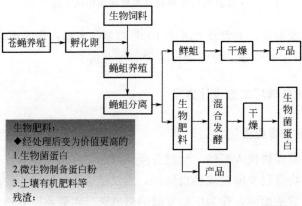

餐厨废弃物深度处理

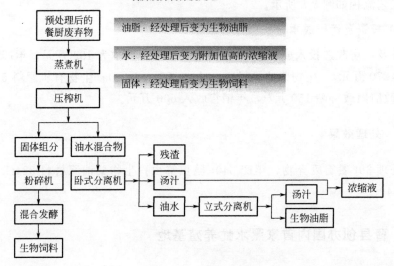

图 8-8　工艺流程

有机物,如腐肉、腐烂的水果、蔬菜和植物性垃圾为食,经虻虫处理过的餐饮垃圾不仅生产出了高档饲料,而且是极好的有机肥,一项可源源再生的绿色环保产业。

山东省曹县王泽铺农民专业合作联合社是一家专门从事有机农业转化的绿色环保企业,联合社创办的生态家庭农场,正在利用自然界中的各种环保物种,通过科学的处理方法,让它们变废为宝。

图 8-9 和图 8-10 分别为养殖基地照片及流程。

图 8-9　曹县餐厨废弃物资源化利用中试基地

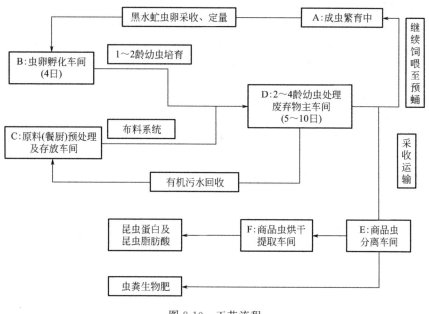

图 8-10　工艺流程

（2）工艺概况流程

转化秸秆→秸秆养黄粉虫→虫粪养殖猪鸡→鸡猪粪便养蝇蛆→蛆渣引粪有机肥→菜叶果皮养殖蚯蚓→有机种植→养生餐饮→虻虫处理垃圾→高能饲料→昆虫美食→昆虫蛋白粉。

（3）处理效果

数据显示黑水虻幼虫的食量大，处理泔水的效率高。幼虫从 3 龄起进入大量取食阶段，在食物充分的情况下可全天 24 小时进食，取食效率非常高。1m³ 饱和 4 龄幼虫在适宜的环境下，24 小时内可处理约 800kg（70％含水量）餐厨废弃物。

该黑水虻养殖基地的建成投产，充分利用了我国的餐饮垃圾资源，对多年来一直困扰我国餐饮垃圾、畜禽粪便处理的问题，起到了积极的缓解作用。

◆ **参考文献** ◆

［1］康欣欣.餐厨垃圾糖化及其发酵产乙醇丁醇过程研究［D］.镇江：江苏大学，2020.

［2］马国杰，郭鹏坤，常春.生物质厌氧发酵制氢技术研究进展［J］.现代化工，2020，40（07）：45-49，54.

［3］王攀，邱银权，陈锡腾，等.以餐厨垃圾水解酸化液为碳源合成 PHA 研究［J］.环境工程，2018，36（06）：145-149.

［4］王攀，邱银权，陈锡腾，等.利用餐厨垃圾水解酸化液合成 PHA——耐盐菌的筛选及其产 PHA 特性［J］.环境工程，2018，36（04）：78-82，116.

［5］李雨桥，任连海，张希，等.利用餐厨废油制备聚氨酯用多元醇的研究［J］.中国环保产业，2017（5）：61-65.

［6］张强.餐厨垃圾同步糖化发酵生产燃料酒精的工艺［J］.化工进展，2015，34（01）：91-94，126.

［7］刘力，王华，贺文智，等.餐厨垃圾资源化产糖研究进展［J］.化工进展，2014，33（S1）：279-285.

［8］李逵，杨启志，雷朝亮，等.我国利用昆虫转化有机废弃物的发展现状及前景［J］.环境昆虫学报，2017，39（02）：453-459.

［9］周俊，王梦瑶，王改红，等.餐厨垃圾资源化利用技术研究现状及展望［J］.生物资源，2020，42（01）：87-96.

［10］王斌，邹仕庚，彭运智，等.黑水虻在畜禽饲料中的应用研究进展［J/OL］.中国畜牧杂志：1-10［2021-01-25］.

［11］袁春平，侯惠民.生物塑料在食品药品包装中的应用与展望［J］.中国医药工业杂志，2020，51（11）：1356-1363.

［12］粟颖.黑水虻处理厨余垃圾的前景——以广东省为例［J］.城乡建设，2020（21）：47-49.

［13］张续春，黄兵，曹东福.微生物厌氧发酵制氢技术现状和展望［J］.云南化工，2007（2）：67-70.

［14］卢擎宇.利用耐盐菌以餐厨垃圾为碳源合成 PHA 的条件优化的研究［J］.广东化工，2018，45（9）：9-11，19.

［15］任连海，郭启民，赵怀勇，等.餐厨废弃物资源化处理技术与应用［M］.北京：中国标准出版社，2014.

第 9 章

餐厨垃圾资源化利用中污染控制

9.1 垃圾渗滤液处理技术

餐厨垃圾渗滤液是指餐厨垃圾在收集、运输、堆放、处理过程中，垃圾本身含有的游离水、有机质分解产生的水，以及降水和地下水通过淋溶作用形成的一类稠密且发臭的高浓度有机废水；其中含有大量的有机物、硫酸盐、氨氮、重金属、氯化有机物和无机盐等。渗滤液不仅成分复杂、污染负荷高，且具有流动性大、易渗漏、不便于收集运输的特点，如不经严格处理，容易引起地表水或地下水污染，还会引发许多与人类健康相关的问题。

9.1.1 物理化学法

垃圾渗滤液物化处理方法是指利用物理、化学反应对垃圾渗滤液中的不可溶组分、可吸附有机物进行处理的过程，最终将其转化为低污染、低毒性物质。目前物化法处理餐厨垃圾渗滤液的方法主要包括混凝沉淀、吸附、膜处理等技术。物化法受水质影响较小、出水稳定，能够处理难以生物降解的渗滤液。理论上物化处理能够处理渗滤液中所有污染物，故物化处理能够作为渗滤液处理工艺中预处理或深度处理单元。

（1）混凝沉淀技术

混凝沉淀是指向渗滤液中投加混凝剂，使得难以生物降解的有机污染物、重金属、聚合物等经历脱稳、凝聚、絮凝聚集形成絮凝体和矾花，最终达到沉淀去除效果。混凝沉淀的影响因素包括 pH 值、温度、浓度、混凝剂种类、水力条件等。经过混凝处理的渗滤液中大分子有机物、色度、氨氮及重金属离子能被稳定去除，并提高渗滤液的可生化性。但混凝沉淀技术不足之处是会产生大量污泥，需要考虑污泥处理问题。

（2）吸附法

吸附法是利用多孔物质的多孔性吸附去除渗滤液中的有机物、重金属以及难降解有毒有害物质。可做吸附剂的材料较多，包括活性炭、沸石、焦炭、硅藻土等，其中活性炭应用最为广泛。吸附处理很少作为单独处理单元，与其他技术联用可取得良好效果，如混凝-吸附、臭氧-吸附、芬顿-吸附等。由于建设运行成本较高，吸附技术主要应用于对出水要求极高的后续深度处理中。不足之处在于重复再生使用的吸附剂会成为固体废物，形成二次污染，增加处理成本。

（3）膜分离技术

膜分离技术是利用隔膜物物理截留作用将污染物去除，达到净化水质的目的。根据膜孔径大小不同可分为微滤、纳滤、反渗透、超滤等。与生物处理技术相比，膜分离技术受水质变化影响较小、出水稳定，能够处理高有机浓度的渗滤液，出水满足《生活垃圾填埋污染控制标准》（GB 16889—2008）中的一级排放标准，甚至满足中水回用标准。但膜分离技术只是对污染物进行截留阻拦，并未真正去除，且膜处理价格昂贵、易被污染，对运行维护要求极高。开发耐污染、易清洗、价廉寿命长的膜及膜组件是今后膜分离技术发展的重点。

9.1.2　生物处理法

生物法即利用微生物（好氧菌、厌氧菌及兼性厌氧菌）将废水中的污染物作为微生物自身的营养物质，从而使污水得到净化的方法。该法具有处理量大、易于控制、经济可行、无二次污染等特点，不足之处是生物法易受到 pH 值、温度等因素影响，并且培养微生物的时间过长和油脂包裹在泥污表面也将造成影响。目前用于处理垃圾渗滤液的生物方法主要分为好氧处理技术、厌氧消化技术和膜生物反应器（MBR）技术。

（1）好氧处理技术

好氧处理技术包括活性污泥法、生物膜法、生物转盘、氧化塘等，具备水力停留时间短、技术成熟、经济性好等优势。但由于工艺占地面积较大、抗水质变化能力弱等问题，一定程度上限制了好氧处理在实际中的应用。

（2）厌氧消化技术

厌氧生物处理能够适应并处理高浓度有机废水，在降解有机污染物的同时产生甲烷等能源气体。相对于好氧法，厌氧法能耗少、产泥量小、有机负荷高、对无机营养元素含量要求较低且在运行过程中无需耗能曝气。但渗滤液中的有毒有害物质会对厌氧微生物产生一定抑制作用，且该技术对 pH 值有一定要求。

（3）膜生物反应器技术

膜生物反应器（MBR）技术将膜分离技术与生物处理技术有机结合，与传统的好氧厌氧处理工艺相比，膜生物反应器具有占地面积小、对微生物截留能力强、污泥浓度高等特点，因此餐厨垃圾渗滤液处理方面有独特的优势。MBR 由于膜的截留作用，能彻底去除悬浮物和胶体以及绝大部分的微生物，可以防止分离膜受到胶体和生物污染，兼具预处理作用。相较一般生物法，MBR 能保持较高的污泥浓度，因而降解速率快、去除效果更好。

9.1.3　高级氧化法

高级氧化法是一种利用水体中具有强氧化性的羟基自由基（·OH）对有机物进行氧化，使其分解成为小分子物质，甚至直接碳化成二氧化碳和水的污水处理技术。其反应机理是采用紫外光、电、过渡金属（Fe^{2+}、Ag^+、Cu^{2+} 等）等作为催化剂来活化氧化物（H_2O_2），使其中的—O—O—键断裂生成自由基，利用自由基的高氧化还原电位降解去除污染水体中的有机物。与传统氧化技术相比，高级氧化剂技术具有去除能力强、反应速率快、能够氧化大多数有机污染物的特点，根据活化方式的不同可分为化学氧化技术、光催化氧化技术、电化学氧化技术等。

（1）Fenton 氧化与类 Fenton 氧化法

Fenton 氧化是指利用 Fe^{2+} 活化 H_2O_2 产生 ·OH，利用其强氧化性处理水体污染物，在垃圾渗滤液等废水中应用有理想的效果。但 Fenton 氧化在投入实际处理污水处理中有一定的限制，如 pH 值范围狭窄、处理成本高、容易造成水体在色度上的二次污染等。基于上述缺点，研究人员引进了 UV、超声波、电等不会向污水中引入新物质的催化剂代替 Fe^{2+}，很多学者也将纳米 Fe_3O_4、ZVI 等均相催化剂引入活化 H_2O_2 处理污染水体。此类方法统称类 Fenton 氧化法，与 Fenton 氧化法相比类 Fenton 氧化法具有成本低、不会造成水体二次污染等优点，具有更强的研究前景。

（2）臭氧氧化法

O_3 可直接与水中的有机污染物接触发生氧化反应，也可利用 O_3 与水反应生成的 ·OH 间接处理污染物，将有毒大分子有机物氧化成简单无害物质。O_3 氧化法具有氧化还原电位高、占地面积小、对有机污染物降解速率快等优点，且对色度、臭味等都有很好的去除效果。但由于餐厨垃圾渗滤液成分复杂，单独使用 O_3 工艺处理效果通常不够理想，出水较难达标排放。因此常采用联合工艺，如混凝与臭氧相结合、臭氧与高级氧化相联合等方法进行处理。

（3）电化学氧化法

电化学氧化技术通过直接降解和间接降解两种途径来降解有机污染物，直接降解是通过电解水产生 ·OH，利用 ·OH 的强氧化性直接降解污染物；间接降解途径是利用电极的阳极间接产生氧化性极强的氧化物来催化氧化污染物。电化学氧化技术能够在常温常压下进行，且不产生二次污染，被称为"环境友好技术"。

9.1.4　土地处理

土地处理主要通过土壤颗粒过滤、离子交换吸附和沉淀等作用去除渗滤液中悬浮颗粒和溶解成分。利用土壤中的微生物作用，使渗滤液中的有机物和氨氮发生转化，并结合蒸发作用减少渗滤液量。目前土地法处理餐厨垃圾渗滤液主要包括渗滤液回灌处理和人工湿地法。渗滤液回灌处理的实质是把填埋场作为一个以垃圾为填料的生物滤床，渗滤液依次经过覆土层和垃圾层，发生一系列生物、化学、物理作用，污染物被降解或截留。但是由于渗滤液中重金属含量较高，可能会在垃圾层循环过程中积累，通常回灌后的渗滤液无法保证出水达到国家一、二级标准，因此回灌的方法在国内应用较少。人工湿地是通过植物及生物膜中的微生物等对餐厨垃圾渗滤液中的污染物进行截留、吸收和降解。该方法对渗滤液水量及水质的变化具有良好的适应能力，并且其建设和运行费用低，设备简单，易于维护。但是由于占地面积大，处理负荷低等不足造成土地处理技术未能大面积推广。

9.2　餐厨垃圾处理厂除臭技术

餐厨垃圾有机质和水分含量高，是微生物生长的有利场所。在收集、运输和处理过程中有机物迅速被微生物降解，产生大量有恶臭气味的挥发性有机化合物（VOCs），包括醇、醛、酮、酯、芳香烃、硫化物、卤代物、烯烃和烷烃9类。目前针对餐厨垃圾臭气组分，常用的除臭技术有物理法、化学法和生物法三种。

9.2.1　生物滤池法

由于物化方法能耗高、投资大，因此对于较大的恶臭处理空间（如厂区）和低浓度的恶臭气体，生物法的应用较多。生物法原理主要是以微生物代谢及微生物酶催化反应作为降解动力，对污染物进行降解去除。

生物滤池法作为最常见的生物除臭技术，利用微生物的新陈代谢作用消耗恶臭气体达到除臭的目的。生物滤池法通常是在常温常压下进行，具有二次污染少、运行成本低的优势，但是由于微生物的生长需要时间较长，因此短时间内见效慢。生物滤池的主要组成包括增湿器和生物处理装置两部分。臭气首先经引风机进入增湿装置，在增湿装置中进行预处理（预处理还包括温度调节、去除颗粒物等），接着进入生物处理装置。在生物处理装置中，气体中污染物从气相主体扩散到填料外层的水膜并被填料（碎石或塑料制品）所吸附。填料层是具有吸附性并含有大量有机质的滤料，其中附着了丰富的微生物群落，能有效地去除烷烃类化合物如丙烷、异丁烷，之后降解为二氧化碳、水等，处理后的气体从生物滤池的顶部排出。

9.2.2　活性炭吸附法

　　活性炭是一种常见的多孔物质，具有很强的吸附作用，对于非极性有机物吸附效果极好。活性炭吸附法正是利用活性炭的吸附作用，使臭气组分通过吸附剂在填充层中被吸附分离去除，是一种高效除臭技术。图 9-1 为活性炭吸附设备。在活性炭吸附过程中存在物理吸附、化学吸附与交流吸附三种方式，联用可以获得更好的去除效果。由于活性炭吸附技术对多种恶臭气体都能起到较好的吸附作用且平衡吸附量较大，经常被应用在低浓度恶臭气体与脱臭后续处理中。活性炭吸附技术可分为变温吸附与变压吸附，一般在臭气处理时采用变温吸附。

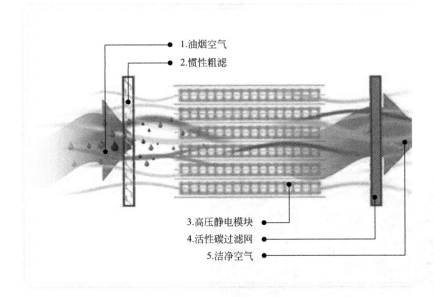

图 9-1　活性炭吸附设备

　　（1）变压吸附（pressure swing adsorption，PSA）

　　PSA 一般以物理吸附为基础，基于臭气不同组分随着压强升高吸附能力变化的原理进行分离吸附。根据各组分吸附速率大小与平衡吸附性，可将变压吸附分为速度分离型与平衡吸附型。目前变压技术主要用于气体各组分的分离与提纯，在臭气吸附方面不太常见。

　　（2）变温吸附（temperature swing adsorption，TSA）

　　TSA 利用不同温度下吸附剂吸附容量的差异来进行吸附与分离循环，其吸附装置分为固定床、流化床与移动床。目前 TSA 的应用费用较高，周期较长，能耗较高，吸附剂寿命较短，吸附装置需要定期的检修维护。常见的吸附方法有固定床吸附（图 9-2）、移动床吸附（图 9-3）和流化床吸附（图 9-4）。

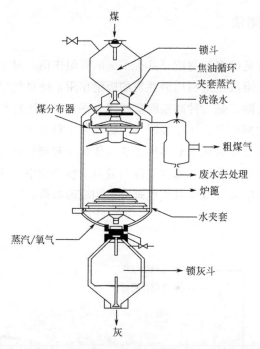

图 9-2 固定床示意

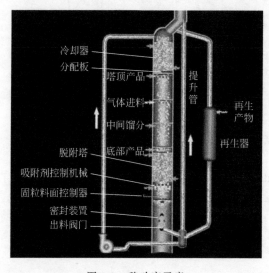

图 9-3 移动床示意

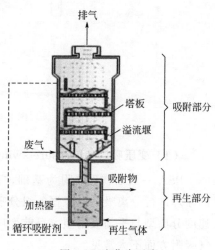

图 9-4 流化床示意

9.2.3 化学除臭

化学除臭是处理臭气的常用手段之一，是将臭气中对人体或环境有害的物质分解为无害成分或转化为毒性较小气体的过程。化学除臭通常把有机臭气通入含有某些化学成分的溶液中或把化学药剂直接喷入臭气出口，使化学药剂与废气成分反应，吸附或吸收部分臭气物质。如酸溶液可以与溶解性氨类物质反应，碱溶液可以与硫化氢等废气反应，达到减少臭气组分排放量的目的。此外，还有一些水溶性物质也可以凭借其溶解度大的物质性质被水溶液吸附或吸收，但因为容易造成二次污染，吸收臭气形成的污水需要进一步净化处理才能排放。在某些情况下，化学除臭法高效快速且在某些低浓度化学溶液中也能够有很好的除臭效果。但是由于餐厨垃圾臭气组分复杂多样，单纯一种或几种化学吸附吸收介质，很难同时去除臭气中的所有有害成分。而且化学吸收法的药剂消耗量、能耗、投资较高，单纯采用化学吸收法处理餐厨垃圾臭气有很大的局限性。

9.2.4　活性氧技术

活性氧技术是指在常温常压下，采用高压静电脉冲放电方式（活性氧发射管发射高能离子）在纳米光催化效应下产生大量活性氧、羟基自由基等活性物质，其过程如图 9-5 所示。这些活性物质与餐厨垃圾臭气分子碰撞并将其破坏，除此之外，空气中的氧分子被激活为活性氧，能将臭气中的多种有机组分及氨、硫化氢、硫醇等污染物迅速氧化。由于活性氧氧化能力与活性很强，其与有机臭气反应时间极短（百分之几秒）且保持活性时间也只有数秒。活性氧氧化技术与纳米光催化效应耦合联用除臭，可使臭气去除效率更高。

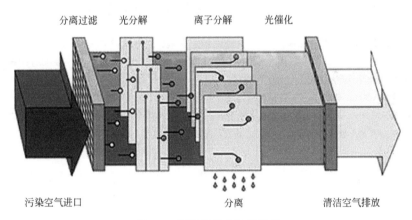

图 9-5　活性氧技术过程示意

图 9-6 展示了简化后的除臭流程。

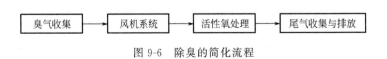

图 9-6　除臭的简化流程

活性氧除臭与其他除臭技术相比需要较高投资，且与生物除臭技术相比能耗更大。但从设备占地面积、二次污染与检修频率来看，活性氧除臭有极高的性价比，设备寿命可以达到 20 年以上。适合处理中低程度的恶臭气体和大流量的臭气，速率较快，数分钟便能消除餐厨垃圾恶臭气体。

根据相关企业的活性氧工艺流程报告显示，将臭气进行过滤杂质的预处理可以使除臭设备运行时间延长，因此可以选择性地在处理臭气的风机系统中加上过滤系统，提高除臭效率。

◆ 参考文献 ◆

［1］刘光博，李小皎，伍海辉，等.餐厨垃圾废水处理研究进展［J］.四川环境，2020，39（04）：188-193.

［2］占鹏，孙微.高级氧化技术处理垃圾渗滤液的研究进展［J］.江西化工，2018（6）：1-6.

［3］王庆，金晶，王殿二，等.垃圾渗滤液处理技术研究进展［J］.绿色科技，2020（24）：103-107，110.

［4］李鸥，高德堂.填埋场垃圾渗滤液处理技术研究进展［J］.清洗世界，2016，32（11）：32-35.

［5］王永京，林昌源，任连海，等.餐厨垃圾废水制备液态固氮菌肥的培养特性研究［J］.绿色科技，2018（8）：103-106.

［6］郭新愿，崔月，任连海.餐厨废水中解磷菌、固氮菌及解钾菌的互作效应研究［J］.环境工程，2017，35（04）：36-39.

［7］郭新愿，祁光霞，王永京，等.餐厨垃圾废水制备液态解磷菌剂研究［J］.中国环境科学，2016，36（11）：3422-3428.

［8］王攀，聂晶，任连海，等.餐厨垃圾处理厂挥发性有机物释放特征［J］.环境污染与防治，2013，35（09）：14-18.

［9］黄欣怡，张珺婷，王凡，等.餐厨垃圾资源化利用及其过程污染控制研究进展［J］.化工进展，2016，35（09）：2945-2951.

［10］杨义飞，姜安玺，谢冰.生物脱臭技术研究进展［J］.环境保护科学，2001（3）：3-6.

［11］陈静，李芳.餐厨垃圾无害化处理生产工艺设计总结［J］.化工设计通讯，2017，43（02）：56-58.

［12］黄民生.节能环保产业［M］.上海：上海科学技术文献出版社，2014.

［13］赵由才，牛冬杰，柴晓利，等.固体废物处理与资源化［M］.北京：化学工业出版社，2006.

［14］任连海，郭启民，赵怀勇，等.餐厨废弃物资源化处理技术与应用［M］.北京：中国标准出版社，2014.

［15］先元华."三废"处理与循环经济［M］.北京：化学工业出版社，2014.